3G网络与移动终端应用技术

杨云江 主编

苏博 曾湘黔 副主编

参编

陈晖 耿植 刘毅 秦学 任新 魏节敏 杨敏 杨佳 曾劼 曾懿 卓涛

U0286886

清华大学出版社

北京

内 容 简 介

本书全面、系统地介绍了 3G 通信系统中 Android 平台的开发与应用,并且结合实际情况,深入剖析和阐述了目前流行的 3G 网络技术、3G 存储技术、3G 物联网技术等关键技术。

全书共分四篇:基础篇、核心篇、实例篇及展望篇,着重论述了 3G 架构中涉及的应用领域及其核心技术;从 3G 移动终端技术的发展、当前主流的移动 OS 平台等背景知识,到 3G 技术的原理和网络环境架构;从基本的编程语言基础、存储技术及网络编程等核心技术,到与物联网和云计算技术的结合应用。

本书是一本有关 3G 通信技术的学术专著,内容新颖、广泛和翔实。本书可作为通信工程技术人员、通信运营商、3G 软件开发者的业务参考书,也可作为大专院校相关专业的教材,还可作为相关专业培训班的培训教材。

图书在版编目(CIP)数据

3G 网络与移动终端应用技术/杨云江主编. --北京:清华大学出版社,2016
ISBN 978-7-302-42462-8

Ⅰ.①3… Ⅱ.①杨… Ⅲ.①移动终端-应用程序-程序设计 Ⅳ.①TN929.53

中国版本图书馆 CIP 数据核字(2015)第 312754 号

责任编辑:帅志清
封面设计:常雪影
责任校对:李 梅
责任印制:沈 露

出版发行:清华大学出版社
　　　　网　　　址:http://www.tup.com.cn,http://www.wqbook.com
　　　　地　　　址:北京清华大学学研大厦 A 座　　　　邮　　编:100084
　　　　社 总 机:010-62770175　　　　邮　　购:010-62786544
　　　　投稿与读者服务:010-62776969,c-service@tup.tsinghua.edu.cn
　　　　质量反馈:010-62772015,zhiliang@tup.tsinghua.edu.cn
　　　　课件下载:http://www.tup.com.cn,010-62795764
印 刷 者:北京季蜂印刷有限公司
装 订 者:三河市溧源装订厂
经　　销:全国新华书店
开　　本:185mm×260mm　　　　印　　张:20　　　　字　　数:461 千字
版　　次:2016 年 3 月第 1 版　　　　　　　　　　印　　次:2016 年 3 月第 1 次印刷
印　　数:1~2000
定　　价:48.00 元

产品编号:052932-01

前　言

自 20 世纪 90 年代以来,我国的移动通信用户数年增长率均超过 160%,我国的移动通信市场成为全球发展速度最快、规模和潜力巨大的市场。随着用户需求的增加,从事 3G 相关开发的技术人员在人才市场上炙手可热。3G 技术涵盖面广,涉及难点多,初学者往往无从着手。作者在总结近几年对 3G 新技术的研究、应用和教学经验的基础上,参阅大量资料,编写了本书,旨在帮助广大读者系统地掌握 3G 技术理论及应用技术,特别是移动终端开发技术,为 3G 开发和应用打下坚实的基础。

"3G"是一个热门技术,其市场应用相当广泛,但真正掌握 3G 网络的内核技术及其开发技术的人并不多,掌握 4G 技术和 5G 技术的人更少。因此,研究 3G 网络及其应用开发技术具有科学意义和现实意义,这也是编写本书的意义所在。

本书共分四篇 12 章。第一篇为基础篇(第 1~3 章),主要内容有:3G 网络及移动通信的基本概念、3G 移动终端操作系统、3G 开发平台——Android 开发环境。第二篇为核心篇(第 4~6 章),主要内容有:3G 核心网络技术、Android 系统管理技术以及 Android NDK 开发技术。第三篇为实例篇(第 7~10 章),主要内容有:移动终端存储技术、多媒体与游戏开发技术、3G 与物联网技术以及 3G 与云计算技术。第四篇为展望篇(第 11 和 12 章),主要内容有:4G 技术与展望、5G 技术探索与研究。

本书具有下列特色。

(1) 技术新颖。主要体现在以下几个方面:第 9 章的 3G 与物联网技术、第 10 章的 3G 与云计算技术、第 11 章的 4G 通信技术基础和第 12 章的 5G 技术初探等。

(2) 注重理论与实践相结合。本书理论较深,实用性也很强,主要表现在以下几个方面:第 7 章的移动终端存储技术、第 8 章的多媒体应用与游戏开发基础、第 9 章的 3G 与物联网技术、第 10 章的 3G 与云计算技术。

(3) 内容全面、完整,结构安排合理,图文并茂,通俗易懂,能够很好地帮助读者学习和理解 3G 网络及其应用技术。

(4) 结构严谨。本书的章节安排经过作者的精心策划,文字架构清晰、合理,内容主次分明,知识难易程度设置合理。

本书由贵州理工学院信息网络中心副主任杨云江教授主编,贵州理工学院教师苏博和贵州大学曾湘黔副教授任副主编。具体分工:魏节敏编写第 1 章;杨敏编写第 2 章;曾劼编写第 3 章和第 6 章;任新编写第 4 章;陈晖编写第 5 章;刘毅编写第 7 章;耿植和杨佳编写第 8 章;秦学编写第 9 章;卓涛编写第 10 章;苏博编写第 11 章和第 12 章。曾懿负责全书的校对工作和附录的整理工作。

本书编者均为长期从事计算机网络技术、移动互联网技术、3G 技术、网络工程、软件开发技术研究及教学的高校教师,在 3G 网络、移动通信网络、软件技术、网络工程、多媒体、物联网、云计算及移动互联网络等领域从事多年的研究工作,积累了丰富的教学经验和移动互联网络应用开发经验。本书就是这些经验的结晶。希望本书的出版能对广大读者有所帮助。

由于编者水平有限,书中难免存在疏漏和不当之处,欢迎广大读者批评指正。

编　者

2015 年 12 月

目　录

第二篇 核 心 篇

第一篇

基 础 篇

- ■ 3G 网络概述
- ■ 3G 移动终端操作系统
- ■ Android 开发环境

第 1 章

3G 网络概述

当前中国的 3G 网络随着三大运营商(电信、移动、联通)成功获取 3G 牌照,在国内正如火如荼地开展和深入着。3G 网络,是指使用支持高速数据传输的蜂窝移动通信技术的第三代移动通信技术的线路和设备构成的通信网络。3G 网络将无线通信与国际互联网等多媒体通信手段相结合,是新一代移动通信系统。3G 网络的应用给整个 IT 产业的发展带来了新的契机,要求这一领域的从业人员具备 3G 网络技术相关知识和相应的开发能力。本章主要介绍与 3G 网络相关的通信技术和协议内容,为读者学习后续章节打下基础。

本章主要内容

- 3G 移动通信网络技术;
- 3G 网络通信架构;
- 相关的通信协议。

1.1 3G 移动通信网络技术

1.1.1 移动通信网络概述

移动通信(Mobile Communication)是移动体之间的通信,或移动体与固定体之间的通信。移动体可以是人,也可以是汽车、火车、轮船、收音机等在移动状态中的物体。

1. 移动通信种类

由于移动通信的应用范围广、用户数多,因而种类繁多。根据不同的划分标准,种类不同。常见的划分标准及种类有以下四种。

(1) 根据传输信号不同,分为两类:模拟移动通信与数字移动通信。

- 模拟移动通信:使用模拟传输信号的移动通信为模拟移动通信,第一个模拟蜂窝系统是在 1970 年开发成功的。
- 数字移动通信:使用数字传输信号的是数字移动通信。该系统可以增加容量,提高通信质量和增加服务功能。目前的移动通信网络以数字的为主。

(2) 根据传输制式不同,分为三类:频分多址、时分多址和码分多址。

- 频分多址:频分多址 FDMA(Frequency Division Multiple Access/Address),是

指把信道频带分割为若干更窄的互不相交的频带(称为子频带),把每个子频带分给一个用户专用的技术。频分复用(FDM)是指载波带宽被划分为多种不同频带的子信道,每条子信道可以并行传送一路信号的技术。利用频分复用技术,多个用户可以共享一条物理通信信道,该过程即为频分多址复用(FDMA)。模拟移动系统多采用这种方式。

- 时分多址:时分多址 TDMA(Time Division Multiple Access),是指把时间分割成互不重叠的时段(帧),再将帧分割成互不重叠的时隙(信道)。时隙与用户具有一一对应的关系,依据时隙区分来自不同地址的用户信号,完成多址连接。TDMA 与 FDMA 相比,具有通信质量高,保密性较好,系统容量较大等优点,但它必须精确定时和同步,以保证移动终端和基站间正常通信,技术上比较复杂。欧洲的GSM 系统(全球移动通信系统)、北美的双模制式标准 IS-54 和日本的 JDC 标准都采用这种技术。

- 码分多址:码分多址 CDMA(Code Division Multiple Access)是在数字技术的分支——扩频通信技术上发展起来的一种崭新而成熟的无线通信技术。CDMA 技术的原理是:基于扩频技术,将需要传送的具有一定信号带宽的信息数据,用一个带宽远大于信号带宽的高速伪随机码进行调制,使原数据信号的带宽被扩展,经载波调制后发送出去。接收端使用完全相同的伪随机码,与接收的宽带信号作相关处理,把宽带信号转换成原信息数据的窄带信号,即解扩,实现信息传递。美国 Qualcomm 公司研制的 IS-95 标准的系统就采用这种技术。

(3) 按照移动体所处的地理位置,移动通信分为三类:陆地移动通信、海上移动通信和空中移动通信。目前使用的移动通信系统有航空(航天)移动通信系统、航海移动通信系统、陆地移动通信系统和国际卫星移动通信系统(INMARSAT)。其中,陆地移动通信系统又包括无线寻呼系统、无绳电话系统、集群移动通信系统和蜂窝移动通信系统等。

(4) 根据使用要求和工作场合不同,分为集群移动通信、蜂窝移动通信、卫星移动通信和无绳电话四类。

- 集群移动通信:也称大区制移动通信,其特点是只有一个基站,天线高度为几十米至百余米,覆盖半径 30km,发射机功率高达 200W。用户数几十至几百,可以是车载台,也可以是手持台。它们可以与基站通信,也可通过基站与其他移动台及市话用户通信,基站与市站用有线网连接。

- 蜂窝移动通信:也称小区制移动通信,其特点是把整个大范围的服务区划分成许多小区,每个小区设置一个基站,负责本小区各个移动台的联络与控制;各个基站通过移动交换中心相互联系,并与市话局连接。利用超短波电波传播距离有限的特点,离开一定距离的小区可以重复使用频率,使频率资源充分利用。每个小区的用户数在 1000 以上,全部覆盖区最终的容量可达 100 万用户。

- 卫星移动通信:利用卫星转发信号实现移动通信。对于车载移动通信,可采用赤道固定卫星;对于手持终端,采用中低轨道的多颗星座卫星。

- 无绳电话:适用于室内外慢速移动的手持终端的通信。无绳电话机功率小、通信距离近、轻便、小巧,可以通过通信点与市话用户实现单向或双向通信。

2. 移动通信的特点

（1）移动性。为保持物体在移动状态中通信,必须采用无线通信,或无线通信与有线通信相结合的方式。

（2）电波传播条件复杂。因为移动体可能在各种环境中运动,电磁波在传播时产生反射、折射、绕射、多普勒效应等现象,导致产生多径干扰、信号传播延时和展宽等效应,使得电波传播条件复杂。

（3）噪声和干扰严重。信号在移动通信系统中传输时会受到汽车火花噪声和各种工业噪声的影响,以及移动用户之间的互调干扰、邻道干扰、同频干扰等。

（4）系统和网络结构复杂。移动通信系统是一个多用户通信系统和网络,必须保证用户之间互不干扰,协调、一致地工作。此外,移动通信系统还应与市话网、卫星通信网、数据网等互联,所以整个网络结构是很复杂的。

（5）要求频带利用率高,设备性能好。

3. 移动通信的工作方式

按照通话的状态和频率使用的方法,移动通信的工作方式分为三种：单工制、半双工制和双工制。

1）单工制

（1）单频单工：单频是指通信的双方使用相同的工作频率 f_1；单工是指通信双方的操作采用"按—讲"方式,如图 1-1 所示。平时,双方的接收机均处于守听状态。如果 A 方需要发话,按压"按—讲"开关,关掉 A 方接收机,使其发射机工作；这时,由于 B 方接收机处于守听状态,即可实现由 A 至 B 的通话。同理,可实现由 B 至 A 的通话。在单频单工方式中,同一部电台（如 A 方）的收发信机是交替工作的,因此收发信机可使用同一副天线,不需要使用天线共用器。

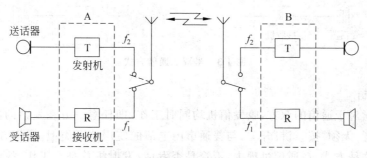

图 1-1　单频单工通信方式

采用单频单工工作方式,所用设备简单,功耗小,但操作不便。如果配合不好,双方通话将出现断断续续的现象。此外,若在同一地区有多台设备使用相邻的频率,距离较近的设备间将产生严重的干扰。

（2）双频单工：指通信的双方使用两个频率 f_1 和 f_2,操作仍采用"按—讲"方式。同一部电台（如 A 方）的收发信机也是交替工作的,只是收、发各用一个频率,如图 1-2 所示。在移动通信中,基站和移动台收、发使用两个频率实现双向通信。若基站设置多部发射机和多部接收机且同时工作,可将接收机设置在某一频率上,将发射机设置在另一频率上。只要这两个频率有足够的频差(或频距),借助于滤波器等选频器件,就能排除发射机对接收机的干扰。

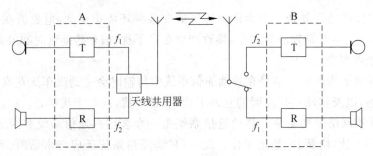

图 1-2　双频单工通信方式

2) 半双工制

半双工制是指对于通信的双方,有一方(如 A 方)使用双工方式,即收发信机同时工作,且使用两个不同的频率 f_1 和 f_2;另一方(如 B 方)采用双频单工方式,即收发信机交替工作,如图 1-3 所示。平时,B 方处于守听状态,仅在发话时才按压"按一讲"开关,切断收信机,使发信机工作。这种通信方式的优点是:设备简单,功耗小,克服了通话断断续续的现象;但操作不太方便。半双工制主要用于专业移动通信系统中,如汽车调度等。

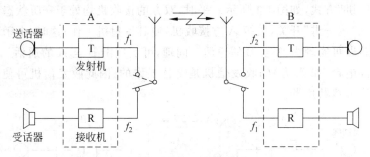

图 1-3　半双工通信方式

3) 双工制

双工制指对于通信的双方,收发信机均同时工作,即任意一方在发话的同时,能收听到对方的话音,无须"按一讲"开关,与普通市内电话的使用情况类似,操作方便,如图 1-4 所示。采用这种方式,在通信过程中,不管是否发话,发射机总是在工作,故电能消耗大。这一点对以电池为能源的移动台是很不利的。为此,在某些系统中,移动台的发射机仅在发话时才工作,而移动台接收机总是在工作。通常称这种系统为准双工系统,它可以和双工系统兼容。目前,双工通信方式在移动通信系统中应用广泛。

1.1.2　移动通信技术的发展

蜂窝移动通信是所有移动通信类型中应用较广泛的一种,其技术变革给运营商和生产厂商带来了挑战和商机,也给普通大众的生活、学习、工作带来了本质的变化。在过去

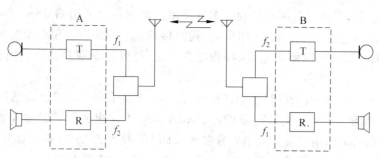

图 1-4　双工通信方式

的十多年中,世界电信行业发生了巨大的变化,移动通信,特别是蜂窝小区迅速发展,使用户彻底摆脱终端设备的束缚,实现了完整的个人移动性、可靠的传输手段和接续方式。进入 21 世纪,移动通信更加成为社会发展和人类进步必不可少的工具。下面介绍移动通信技术的发展进程。

1. 第一代移动通信技术（1G）

第一代移动通信以模拟、仅限语音的蜂窝电话标准为主,出现于 20 世纪 80 年代。当时的移动通信系统有美国的高级移动电话系统（AMPS）、英国的总访问通信系统（TACS）以及日本的 JTAGS、德国的 C-Netz、法国的 Radiocom 2000 和意大利的 RTMI 等。

模拟制式的移动通信系统得益于 20 世纪 70 年代的两项关键技术:微处理器技术和交换及控制链路的数字化。AMPS 是美国推出的世界上第一个 1G 移动通信系统,它充分利用 FDMA 技术实现全国范围的语音通信。

第一代移动通信主要采用模拟技术和频分多址（FDMA）技术。由于受到传输带宽的限制,无法实现移动通信的长途漫游,它只能是一种区域性的移动通信系统。第一代移动通信有多种制式,我国主要采用的是 TACS。第一代移动通信技术引入了“蜂窝”的概念,通过采用频率再用技术,使通信容量大大提高。话音业务是这一阶段的唯一业务。

模拟系统的主要缺点是频谱利用率低,不能与 ISDN 兼容,保密性差,移动终端实现小型化、低功耗、低价格的难度较大。

第一代移动通信系统是采用 FDMA 方式的模拟蜂窝系统,容量小,不能满足飞速发展的移动通信业务量和用户对业务种类需求。

2. 第二代移动通信技术（2G）

第二代移动通信系统（2G）起源于 20 世纪 90 年代初期。GSM(Global System for Mobile Communication)是第一个商业运营的 2G 系统,GSM 采用 TDMA 技术。

第二代移动通信在系统构成上与第一代移动通信技术没有多大差别,不同的是它在几个主要方面,如多址方式、调制技术、话音编码、信道编码、分集技术等采用了数字技术。2G 技术基本上有两种,一种基于 TDMA 发展而来,以 GSM 为代表;另一种基于 CDMA 发展而来,如 CDMA one。

GSM 即全球移动通信系统,是这个时期应用最广泛的移动电话标准。GSM 系统于

1990 年开始应用,采用时分多址和频分多址技术。调制技术采用 GMSK,手机发射功率最大达到 1W,信道速率为 270.833Kb/s。我国移动通信网络以 GSM 系统为基础,主要由基站子系统、移动台、网络子系统、操作支撑系统、位置区识别和基站识别色码几部分构成。

CDMA one 也是一个 2G 移动通信标准,信令标准是 IS-95,是美国高通(Qualcomm)公司与 TIA 基于 CDMA 技术研发的。CDMA one 及其相关标准是最早商用的基于 CDMA 技术的移动通信标准。采用码分多址(CDMA)技术的 IS-95 数字蜂窝移动通信系统与其他蜂窝系统相比,具有系统容量大(为 GSM 的 5.6 倍,TACS 的 11.2 倍)、抗衰落能力及抗干扰性能强、话音质量高、保密性以及安全性优于 GSM 系统、移动台发射频率低、具有软切换和软容量特性、可实现宽带数据传输等优点。

欧洲电信标准协会在 1996 年提出了 GSM Phase 2+,目的在于扩展和改进 GSM Phase 1 及 Phase 2 中原定的业务和性能。它主要包括 CMAEL(客户化应用移动网络增强逻辑)、S0(支持最佳路由)、立即计费、GSM 900/1800 双频段工作等内容,也包含与全速率完全兼容的增强型话音编解码技术,使得移动通信话音质量得到质的改进。半速率编解码器使 GSM 系统的容量提高近 1 倍。在 GSM Phase 2+ 阶段,采用更密集的频率复用、多复用、多重复用结构技术,引入智能天线技术、双频段技术,有效地克服了随着业务量剧增所引发的 GSM 系统容量不足的缺陷。自适应语音编码(AMR)技术的应用,极大地提高了系统通话质量;GPRS/EDGE 技术的引入,使 GSM 与计算机通信/Internet 有机结合,数据传送速率可达 115/384Kb/s,使 GSM 功能不断增强,初步具备支持多媒体业务的能力。尽管 2G 技术不断完善,但随着用户规模和网络规模不断扩大,频率资源接近枯竭,语音质量不能达到用户满意的标准,数据通信速率太低,无法在真正意义上满足移动多媒体业务的需求。

3. 第 2.5 代移动通信技术(2.5G)

在移动技术不断演进的过程中,在用户对于传输速率及多业务需求的推动下,出现了 2.5G 移动通信系统。

通用分组无线服务技术(General Packet Radio Service,GPRS)是 GSM 移动电话用户可用的一种移动数据业务。它经常被描述成"2.5G",这项技术介于第二代(2G)和第三代(3G)移动通信技术之间。它通过利用 GSM 网络中未使用的 TDMA 信道,提供中速的数据传递。最初有人想通过扩展 GPRS 来覆盖其他标准,而这些网络都正在转向使用 GSM 标准,于是 GSM 成为 GPRS 唯一能够使用的网络。

GSM 网络升级到 GPRS 网络的方法是在现有 GSM 网络上,增加 Serving GPRS Support Node(SGSN)以及 Gateway GPRS Support Node(GGSN)两种数据交换节点设备。对于 GSM 网络原有的 BTS、BSC 等移动设备,只需要软件更新或增加一些连接接口即可。

如图 1-5 所示,数据传输时的数据与信号都以分组来传送。当手机用户进行语音通话时,由原有的 GSM 网络设备负责线路交换的传输;当手机用户传送分组时,由 GGSN 和 SGSN 负责将分组传输到 Internet。如此,手机用户在拥有原有通话功能的同时,能随时随地以无线方式连接到 Internet。

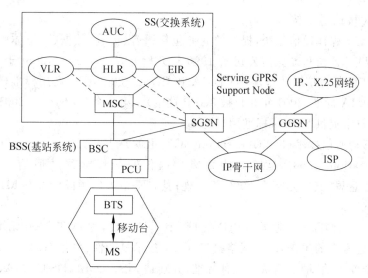

图 1-5　GPRS 网络

GSM 增强数据率演进(Enhanced Data rates for GSM Evolution,EDGE)是一种数字移动电话技术,作为 2G 和 2.5G(GPRS)的延伸,有时被称为 2.75G。这项技术工作在 TDMA 和 GSM 网络中。EDGE(或称为 EGPRS)是 GPRS 的扩展,可以工作在任何已经部署 GPRS 的网络上。

EDGE 在高速率的编码方案上使用 8 相位移相键控(8PSK)(每个符号表示 3bit 信息)调制技术。相对于 GSM 使用的高斯最小移位键控(GMSK)(每个符号表示 1bit 信息),8PSK 的每一个符号表示 3bit 的信息。这使得理论上,EDGE 能提供 GSM 约 3 倍数据吞吐量。跟 GPRS 一样,EDGE 使用速率匹配算法调整调制编码方案(MCS),因此能保证无线信道、数据流量和数据传输的稳定。它引入了 GPRS 里没有的新技术:增加冗余度(Incremental Redundancy)代替中继干扰报文发送更多的冗余信息,来保持与接收机的联络,以便增加正确解码的概率,如图 1-6 所示。

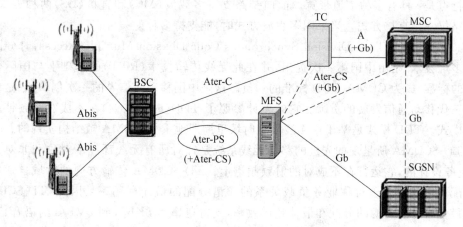

图 1-6　EDGE 网络的基本拓扑结构

4. 第三代移动通信技术（3G）

3G 是移动多媒体通信系统,提供的业务包括语音、传真、数据、多媒体娱乐和全球无缝漫游等。NTT 公司和爱立信公司于 1996 年开始开发 3G 技术(ETSI 于 1998 年开始研发),1998 年国际电信联盟推出 WCDMA 和 CDMA 2000 两个商用标准(中国 2000 年推出 TD-SCDMA 标准,2001 年 3 月被 3GPP 接纳)。第一个 3G 网络于 2001 年在日本开始运营。3G 技术提供 2Mb/s 标准用户速率。

第三代移动通信技术(3rd-Generation,3G),也就是 IMT-2000(International Mobile Telecommunications-2000),是指支持高速数据传输的蜂窝移动通信技术。这里的"2000"有三层意思,其一是指在 2000 年实现;其二是指工作频段为 2000MHz;其三是指速率为 2000Kb/s。

2000 年 5 月,国际电信联盟(ITU)在土耳其召开会议,对 IMT-2000 无线接口技术标准的 10 个候选方案的频谱效率、网络接口、QoS、技术复杂性、覆盖率、灵活性和设备体积等方面进行全面评估,最后确认了五种标准,分别是 MS-CDMA、DS-CDMA、TD-CDMA、SC-TDMA 和 MC-TDMA,这是一个以 CDMA 技术为主体,兼顾 TDMA 技术,包含 FDD 和 TDD 两种双工方式的多元化体系标准。在自身利益的驱动下,第三代移动通信系统最后形成了基于扩频的三个主流标准:WCDMA、CDMA 2000 和 TD-SCDMA。

WCDMA(Wideband Code Division Multiple Access,宽带码分多址)支持 384Kb/s～2Mb/s 的数据传输速率。在高速移动的状态下,可提供 384Kb/s 的传输速率;在低速移动或是室内环境下,可提供高达 2Mb/s 的传输速率。在一些传输通道中,它还提供电路交换和分组交换服务。因此,用户可以同时利用电路交换方式接听电话,然后以分组交换方式访问 Internet。这样的技术提高了移动电话的使用效率,可以超越在同一时间只能提供语音或数据传输服务的限制。

CDMA 2000 是从窄频 CDMA one 数字标准衍生而来的,可以从原有的 CDMA one 结构直接升级到 3G。从使用的带宽来看,CDMA 2000 分为 1x 系统和 3x 系统。其中,1x 系统使用 1.25MHz 带宽,提供的数据业务速率最高只能达到 307Kb/s。CDMA 2000 的技术特点是:具有多种信道带宽。前向链路支持多载波(MC)和直扩(DS)两种方式;反向链路仅支持直扩方式。当采用多载波方式时,能支持多种射频带宽。

TD-SCDMA(Time Division-Synchronous Code Division Multiple Access,时分同步码分多址技术)是由中国第一次提出,并在此无线传输技术(RTT)的基础上与国际合作完成的标准,成为 CDMA TDD 标准的一员。这是中国移动通信界的一次创举,也是中国对第三代移动通信发展的贡献。它的设计参照了 TDD(时分双工)在不成对的频带上的时域模式。TDD 模式是基于在无线信道时域里周期地重复 TDMA 帧结构实现的。

TD-SCDMA 所呈现的先进的移动无线系统是针对所有无线环境下对称和非对称的 3G 业务设计的,它运行在不成对的射频频谱上。TD-SCDMA 传输方向的时域自适应资源分配可取得独立于对称业务负载关系的频谱分配的最佳利用率。因此,TD-SCDMA 通过最佳自适应资源的分配和最佳频谱效率,支持速率为 8Kb/s 到 2Mb/s 的语音、互联网等所有 3G 业务。

2009 年 1 月 7 日,我国同时发放了三张 3G 牌照,即 TD-SCDMA、WCDMA、CDMA

2000,标志着我国移动通信行业正式进入 3G 时代。3G 网络运行的几年里,在拉动我国 GDP 增长的同时,创造了大量的就业机会。

5. 第四代移动通信技术（4G）

4G 是第四代移动通信技术,主要指下一代无线通信标准 IMT-Advanced。4G 集 3G 与 WLAN 于一体,能够快速传输数据以及高质量音频、视频和图像等。从严格意义上讲,TD-LTE 和 FDD-LTE 两种制式虽然被宣传为 4G 无线标准,但实际只是 3.5G,并未被 3GPP 认可为国际电信联盟所描述的下一代无线通信标准 IMT-Advanced。4G 能够以 100Mb/s 以上的速度下载,并满足几乎所有用户对于无线服务的要求。此外,4G 可以在 DSL 和有线电视调制解调器没有覆盖的地方部署,然后扩展到整个地区。4G 有着不可比拟的优越性,是前面几代移动通信系统所没有的。

2012 年 1 月 18 日,国际电信联盟在 2012 年无线电通信全体会议上正式审议通过,将 LTE-Advanced 和 Wireless MAN-Advanced（802.16m）技术规范确立为 IMT-Advanced（俗称“4G”）国际标准。中国主导制定的 TD-LTE-Advanced 和 FDD-LTE-Advance 并列成为 4G 国际标准。

4G 在开始阶段是由众多自主技术提供商和电信运营商合力推出的,技术和效果参差不齐。后来,国际电信联盟(ITU)重新定义了 4G 标准——支持符合 100Mb/s 传输数据的速度标准的通信技术,理论上都可以称为 4G。

由于这个极限峰值的传输速度要建立在大于 20MHz 带宽的系统上,几乎没有运营商可以做到,所以 ITU 将 LTE-TDD、LTE-FDD、WiMAX 以及 HSPA＋四种技术定义于现阶段 4G 的范畴。

4G 通信技术是继第三代以后的又一次无线通信技术演进,其目标是提高移动装置无线访问互联网的速度。为了充分利用 4G 通信带来的先进服务,人们必须借助各种 4G 终端。不少通信运营商看到了巨大的市场潜力,开始把目光瞄准到生产 4G 通信终端产品上。例如,生产具有高速分组通信功能的小型终端,生产对应配备摄像机的可视电话以及电影、电视的影像发送服务的终端,或者是生产与计算机相匹配的卡式数据通信专用终端。通信终端的发展,大大提高了移动用户使用业务的通信质量。

2013 年 12 月 4 日下午,工业和信息化部向中国移动、中国电信、中国联通正式发放了第四代移动通信业务牌照(即 4G 牌照)。这三家运营商均获得 TD-LTE 牌照,标志着中国电信产业正式进入 4G 时代。各运营商如火如荼地推进 4G 的发展。中国移动将在广州建成全球最大的 4G 网络;2014 年 1 月,京津城际高铁作为全国首条实现移动 4G 网络全覆盖的铁路,实现了 300km 时速高铁场景下的数据业务高速下载;中国联通在珠江三角洲及深圳等十余个城市和地区开通 42M 业务,实现全网升级。

4G 给出了移动通信发展的方向,正积极地向前推进。本书作为承前启后的重要铺垫,重点介绍 3G 相关技术。

1.1.3　3G 移动通信网络现状

自 20 世纪 80 年代末以来,移动通信系统在电信业中的重要性越来越突出,很多国家对移动业务的需求量呈现出指数级增长。移动通信系统从支持话音通信为主,发展为现在多业务融合的综合通信系统。系统核心网、接入技术和终端都发生了很大的变革,对人们的生活和工作带来了重大的影响。

移动通信的发展分为四个主要阶段,简述如下。

第一阶段为无线电波的理论预测及其存在性证明阶段。在该阶段,主要是创建无线电基本原理,建立的系统基本上都是实验性的,只能在实验室应用。这一阶段以 Huygen 于 1878 年提出的关于光的反射和折射现象为开始。

第二阶段为设备和技术开发与完善阶段。1901 年,Marconi 首次在欧洲与美国之间开展了横跨大西洋的无线电传输实验;1907 年建立了第一个用于海上服务的无线电通信系统,并投入商业运营,所使用的工作频率低于 100kHz。从 20 世纪初开始,移动无线业务从海上推广到大众安全部门(如公安部门等),后来进入民用领域,尤其是能源石油工业以及大众运输和出租汽车公司等。在此阶段,无线通信仅限极少部分人使用。

第三阶段为移动通信业务大规模普及应用阶段。第一个大规模的公众移动通信网络是模拟蜂窝系统。随后出现了无绳系统、寻呼系统等。只有 GSM 具有支持综合业务数据及国际漫游的能力,真正带来 20 世纪 90 年代的移动通信领域的革命。

第四阶段为高速、无缝漫游的移动通信时代。在这个阶段,在 GSM 网络的基础上,移动通信网络朝着高数据速率、高机动性和无缝漫游方向发展。到 2010 年,移动通信从第三代(3G)逐渐过渡到第四代(4G)。到了 4G 时代,除蜂窝电话系统外,宽带无线接入系统、毫米波 LAN、智能传输系统(ITS)和同温层平台(HAPS)系统将投入使用。在此阶段,技术发展与用户业务需求给芯片生产商、电信运营商和终端生产商带来了巨大的挑战和发展契机。

3G 移动通信网络时代对于如何满足用户需求,提供何种业务,采用什么形式的终端形式等都较以往发生了很大的改变,主要体现在下述几个方面。

首先,3G 时代的用户需求虽然体现在各种数据应用服务上,如视像通话、在线浏览、互动游戏、高速下载等,但语音通信仍然是最大的需求。终端制造商在研发 3G 手机时首要考虑的仍然是确保其在语音通信方面的表现。在 2G 手机市场上广受欢迎的一些功能,如大容量电话簿、和弦铃音、来电情境应用、超长通话时间与待机时间、大容量电池等仍有相当的发展前景。

其次,与欧、美市场不同,中国的移动通信用户对于短信有着更为强烈的需求。在 3G 时代,用户的这种习惯将延续,对 3G 手机的第二项主要需求在相当长的一段时期内仍是短信业务。在短信输入、存储、转发方面具有优势的手机终端仍然受到市场欢迎。

第三,3G 业务最突出的特点是多媒体数据通信,除了可视电话以外,3G 终端需要支持各类丰富的数据业务。因此,从功能上讲,3G 手机需要具备彩色高清晰度显示屏、摄像头、大容量及可扩展内存;从设计上讲,要考虑用户使用多媒体业务与语音业务的不同特点,按键及菜单设计要方便、简洁。

最后,3G 手机必须是至少支持两种技术的"双模手机"。随着技术进步,未来还会出现"三模"或"多模"手机。这是由于在 3G 网络建设前期,运营商不会很快地建成覆盖全国的 3G 网络,只会选择在数据业务需求比较旺盛的大中城市和经济发达地区先期建网,在 3G 网络覆盖不到的地区还要依靠 2G 网络实现漫游。因此,需要同时支持 2G 和 3G

标准的"双模"手机。由于 3G 技术有 3 种国际标准,为实现用户在不同标准的网络之间漫游,需要支持不同 3G 标准的"双模"或"多模"手机。

1.1.4　3G 移动通信网络应用

随着 3G 业务不断推广,国内三大运营商纷纷投入 3G 网络建设中。相对于传统的话音业务而言,移动互联网业务和应用主要是指无线移动网络中的数据业务和应用,包括移动环境下的网页浏览、文件下载、位置服务、在线游戏、视频浏览和下载等业务。移动互联网产品独有的优势创造出无数有价值的应用和体验,这也是移动运营商和服务商的一大商机。移动互联网将成为影响人们日常生活的重要因素,其具体的应用有以下几种。

1. 手机 IM

手机 IM 成为移动互联网的第一应用,保证用户随时在线。用户可以在计算机上聊 QQ、MSN 等,手机 IM 让这种联络和沟通不被 PC 限制,可以随时随地进行。

2. 手机浏览器

移动互联网有两个入口:手机 IM 和手机浏览器。因为用户上网的时候不是聊天,就是看网页,手机浏览器成为手机使用过程中的一个重要组成部分。由于手机屏幕、操作等方面的限制和特殊性,手机浏览器要更适合用户使用,应该具备网址提示、网址导航、标签页、流量提醒、网页缩放等功能。

3. 手机 SNS

SNS 成为当今互联网最热门的应用之一,走在大街上,常听到有人谈论自己"菜园"中种植的"黄瓜"和"土豆"被邻居偷了的故事。可见,SNS 游戏的火爆程度非同一般,因此手机 SNS 成为一种必需。目前,热门的手机 SNS 包括手机腾讯网家族、51 手机版、泡吧交友、万蝶网、手机人人网等,各移动运营商都将业务延伸到移动互联网,"分吃这块蛋糕"。

4. 手机生活服务搜索

移动搜索的出现真正打破了地域和网络的局限性,满足了用户随时随地搜索服务的需求。手机上网更多地集中在生活和娱乐上,运营商应该更多地提供生活服务类内容的搜索。这类搜索容易实现盈利,因为可以采取商家付费、用户免费的模式。这也是互联网最优秀的盈利模式。

5. 手机地图

通过基站的定位功能,手机地图可以轻松地实现精确定位和导航,使随身携带的手机如同一个 GPS,使人们在陌生城市不致迷路。

6. 手机音乐和游戏

现在,很多网友习惯购买音乐,习惯支付游戏道具的增值费,所以音乐和游戏成为移动互联网最佳的盈利方式。例如,苹果 iTunes 音乐商店和游戏下载平台获得了不错的收入;中国的许多 SP 提供商也依靠音乐下载创造了不菲的收入。未来,手机音乐仍会是移动互联网最火的应用之一。随着手机终端能力不断提升和移动网络速率不断提高,移动音乐下载业务的市场潜力巨大,该业务的发展趋势之一是与在线音乐下载业务融合。移动运营商通过把移动音乐和在线音乐相结合来巩固自己的竞争力,与传统在线业务竞争。而且,融合的音乐下载业务可以为移动运营商带来新的商业模式和营销理念。对于手机游戏,由于手机屏幕较小,导致手机游戏,特别是"角色"游戏的发展受到一定限制,但是一些轻松、简单的小游戏受到推崇,在特定手机终端上有较好发展,比如 iPhone。

7. 手机电视

手机电视是指以手机为终端设备,传输电视内容的一项技术或应用。由于手机普及率高且具有携带方便等特性,手机电视业务显示出比普通电视更广泛的影响力。运营商要强化的是 3G 网络在双向互动方面的优势,考虑如何围绕这一优势设计出更符合用户需求的有效产品,带动 3G 业务发展。

8. 移动 UGC 类应用

UGC 的概念起源于互联网领域,即用户将自己制作的内容通过互联网平台进行展示,或者提供给其他用户。UGC 伴随着以提倡个性化为主要特点的 Web 2.0 的概念而兴起,它不是某一种具体的业务,而是一种用户使用互联网的新方式,由原来的以下载为主,变成下载和上传并重。

促进移动 UGC 发展的因素主要有以下两个。

(1) 存储设备的容量不断增加,而价格不断下降。同时,存储制式趋向标准化,使得手机可以和其他设备共享信息并升级。

(2) 人们倾向于用数字设备记录下对真实生活的体验。

UGC 类应用的出现和发展为移动互联网领域带来了新的商业模式和收入来源。在互联网上,UGC 的内容大多是免费提供和分享的。而在移动网络上,制作内容的用户可以赚钱。与提供内容的用户分成的模式正是 UGC 的魅力所在。移动运营商向下载这些内容的用户收费,获得的收入将在移动运营商、内容提供者以及平台提供商之间分成。与用户分成使得每个用户都可以成为内容提供商,这将极大地刺激用户的积极性,来创作更好的内容,同时提高了用户黏性。那些拥有高下载率的内容制作者可以获得可观的收入。移动 UGC 业务在为业务提供商带来收入的同时,也成为每个用户赚钱的新方式。

9. 手机支付

手机支付是指通过短信、WAP 或 IVR 通信方式,以二维码、RFID、USSD 等方法购买商品、查询账户信息,实现移动电子商务支付的个人金融信息服务。发出一条短信就能支付账单;用手机也能像刷银行卡一样在自动售货机购买商品。

1.2　3G 移动通信网络架构

1.2.1　移动通信网络体系结构

宽带移动通信网络体系结构如图 1-7 所示,由下向上分为物理层、网络业务执行技术层、应用层 3 层。物理层提供接入和选路功能;网络业务执行技术层作为桥接层,提供 QoS 映射、地址转换、即插即用、安全管理及有源网络。物理层与网络业务执行技术层提供开放式 IP 接口。应用层与网络业务执行技术层之间也是开放式接口,用于第三方开发和提供新业务。

结合移动通信市场发展和用户需求,宽带无线移动网络的根本任务是接收、获取到终端的呼叫,在多个运行网络(平台)之间或者多个无线接口之间建立最有效的通信路径,并对其进行实时的定位和跟踪。在移动通信过程中,移动网络还要保持良好的无缝连接能力,保证数据传输的高质量、高速率。移动网络将基于多层蜂窝结构,通过多个无线接口,由多个业务提供者和众多网络运营者提供多媒体业务。

图 1-7　移动通信体系结构

同时,技术的发展和市场的需求,将加快并实现计算机网、电信网、广播电视网和卫星通信网等网络融为一体,宽带 IP 技术和光网络将成为多网融合的支撑和结合点。数字化数据交易点是移动网络的一个重要技术,它用于预处理各个不同网络平台之间的呼叫。在网络平台之间的特定协议条件下,帮助业务提供者提供高质量、低费用的业务应用。例如,两个网络平台之间传送电视数据信息,首先由数字化数据交易所处理。在数字化数据交易所,电视数据信息被分离成视频信号和音频信号,经由不同的信道传送。音频信号由覆盖广泛的网络传送,视频信号由只能处理、接收视频信号的网络传送,达到降低通信成本和有效利用传输信道的目的。未来的全球互联网系统和骨干网系统将以结合宽带 IP 技术和光纤网技术为主。

1.2.2　移动通信网络结构

1. GSM 系统网络结构和功能

GSM 网络分为 3 个子系统:网络交换子系统(NSS)、基站子系统(BSS)和网络管理子系统(NMS)或者操作维护子系统(OMC),如图 1-8 所示。

GSM 由四大功能部分组成:移动台(MS)、基站子系统(BSS)、网络交换子系统(NSS)和运行子系统(OSS),由相应的功能实体实现。

相邻功能实体间的连接就是接口。MS 与 BSS 之间、BSS 与 NSS 之间的接口分别称为 Um 接口、A 接口。在 BSS 内,基站 BTS 与基站控制器 BSC 间的接口称为 Abis 接口。在 NSS 内部有更具体的细分,移动交换中心 MSC 与 HLR 等其他功能实体之间的接口统称为 MAP 接口。层 3 有几个子层:RR 为无线管理层,MM 为移动性管理层,CM 为通信管理层。这几层很难同 OSI 的开放模型一一对应,因为每一层都有很强的业务特性,而不是单纯从通信的角度来划分的。这也是通称层 3 的原因所在。每一层都有相应的协议。

物理层之间是点到点的协议,或者说是接口间的协议。MS 与 BTS 之间是传统的无线传输,包括源编码、信道编码、交织、加密与调制等内容;BTS 与 BSC 之间的传输可能有多种形式,有可能是常见的 E1 线连接,也有可能经过多次微波中继等;A 接口类似。

链路层,也就是第二层,同样是点到点的协议,它在物理层的基础上,为层 3 提供点与点之间的可靠传输。Um 接口上是 LAPDm 协议,或者说是经过改造,适合无线传输的

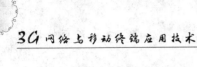

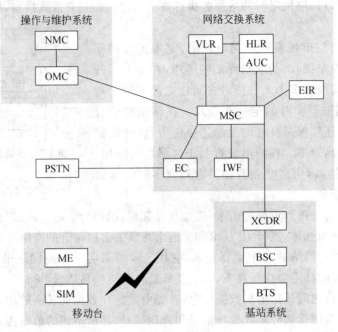

图 1-8 GSM 系统网络结构

LAPD 协议(Abis 接口上采用);A 接口采用了 No.7 信令协议中的 MTP2。

层 3 包括各子层,是端到端的协议,中间跨越几个接口。RR 协议是 MS 与 BSC 之间的协议,跨越了 Um 与 Abis 接口。

RR 层的作用是在呼叫期间建立和释放 MS 和 MSC 之间的稳定连接,无论用户怎样运动,都不受其影响,其功能集中体现于 Um 接口上无线信道的管理及切换;还包括初始接入、功率控制、传输管理等功能。

MM 与 CM 协议是 MS 与 MSC 之间的协议,依次穿过 Um 接口、Abis 接口与 A 接口。在某些时刻,HLR 也要介入,所以这两项协议也要经过 MAP 接口。还有在图中未画出的一个层 3 的子层次 SS,就是 MS 与 HLR 之间的附加业务管理,其协议跨越了上述几个接口:Um、Abis、A 与 MAP。MM 首先提供对用户移动性的管理功能,包括两个方面:一是 MS 如何决定在蜂房之间选择;二是 NSS 如何管理 MS 的位置数据,这一点主要对应位置更新的过程。此外,MM 层还对通信的安全性进行管理,包括鉴权和加密过程。

CM 层主要根据用户的要求,在用户之间建立、维持和释放呼叫连接。上面提到的 SS 层也可看作 CM 层的一个独立子部分,用户通过该层提供的功能,控制发出或接收呼叫的若干特性。CM 层的另一个功能就是点到点短消息管理,涉及短消息业务中心 SM-SC。

2. WCDMA 系统的网络结构

WCDMA 作为 UMTS(通用移动通信系统)的实现,其体系结构与大多数第二代系统甚至第一代系统基本类似。WCDMA 系统包括若干逻辑网络元素。这些元素可以按不同子网分类,也可以按功能来划分。

功能上,逻辑网络元素分成 UE(用户设备终端)、无线接入网(RAN)和核心网(CN)。无线接入网也可以借用 UMTS 中地面 RAN 的概念,因此又简称为 UTRAN。其中,RAN 处理与无线通信有关的功能;CN 处理语音和数据业务的交换功能,完成移动网络与其他外部通信网络的互联,相当于第二代系统中的 MSC/VLR/HLR。UE 和 RAN 采用全新的 WCDMA 无线技术规范,而 CN 基本上来源于 GSM。

UMTS 也分成若干个子网,子网之间可以独立工作,也可以协同工作,因而子网又称为 UMTS 公众陆地移动网(PLMN)。不同运营商运营的 PLMN 之间可以互通,而且 PLMN 可以与 ISDN、PSTN、Internet 以及其他数据网络互通。图 1-9 给出了 PLMN 网络体系结构,图中包括 PLMN 网络的逻辑元素、内部元素连接以及与外部网络的连接。

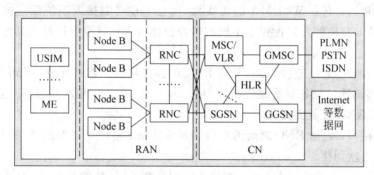

图 1-9　PLMN 体系结构逻辑网络元素

图 1-9 中的逻辑网络元素说明如下。其中,UE 包含以下两个部分。

(1) ME(移动设备):它是通过空中无线接口 Uu 与 Node B 通信的无线终端。

(2) USIM(UMTS 用户识别模块):它相当于 GSM 终端中的 SIM 智能卡,用于记载用户标识,可执行鉴权算法,并保存鉴权、密钥及终端需要的预约信息。

RAN 中包含以下两个部分。

(1) Node B(B 节点):它是在 Iub 和 Uu 接口之间传送数据的基站(BS)。基站也参与部分无线资源管理。

(2) RNC(无线网络控制器):它控制辖区内的所有无线资源,是与之相连的基站的管理者。RNC 是 RAN 提供给 CN 的所有业务的接入点。

CN 中包含的逻辑网络元素有以下几个。

(1) MSC/VLR(移动业务交换中心/访问位置寄存器):移动交换中心 MSC 和数据库 VLR 为 UE 提供电路交换服务。MSC 用于完成电路交换业务;VLR 用于保存漫游用户的服务特征描述副本,以及 UE 在服务系统中精确的位置信息。通过 MSC/VLR 连接的外部网络称为 CS 域网络。

(2) HLR(归属位置寄存器):这是一个位于用户本地的系统数据库,它保存了用户服务特征描述的主备份。这些服务的特征描述包括允许的业务信息、禁止漫游的地区和补充业务信息(如呼叫前转状态和呼叫前转数量)。此数据库在新用户向系统注册入网时为用户创建初始化数据,创建后的数据在用户接收服务期间始终存在。为了给呼入的用户找到路由并连接到目的 UE,HLR 还在 MSC/VLR 和 SGSN 中保存 UE 的位置信息。

（3）GMSC（移动业务交换中心网关）：这是 UMTS PLMN 与外部 CS 域网络连接处的交换设备，所有呼入和呼出的 CS 连接均需要经过 GMSC。

（4）SGSN（服务 GPRS 支撑节点）：它与 MSC/VLR 的功能类似，只不过它仅用于分组交换（PS）业务。通过 SGSN 连接的外部网络称为 PS 域网络。

（5）GGSN（GPRS 支持节点网关）：它与 GMSC 的功能类似，不过仅用于分组交换业务。

3GPP 规范没有详细说明上述逻辑网络元素的内在功能，但是详细定义了逻辑网络元素之间的一些接口。PLMN 网络主要的开放接口如下所述。

（1）Cu 接口：它是 USIM 智能卡和 ME 之间的电子接口，遵循智能卡的标准格式。

（2）Uu 接口：它是 WCDMA 的无线接口，是 UE 终端接入系统固定网络的必需接口。UMTS Uu 接口的开发性保证不同制造商设计的 UE 终端可以接入其他制造商设计的 RAN 中。

（3）Iub 接口：它是连接 Node B 与 RNC 的标准接口。制定开放的 Iub 接口，就是为了保证不同移动通信设备制造商生产的 Node B 和 RCN 之间互连互通，使运营商单独购置 Node B 和 RNC 设备成为可能。

（4）Iur 接口：它是 RNC 之间的接口。开放的 Iur 接口允许不同设备制造商生产的 RNC 之间进行软切换。

（5）Iu 接口：它是连接 RAN 与 CN 之间的标准接口，类似于 GSM 网络中的 A 接口（电路交换）和 Gb（分组交换）接口。开放的 Iu 接口允许运营商购置不同设备制造商生产的 RAN 和 CN 设备铺设网络，有利于设备制造商之间的竞争。开放的 A 接口和 Gb 接口也是 GSM 成功的原因。

3. CDMA 2000 系统的网络结构

CDMA 2000 1X 网络主要由 BTS、BSC 和 PCF、PDSN 等节点组成。基于 ANSI-41 核心网的系统结构如图 1-10 所示。其中，

- BTS：基站收发信机；
- PCF：分组控制功能；
- BSC：基站控制器；
- PDSN：分组数据服务器；
- SDU：业务数据单元；
- MSC/VLR：移动交换中心/访问寄存器；
- BSCC：基站控制器连接。

与 IS-95 相比，核心网中的 PCF 和 PDSN 是两个新增模块，通过支持移动 IP 协议的 A10、A11 接口互连，支持分组数据业务传输。以 MSC/VLR 为核心的网络部分。支持话音和增强的电路交换型数据业务。与 IS-95 一样，MSC/VLR 与 HLR/AC 之间的接口基于 ANSI-41 协议。

（1）BTS 在小区建立无线覆盖区用于移动台通信，移动台可以是 IS-95 或 CDMA 2000 1X 制式手机。

（2）BSC 可对 BTS 进行控制。

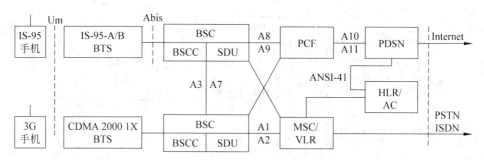

图 1-10 基于 ANSI-41 核心网的系统结构

（3）Abis 接口用于 BTS 和 BSC 之间连接。

（4）A1 接口用于传输 MSC 与 BSC 之间的信令。

（5）A2 接口用于传输 MSB 与 BSC 之间的话音信息。

（6）A3 接口用于传输 BSC 与 SDU（交换数据单元模块）之间的用户话务（包括语音和数据）和信令。

（7）A7 接口用于传输 BSC 之间的信令，支持 BSC 之间的软切换。

以上节点及接口与 IS-95 系统需求相同。

CDMA 2000 1X 新增接口如下所述。

（1）A8 接口：传输 BS 和 PCF 之间的用户业务。

（2）A9 接口：传输 BS 和 PCF 之间的信令。

（3）A10 接口：传输 PCF 和 PDSN 之间的用户业务。

（4）A11 接口：传输 PCF 和 PDSN 之间的信令。

A10/A11 接口是无线接入网和分组核心网之间的开放接口。新增节点 PCF（分组控制单元）是新增功能实体，用于转发无线子系统和 PDSN 分组控制单元之间的消息。PDSN 节点为 CDMA 2000 1X 接入 Internet 的接口模块。

4. TD-SCDMA 系统的网络结构

TD-SCDMA 系统的设计集 FDMA、TDMA、CDMA 和 SDMA 技术为一体，考虑到当前世界上大多数国家采用 GSM 第二代移动通信的客观实际，它能够由 GSM 平滑过渡到 3G 系统。TD-SCDMA 系统的功能模块如图 1-11 所示，主要包括用户终端设备（UE）、基站（BTS）、基站控制器（BSC）和核心网。

TD-SCDMA 系统的 IP 业务通过 GPRS 网关支持节点（GGSN）接入到 X.25 分组交换机，话音和 ISDN 业务仍使用原来 GSM 的移动交换机。待基于 IP 的 3G 核心网建成后，将过渡到完全的 TD-SCDMA 第三代移动通信系统。

TD-SCDMA 无线接入网络系统（RAN）由一组通过 Iu 连到核心网（CN）的无线网络子系统（RNS）组成，如图 1-12 所示。

一个 RNS 由一个基站控制器（RNC）和一个或多个基站 Node B 组成。RNC 和 Node B 之间通过 Iub 接口连接。UE 通过空中接口（Uu）接入 RNS。

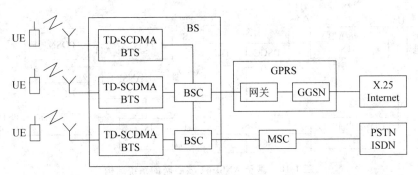

图 1-11　TD-SCDMA 系统的功能模块结构

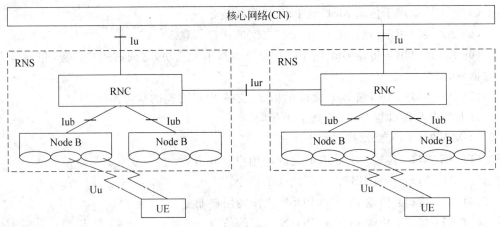

图 1-12　TD-SCDMA 网络结构——无线接入网

1.3　网络通信技术

1.3.1　协议的基本概念

1. 协议的定义

现实生活中存在很多协议,如软件外包协议、网络维护管理协议等,这些协议都是在完成某个任务之前,由任务各方协商通过的某些规定和规则。通过分析,协议过程具有以下基本特征。

首先,协议一定是在两方或多方之间达成的,因此协议一定具有双边或多边关系。只有一方,不能构成协议。

其次,协议需要定义双方或多方之间要达成的特定目标,以及实现这些目标采用的方式与方法,即协议一定要解决问题,并制定解决问题的手段,没有明确目标的协议是没有意义的。有需要解决的问题,但没有保证解决问题的实施手段,不能保证实现目标,协议也是没有意义的。

最后,对于这些目标和实现目标的方式、方法,达成协议的各方一定要取得一致并共同遵守。如果各方不能达成一致,就没有合作的基础;如果各方不遵守协议,就不能达到构建协议的目的。

因此,协议的基本特征如下所述。

(1) 协议是双边或多边(两方或多方)之间的。

(2) 协议有明确、具体的目标和为达成目标采用的方式、方法。

(3) 协议必须达成一致并共同遵守。

从对协议一般概念的分析和协议的基本特性分析,得到如下结论:协议是为了达成特定的目的而对两方或多方之间的协作方式和方法进行的约束。

2. 协议的描述

如何才能制定一份合乎要求的"协议"? 如何才能保证制定出的"协议"符合协议的基本特征?

完整的协议必须包含以下基本内容,才能保证制定协议的各方能够正确地解析和理解协议。

(1) 语义(Semantic):协议所要表达的核心含义,即"讲什么"。

语义是准确地表达协议目标的含义和协议各方需要为此进行的动作的含义,保证协议各方对协议将要达成的目标和为达成目标采用的方式、方法具有一致的认识。

(2) 语法(Syntax):语义能够正确表达的规范,即"怎么讲"。

语法是语义的描述规则的详细的格式规范,它是协议各方制定的语义能够被正确理解的保证。

(3) 时序(Sequence):语义被正确表达的时间点和先后顺序,即"执行顺序"。

时序是语义被正确解析的保证,错误的时间顺序将使协议动作表达的语义被错误地理解。

各方完成协议文本签字、盖章不等于实现了协议,也不等于协议能够被正确执行。在协议贯彻过程中,如果语义不明确,可能造成协议各方配合失误,导致要实现的目标失败;如果语法规定不严格,可能导致协议各方对预期的协议目标理解不一致,导致协议目标不满足预期要求;如果时序出现混乱,可能导致协议语义表达出现歧义,使预期目标失败。因此,一个完整的协议,语法、语义和时序这三个基本内容是必不可少的。

1.3.2　通信协议的基本概念

1. 通信与通信协议

在分析通信协议之前,需要首先理解什么是通信。

通信是利用电波、光波等信号传送文字、图像等内容;或者是一种处理过程,用于完成不同系统之间的信息交换。通信的基本目的是传递信息。

人类通信的内容从基本的文字发展为语音、图像和广义的数据,即多媒体信息。信息的承载方式从基本的视线、纸张,扩展为有线、无线、光纤等,使通信范围从可视范围扩展为全球。组建承载网络的手段从最初的烽火台接力,到转接书信的驿站,到现在覆盖全球的固定/移动通信网络。因此,现代通信的概念扩展为:基于特定的传输介质,使用特定的传输机制,在全球网络范围内进行多媒体信息传送。

为了实现通信目标,必须制定一些规则,以便选择承载介质,协商基于不同承载介质的信息传送技术,管理全球网络,防止传递的信息发生冲突和丢失,保证正确、安全地传送信息,这些规则即通信协议。

通信协议(Communication Protocol)是为了保证通信正确进行而制定的多种规则,也是为网络通信数据交换而建立的规则、标准或约定的集合。它涉及数据及控制信息的格式、编码及信号电平等,代表了被传输的数据结构和含义。

由于通信协议是协议在通信系统中的具体应用,因此达成通信协议的双边或多边一定是通信系统。其目标是完成通信系统之间的协作(主要是传递信息)。达成目的采用的方式和方法是在通信系统间就如何传递信息而设置的一组规则,用于表达特定语义,使用特定的语法规则。因此,通信协议可以认为是通信系统之间就如何传递信息而达成的"协议"。

随着通信和信息产业的发展,计算机网络成为现代社会的基础,通信协议成为构建计算机网络的基础。

2. 通信系统分层服务模型

在早期实现简单通信系统的时候,基本上采用专用通信网络使用专业通信协议的方式,即使用一个通信协议完成从最底层的网络驱动到最上层的应用实现。但是当通信系统越来越复杂,通信网络的组织越来越复杂,通信系统需要提供的服务越来越复杂的时候,通信系统会产生严重的问题:因为每一种新的服务都需要重新构建通信系统从上到下的所有内容;当采用不同实现方式的通信系统之间互通的时候,由于通信协议实现的差异,可能导致不同通信系统之间难以沟通。很显然,将通信系统中的共性问题划分出来,采用"分层"的思想构造通信系统,是解决通信系统可重用性和互通性的根本。

分层模型是一种用于开发通信系统的设计方法。本质上,分层模型描述了把通信问题分为几个小问题的方法,每个小问题对应于一层。下层将向上层隐藏实现细节,从而保证每一层次的实现比较简单,易于处理。分层的方式使通信系统设计者不用设计一个单一、巨大的系统来为所有形式的通信规定完整的细节,而是把通信问题划分为层层封装的小问题,然后为每个层次的问题设计相对独立的解决方案,从而最大限度地简化系统实现和改造的复杂度,增强系统的稳定性。

在分层的通信系统中,每一层的核心功能都被定义为实体(Entity)。这一实体对外提供的能力称为服务(Service)。第 N 层实体使用 $N-1$ 层实体提供的服务,并向 $N+1$ 层提供服务。第 $N+1$ 层将通过一个接口来访问第 N 层提供的服务,这个接口被称为服务访问点(SAP)。接口上呈现出来的第 N 层服务使用方法称为原语,一般是函数调用的方式。

基于分层模型的分析,通信系统按功能划分为多个不同的功能层。相邻层次之间通过服务接入点进行访问,访问的方法被称为原语。这种相邻功能层之间基于原语的通信规则称为接口。不同通信系统的统一功能层之间通过协议参考点访问,协议参考点的通信规则称为协议。基于分层模型的分析可以看到,协议是对等实体的对等层次之间的连接关系,这种连接关系式通过在通信系统之间传递的应用信息上附加对等层次协议控制信息来实现,因此可以认为对等实体的对等层次之间存在一种逻辑数据流。

当信息从对等实体的一方开始传递的时候,信息将作为 SDU 从 $N+1$ 层通过接口传递到 N 层,并逐层封装该层的通信协议控制信息。当对等实体的目的方收到物理信道上的通信数据流的时候,SDU 则相反地从 N 层通过接口上报到 $N+1$ 层,并逐层剥离附加的通信协议控制信息。由于通信系统各个层次的核心功能是实现对等实体的对等层协作,因此通信系统层次模型的实现可以认为是层次化的通信协议实现。通信协议实现体现在各个层次通信控制信息的逐层添加以及逐层剥离的过程。这一过程可以形象地被描述为通信协议的入栈操作和出栈操作。因此,通信系统的层次化实现可以形象地理解为通信协议的"堆栈",简称"协议栈"。

基于分层模型设计的通信系统,下层将向上层隐藏下层的实现细节,从而保证每一层次的实现比较简单,易于处理。但是,层次不能划分得太多。由于层次之间将使用接口来实现 SAP,意味着每增加一个层次,都需要增加一次接口调用。同时,对等层之前将使用协议来实现 PRP,因此每增加一个层次,都需要增加一个层次的协议。虽然协议是一种逻辑数据流,但这种逻辑数据流是通过在用户数据 SDU 上附加控制信息实现的。因此,层次越多,协议越多,附加的控制信息越多,实际的物理数据流量越大,资源消耗越大。

因此,设计分层系统时,需要仔细权衡层次的划分,既要保证每一层次小到易于处理,又要保证层次不要太多,避免产生太大的负荷,降低信息传递的效率,导致资源浪费。OSI 参考模型就是一个典型的分层模型。

开放系统互连(Open System Interconnection,OSI)基本参考模型是由国际标准化组织(ISO)制定的一种标准参考模型。OSI 定义了一个 7 层模型(如图 1-13 所示),用于两实体间的通信,并作为一个框架来协调各层标准的制定。

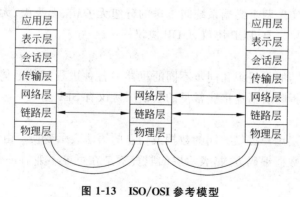

图 1-13　ISO/OSI 参考模型

1) 物理层

物理层是 OSI 七层结构中最下面一层,又称为第一层。由于数字通信设备只能处理二进制数据,而二进制数据需要转换为物理信号才能在传输介质上传输,因此需要物理层在物理信号和数据流之间进行转换。

物理信号是在传输介质上传输的。常见的物理信号是电信号,还可能是光信号;对空中接口而言,物理信号是电磁波。电信号一般采用电缆作为传输介质,也可以使用双绞线。光信号一般采用光纤作为传输介质;电磁波不需要特别的传输介质,而是利用大气进行传输。接口两端的设备利用传输介质连接起来,就构成通信网络。设备与传输介质的接口就是物理层接口，EI 接口、Ethernet 接口、RS-232 接口是常见的物理层接口。

2）链路层

链路层也叫数据链路层，是物理层上面的一层，又称第二层。数据链路层负责接收物理层送来的二进制数据流，为相邻两个设备提供可靠的通信连接。数据链路层上传输的数据以帧（frame）为单位。帧是一种有格式的数据。链路层为了保证在相邻两个设备间提供可靠的通信连接，需要完成以下工作：数据帧的同步、差错控制、流量控制、数据链路的管理与维护。

HDLC（High Level Data Link Control，高级数据链路控制）协议是通信系统最常见的链路协议。HDLC 是面向比特的链路协议，传输效率较高。它有很多子集，如 LAPD（ISDN 使用）、LAPV（V5 协议使用）、MTP2（SS7 使用）。

3）网络层

网络层是数据链路层上的一层，又称第三层。网络层负责解释从链路层收到的数据，为网络内任意两个设备间提供通信服务。由于网络内有多台设备，任意两台设备之间未必能够有直接的连接，因此将信息从一个设备传输到另外一个设备，需要经过多个设备传输。可是如何完成设备接力，即确定信息传输的路径呢？网络层的主要任务是负责选择合适的传输路径。另外，网络层还要解决网络互连、拥塞控制等问题。常见的网络层协议有 IP 协议、V5 协议和 Q.931 协议等。

4）传输层

由于在网络层上可能产生数据差错，因此不能保证信源到信宿传输的可靠性。为了向用户提供可靠的端到端服务，传输层的功能就是在网络层的基础上完成端到端的差错控制、流量控制，并实现两个终端系统间传送的分组无差错、无丢失、无重复、分组顺序无误。常见的传输层协议有 TCP 协议、UDP 协议等。

5）会话层

会话层的主要功能是组织和同步不同的机器上各种进程间的通信，负责在两个会话层实体之间建立和拆除对话连接。常见的会话层协议有 SLP 等。

6）表示层

表示层是为上层用户提供共同的数据或信息的语法表示变换。由于不是所有计算机系统都使用相同的数据编码方式，表示层的职责就是在可能不兼容的数据编码之间提供翻译。

7）应用层

应用层是 OSI 参考模型的最高层，其功能是"直接面向用户提供服务，完成用户希望在网络上完成的各种工作"。它在 OSI 参考模型下面 6 层提供的数据传输和数据表示等服务的基础上，为网络用户或应用程序提供完成特定网络服务功能所需要的各种应用协议。常用的应用层协议有 HTTP、FTP、Telnet 和 SMTP 等。

1.3.3 典型通信协议

1. 网络会话控制协议

会话控制协议（SIP）是应用层上的信令协议。SIP 借助超文本传输协议（HTTP）和简单邮件传送协议(SMTP),创建、管理和终止任何形式的互动会话,如 IP 电话呼叫、多媒体会议、软件发行、互动游戏和聊天等。1999 年发布的第 1 版 SIP 规范(RFC 2543)源于美国哥伦比亚大学的 Henning Schulzrinne 教授和伦敦大学学院(UCL)的 MarkHandley 教授在 1996 年开始的研究工作。现在 SIP 已得到广泛认可和采纳。

SIP 有如下特性。

(1)易读性强:使用人们容易阅读的文字来描述 SIP 消息。

(2)相对简单:只有 6 种基本方法,把它们组合在一起,就可以完成多媒体会话呼叫的控制,减少了复杂性。

(3)独立于传输层:因为 SIP 可由 UDP、TCP 和定义在 RFC 4346(2006)的传输层安全(Transport Layer Security,TLS)等协议使用。

(4)客户机/服务器结构:SIP 共享 HTTP 和 SMTP 的设计原理,共享 HTTP 的状态码。

(5)移动性强:可用统一资源标识符(URI)查找用户。

(6)需要其他协议辅助:如使用会话描述协议(SDP)来描述会话。

(7)不提供服务质量(QoS)保障方法,但可以与资源保留协议(RSVP)等协议联用。

1)SIP 的请求和响应

SIP 的请求和响应统称为消息。SIP 请求使用文字表示,SIP 响应使用 3 位数字表示。SIP 请求(SIP Request)称为命令或方法(method),"方法"可理解为执行命令的过程或子程序。在 SIP 的基本规范(RFC 3261)中定义了 7 种 SIP 请求,如表 1-1 所示。

表 1-1 SIP 请求

SIP 请求	说　明	SIP 请求	说　明
INVITE(邀请)	邀请用户参加会话	BYE(再见)	终止用户之间的连接
ACK(响应)	确认 INVITE 得到响应	REGISTER(注册)	登记用户当前所在地
OPTION(选项)	请求提供服务器能力的消息	INFO(消息)	会话期间的信令
CANCEL(取消)	终止请求		

在 SIP 的基本规范中,定义了用数字代码表示的 6 种 SIP 响应消息(SIP Responses),100～699,如表 1-2 所示。

表 1-2 SIP 响应

代　码	类　型	说　明
100～199	信息	通知接收方相关请求已接收,但处理结果还不知道
200～299	成功	请求或接收成功,如"200"表示接收成功
300～399	重定位	表示用户所在地已经变动,如"302"表示临时移动
400～499	客户端有错	请求有错,如"404"表示没有找到
500～599	服务器有错	服务器故障,如"501"表示不执行
600～699	不成功	请求不能完成,如"603"表示拒绝

2）SIP 请求格式举例

下面以用户 A（Alice）邀请用户 B（Bob）参与会话的请求格式为例，说明请求格式的结构。SIP 的请求格式由起始行、消息头和消息体组成，如图 1-14 所示。

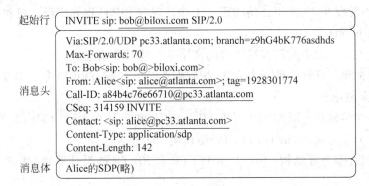

起始行 INVITE sip: bob@biloxi.com SIP/2.0

消息头
Via:SIP/2.0/UDP pc33.atlanta.com; branch=z9hG4bK776asdhds
Max-Forwards: 70
To: Bob<sip: bob@>biloxi.com>
From: Alice<sip: alice@atlanta.com>; tag=1928301774
Call-ID: a84b4c76e66710@pc33.atlanta.com
CSeq: 314159 INVITE
Contact: <sip: alice@pc33.atlanta.com>
Content-Type: application/sdp
Content-Length: 142

消息体 Alice的SDP(略)

图 1-14　SIP 请求格式

（1）起始行：由方法（Method）、请求地址（Request-URI）和 SIP 版本（SIP-Version）组成。本例中的方法为 INVITE，请求地址为 sip：bob@biloxi.com，SIP 版本为 2.0。

（2）消息头由下列部分组成。

- Via：包含呼叫方（如 Alice）期待接收响应的局域网地址（如 pc33.atlanta.com），以及标识呼叫的分支参数（如 branchparameter）。
- Max-Forwards：用于限制请求到达被叫方所历经的路由段数目（如 70）。
- To：包含显示被叫方（如 Bob）的名字和 SIP URI（如 sip：bob@biloxi.com）。
- From：包含呼叫方（如 Alice）的名字和 SIP URI（如 sip：alice@atlanta.com），表示请求的起源。此外，包括一个标签（Tag）参数。标签参数是软电话（Softphone）添加的随机字符串（如 1352789269），作为对话的标识符。
- Call-ID：标识呼叫的全局唯一标识符，它是由随机字符串和安装"软电话"的主机名或 IP 地址组合生成的。Call-ID 与 To 域中的标签（本例未列出）和 From 域中的标签相结合，可完全定义 Alice 和 Bob 之间的 P2P（Peer-to-Peer）关系，称之为对话（Dialog）。
- CSeq（Command Sequence）：包含命令序列和方法名称。在对话中出现一个新的请求时，CSeq 序号加 1。
- Contact：包含 SIP URI（如 sip：alice@pc33.atlanta.com），表示与 Alice 直接联系的路径。
- Content-Type：包含消息主题的说明。

3）SIP 消息结构

SIP 消息分成请求消息和响应消息，这两类消息的结构类似。图 1-15 所示为请求和响应消息的结构和示例。具体内容请参阅 RFC 3261（SIP：Session Initiation Protocol）和 RFC 4566（SDP：Session Description Protocol）。

2. 媒体网关控制协议——MGCP/MEGACO

MGCP 协议是为了满足电路交换网（CSN）与 IP 网融合的需求而产生的，MEGACO

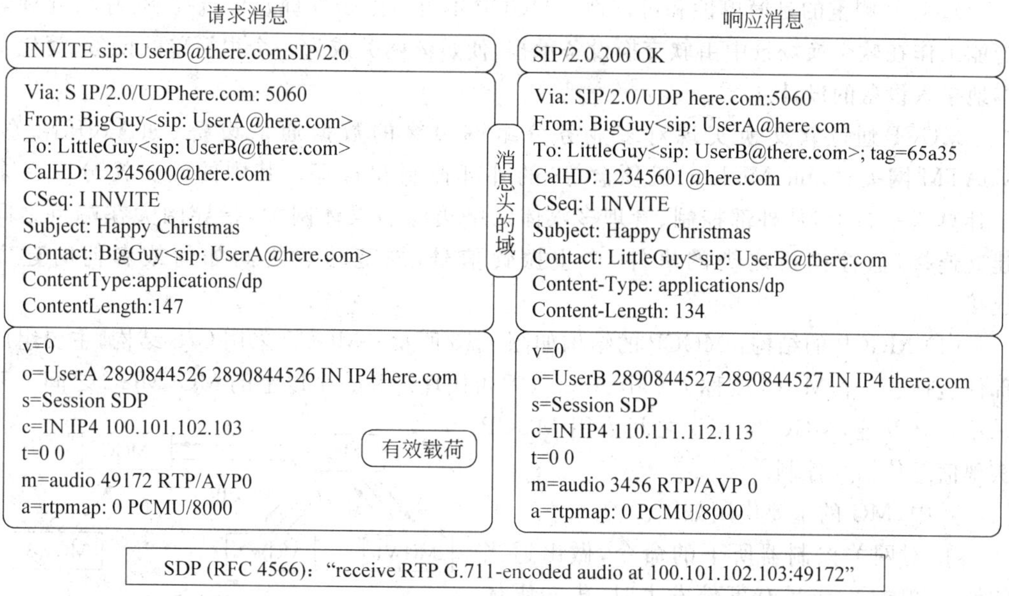

请求消息　　　　　　　　　　　　　　响应消息

```
INVITE sip: UserB@there.comSIP/2.0        SIP/2.0 200 OK

Via: S IP/2.0/UDPhere.com: 5060           Via: SIP/2.0/UDP here.com:5060
From: BigGuy<sip: UserA@here.com>         From: BigGuy<sip: UserA@here.com
To: LittleGuy<sip: UserB@there.com>       To: LittleGuy<sip: UserB@there.com>; tag=65a35
CalHD: 12345600@here.com                  CalHD: 12345601@here.com
CSeq: I INVITE                            CSeq: I INVITE
Subject: Happy Christmas                  Subject: Happy Christmas
Contact: BigGuy<sip: UserA@here.com>      Contact: LittleGuy<sip: UserB@there.com
ContentType:applications/dp               Content-Type: applications/dp
ContentLength:147                         Content-Length: 134

v=0                                       v=0
o=UserA 2890844526 2890844526 IN IP4 here.com    o=UserB 2890844527 2890844527 IN IP4 there.com
s=Session SDP                             s=Session SDP
c=IN IP4 100.101.102.103                  c=IN IP4 110.111.112.113
t=0 0                                     t=0 0
m=audio 49172 RTP/AVP0                    m=audio 3456 RTP/AVP 0
a=rtpmap: 0 PCMU/8000                     a=rtpmap: 0 PCMU/8000
```

消息头的域　　有效载荷

SDP (RFC 4566): "receive RTP G.711-encoded audio at 100.101.102.103:49172"

图 1-15　SIP 消息结构

是 MGCP 协议的进一步发展，目前成为下一代网络核心网的中继媒体网关和媒体服务器的控制协议。与 SIP 协议相比，MGCP/MEGACO 代表了另外一种典型的协议类型——设备控制协议。

1) MGCP

媒体网关控制器（MGC）对媒体网关（MG）的控制，是通过媒体网关控制协议（MGCP）完成的。提出这一协议有两个标准：一个是 IETF 组织的 MGCP；另一个是 MEGACO。媒体网关控制器之间呼叫信令协议采用 SIP。

MGCP 是简单网关控制协议（SGCP）和 IP 设备控制协议（IPDC）相结合的产物。MGCP 采用和 SIP 类似的协议结构，即文本协议。协议消息分为两类：命令和响应，每个命令都需要接收方的回送响应，采用三次握手方式证实。命令消息由命令行和若干参数行组成，相当于 SIP 中的请求行和头部字段行。响应消息带有 3 位数字的响应码。在 MGCP 中，采用 SDP 正式描述各种参数，以便在端点之间建立连接，例如 IP 地址、UDP 端口和 RTP 应用文档等。MGCP 采用 UDP 传送，其目的是减少信令传送延时。为了保证可靠性，必须定义相应的重发机制。目前的 MGCP 设计主要涵盖信令和媒体平面，管理和服务平面还没有广泛涉及。MGCP 假定了一个呼叫控制结构，其中呼叫控制"智能部分"在媒体网关之外，由外部的呼叫控制部件控制。MGCP 的一个关键属性就在于它是作为分布式系统中的一个内部协议实现的，对外界好像是个简单的 VoIP 网关。

MGCP 是软交换、媒体网关、信令网关的关键协议，它使 IP 电话网接入 PSTN，实现端到端电话业务。MGCP 是无状态的协议，这个概念是整个设计方法的核心。"无状态"意味着该协议无须状态机描述两个信令实体之间的事务序列，也不保留 MGC 和媒体网关之间先前的事务。这一点不要与呼叫状态混淆。呼叫状态存在于媒体网关控制器内。MGC 和媒体网关之间的基本呼叫流存在于它们的基本构造状态机中。

MGCP 侧重的是简单性和可靠性。MGCP 本身只限于处理媒体流控制,呼叫处理等智能工作在软交换场景中由软交换设备承担,使媒体网关成为一个很简单的设备,简化了本地接入设备的设计。

MGCP 通过软交换实现对多业务分组网边缘的数据通信设备(如 VoIP 网关、VoATM 网关、Cable Modem、机顶盒等)的外部控制和管理。其中的软交换分布在多个计算机平台上,从外部控制、管理多媒体网络边缘的媒体网关,指导网关在端点之间建立连接,监控摘机之类的事件,产生振铃信号,规范端点之间如何或者何时建立连接。

(1) MGCP 的结构:MGCP 的结构如图 1-16 所示。MGCP 采用 C/S 结构,主要组成部件包括:一个 MGC[或称为 Call Agent(呼叫代理)]和一个以上的 MG,MGC 之间一般采用 SIP 互连,MGC 与 MG 之间采用 MGCP 实现信息传输与控制。

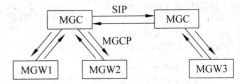

图 1-16　MGCP 的网络结构

其中,MG 的主要作用如下。

① 对网关控制器所下的命令,做出适当的处理和响应;或是有事件发生时,告知媒体网关控制器。

② 对音频或视频信号的压缩与解压缩。

③ 在 VoIP 的 IP 网络和传统电话网络之间转换 IP 信息包和语音信号。

总之,在 MGCP 里,MG 只负责几个语音信号的命令,其他控制信号的部分全部交出 MGC 专门负责。MGCP 的连接模式包括两个部分:端点(Endpoint)和连接(Connection)。每一个使用者都会和一个端点相连接,然后映射成端点之间的连接来传递信息,其示意图如图 1-17 所示。

图 1-17　MGCP 的呼叫原理

MGCP 把网关能侦测出的状态称为一种事件。例如,电话拿起(Off-Hook)或挂上(On-Hook)即为两种事件。MGCP 也定义一些网关能产生的信号,如拨号音。由前面各种端点和网关的介绍得知,MGCP 在设计上是可以取代现代电话系统的一些部分,所以必须了解电话系统各个部分应侦测的事件及所需产生的信号。

MGCP 定义了一些信息包类型,每一种信息包都包含一些事件和信号。每一个信息包、事件和信号都有自己的简称。各个信息包的用途及其所包含的事件和信号可在与 MGCP 相关的协议和草案中查到。MGCP 指出各种网关需提供的信息包,即可以侦测的事件及产生的相关信号。

(2) MGCP 的命令种类:MGCP 采用的命令有如下几种。

• 端点配置命令:该命令的发送方向是 MGC 到 MG,用于指示网关某端点电路侧的编码特征,其 ASCII 命令行为词为"EPCF"。

- 通知请求命令：该命令的发送方向是 MGC 到 MG，用于请求网关监视某端点发生的某些事件。如发生，则通知 MGC。其 ASCII 命令行为词为"RQNT"。
- 通知命令：该命令的发送方向是 MC 到 MGC，用此消息通知 MGC，请求监视的某些事件已经发生。其 ASCII 命令行为词为"NTFY"。
- 创建连接命令：该命令的发送方向是 MGC 到 MG。用此命令将某端点和指定的 IP 地址和 UDP 端口关联。其 ASCII 命令行为词为"CRCX"。
- 修改连接命令：该命令的发送方向是 MGC 到 MG，MGC 用此命令改变先前建立连接的参数。其 ASCII 命令行为词为"MDCX"。
- 删除连接命令：一般情况下，该命令由 MGC 发往 MG，指示删除已有的连接。其 ASCII 命令行为词为"DLCX"。
- 审计端点命令：该命令的发送方向是 MGC 到 MG。MGC 用此命令获得某端点或一组端点的详细信息。其 ASCII 命令行为词为"AUEP"。
- 审计连接命令：该命令的发送方向是 MGC 到 MG。MGC 通过该命令检索某端点上某连接的信息，该连接用连接标识识别。其 ASCII 命令行为词为"AUCX"。
- 重启动在进行中命令：该命令的发送方向是 MC 到 MGC。网关用此命令告知某端点或一组端点退出服务或投入服务。其 ASCII 命令行为词为"RSIP"。

这些命令使 MGC 指挥网关在其端点上创建连接，并在网关发现事件时得到通知。

(3) 返回码和出错码：所有 MGCP 命令都是有确认的。确认中带着一个返回码，指明命令状态。返回码是一个整数，定义了 4 种范围：100～199 之间的值表示临时的响应；200～299 之间的值表示命令成功完成；400～499 之间的值表示暂时性错误；500～599 之间的值表示永久性错误。

具体码值所代表的错误类型请查阅相关资料。

(4) MGCP 的消息格式：在 MGCP 消息格式中，所有命令由命令头部和会话描述两部分组成；所有响应包由响应头部和会话描述两部分组成；头部和会话描述都由若干文本行组成，两部分之间由空行分隔，会话描述为任选部分。

协议采用事务标识关联命令和响应，其取值为 1～999999999。命令完成后 3min 内，已用的事务标识不能给新的命令使用。

头部和会话描述用一组字符行编码，用回车或换行符分隔。头部和会话描述由一个空行分隔。

MGCP 用事务标识来关联命令和响应。事务标识作为头部的一部分编码，作为响应头部的一部分重复。

(5) UDP 上的传输：MGCP 消息在 UDP 上传输。命令发送到 DNS 为指定端点定义的 IP 地址中的一个。响应发回命令的源地址。

在 UDP 上传输的 MGCP 消息可能丢失。如果没有收到及时的响应，命令将重发。

MGCP 实体应该在内存中保存一个对最近事务的响应的列表和一个目前正在执行的事务的列表。把输入命令的事务标识符和最近响应的事务标识符相比较。如果发现一个匹配，则 MGCP 实体不执行该事务，但是要重发响应。剩下的命令将与当前事务列表比较。如果发现一个匹配，MGCP 实体不执行该事务，简单地忽略它。

这个过程使用一个长定时器值，下面称为 LONG-TIMER（长时计时器）。该计时器应该设置为比最大的持续时间长，应该考虑最大的重发次数、重发定时器的最大值和一个包在网络上的最大传输延时，建议值为 30s。

事务标识符是某个小于 999 999 999 的整数。呼叫代理可以决定为它管理的每个网关指定一个整数区间，或者属于任意组的网关使用相同的整数区间。呼叫代理可以决定分担管理几个独立进程间的网关的负荷。这些进程将共享相同的事务数区间。这种共享有多种实现。例如，事务标识符的集中分配，或预先分配不重叠的标识符范围给不同的进程。这些实现必须确保所有的从一个逻辑 MGC 起源的事务分配到不同的标识符。网关只要看事务标识符，就能发现重复的事务。

任何命令都有响应确认属性。它携带一组"已确认的事务标识符范围"。

MGCP 可以选择删除包括在"响应确认属性"的"已确认事务标识符范围"内的事务的响应的副本。当事务标识符落在这个区间时，它们只需丢弃来自呼叫代理的进一步命令。当网关发送最后一个响应给呼叫代理 LONG-TIMER 后，或者一个网关重新运行，"已确认事务标识符范围"值将不能再使用。在这种情况下，命令将被接收和处理，不用测试事务标识符。

携带"响应确认属性"的命令可能不按顺序传输。网关应该保留在最近命令收到的"响应确认属性"的合并结果中。

2）媒体网关控制协议（MEGACO）

MEGACO，即 H.248，是一项 ITU-T 与 IETF 合作推出的新标准，用于连接 PSTN 与 IP 网络，它使语音、传真和多媒体信号在 PSTN 与新兴的 IP 网络之间进行交换成为可能。MEGACO 的含义是媒体网关控制（Media Gateway Control）。MEGACO 框架使服务提供商具有提供多种电话和数据融合服务的能力，其网络结构如图 1-18 所示。

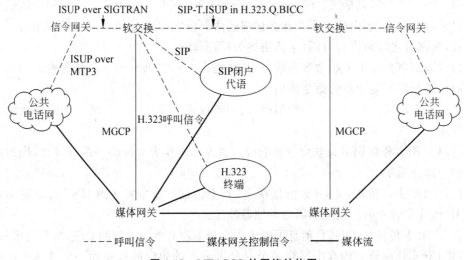

图 1-18　MEAGCO 的网络结构图

MEGACO 协议的连接模型描述了媒体网关（MG）内的逻辑实体或者对象。连接模型中使用的主要抽象实体是关联和终结点。

（1）关联：关联首次提出是在 MDCP 中，它使得协议的灵活性和可扩展性更好。H.248 建议沿用了这个概念。Context 是一次呼叫或一个会话中的终结点的集合。一个 Context 代表一次呼叫或一个会话中的媒体类型。例如，从 SCN 到 IP 呼叫的 Context 包含 TDM 音频终结点和 RTP 音频流终结点。如果媒体网关只提供点到点连接，则只允许每个 Context 最多有两个终结点。若支持多点会议，可以有多个。

关联的属性包括以下几个方面。

① ContextID：用来唯一地标识某个 Context。

② 拓扑：描述同一个 Context 中不同终结点间的媒体流向。

③ 优先权：高优先级 Context 首先处理。

④ 紧急呼叫指示器：用来处理紧急意外呼叫。

（2）终结点：终结点（Termination）是 MG 中的逻辑实体，负责发起和接收媒体流或控制流。Termination 是源媒体流或目的媒体流客体，用于表示时隙、模拟线和 RTP 流等。代表物理实体的终结点有半永久的存活期。

终结点由一系列特性描述，这些特性组成一系列包含在命令里的描述符（Descriptor）。在 MG 创建终结点时，分配唯一的标识符。终结点有相应的信令，由 MG 生成，比如语音和提示音。

终结点可通过编程来监测事件，并能触发给 MGC 的通知消息，或者 MG 的动作。终结点上可以累计统计数据，并通过请求报告传送给 MGC。

3. 软交换互通协议——BICC

BICC（Bearer Independent Call Control Portocol，软交换互通协议）是 ITU-TSG11 小组制定的与承载无关的呼叫控制协议。BICC 协议的主要目的是解决呼叫控制和承载控制分离的问题，使呼叫控制信令可在各种网络上承载，包括消息传递部分（MTP）、No.7 网络、ATM 网络、IP 网络。BICC 协议由 ISUP（ISDN 用户部分）演变而来，完全与现有业务兼容，是传统电信网络向综合多业务网络演进的一个重要协议。

BICC 信令消息包括初始地址消息（IAM）、地址全消息（ACM）、应答消息（ANM）、CIC 系列消息等。BICC 协议为信令消息传递使用信令传递转换器（STC）层。STC 在相应的规范中定义。BICC 新增的应用信息传输（APM）机制使得两端的呼叫控制节点间可以交互承载相关的信息，包括承载地址、连接参考、承载特性、承载建立方式及支持的 Codec 列表等。

BICC 协议把支持 BICC 信令的节点分为服务节点（SN）和呼叫协调节点（CMN）。SN 具有承载控制功能（BCF），而 CMN 不具有承载控制功能。对于 SN，呼叫功能和承载控制功能在物理上既可以分开，也可以不分开。若分开，呼叫功能和承载控制功能实体需要用呼叫承载控制（CBC）信令来发送消息。SN 和 CMN 都使用"半呼叫"模型，每个完整的呼叫分为"入局"和"出局"呼叫。BICC 的协议模型如图 1-19 所示。

目前 BICC 协议定义了 CS1（能力集 1）、CS2 和 CS3。CS1 支持呼叫控制信令在 MTP、No.7、ATM 上的承载，CS2 增加了在 IP 网上的承载，CS3 关注 MPLS、IP QoS 等承载应用质量以及与 SIP 的互通问题。

BICC 是一个成熟的标准协议，技术成熟，能够实现可靠的、实时的、有序的信令传

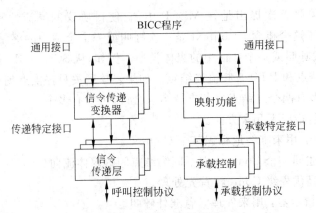

图 1-19　BICC 协议模型

送;但是目前由于 BICC 的复杂性,越来越多的设备厂家倾向于用 SIP-T(SIP-I)替代 BICC 作为软交换(MGC)之间的互通协议。

4. 信令传送协议——SIGTRAN

SIGTRAN(SIGnaling TRANsport)协议是在分组承载网络(IP 或者 ATM)中传递电路交换信令(主要是 No.7 信令)的协议。原有的窄带电路交换网络(SCN)以其提供业务的可靠性和高质量,得到用户的认可和广泛使用;同时,由于 IP 网络存在 QoS 等尚未解决的问题,未来一段时期内,相当一部分业务还会在 SCN 上提供。电信运营商不仅要在传统的 SCN 中提供电话业务和智能网业务,也要在 IP 网中提供这些业务。为了实现 SCN 与 IP 网的业务互通,用于支持 SCN 的 No.7 信令网需要与 IP 网互通。这个功能通过信令网关(SG)设备实现。

信令网关(SG)设备主要用于 SCN 与 IP 网络之间信令的转换,位于网络边缘,实现 SCN 的信令在 IP 网上传送。在 SCN 信令侧,必须能够发送、接收标准 SCN 信令消息,如标准的 No.7 信令;IP 网络侧采用 SIGTRAN 协议。信令网关的功能模型如图 1-20 所示。

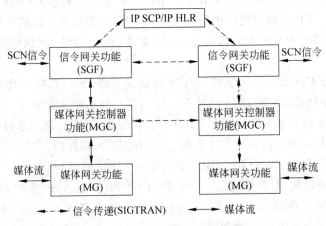

图 1-20　信令网关的功能模型

在图 1-20 中,MGCF、SGF、MGF 可以在分离的物理实体上实现,也可以集成在同一个物理设备上。如果功能实体位于不同的物理设备之上,信令传送应当支持在实体之间传送 SCN 信令,并满足预定的功能和性能要求。目前,有多个国际标准化组织开发 No.7/IP 相关标准,主要有 IETF、PacketCable 和 3GPP 等。从技术发展上看,总的趋势是采用 IETF 的 SIGTRAN 协议。

我国的 SIGTRAN 协议相关标准也在制定和完善中,目前制定了以下标准:《No.7 信令与 IP 互通的技术要求》《流控制传送协议(SCTP)规范》《消息传递部分第三级用户适配(M3UA)协议规范》《消息传递部分第二级用户适配(M2PA)协议规范》《第二级用户适配层(M2UA)协议规范》和《信令网关设备技术规范》等,为不同厂商设备之间的互联互通提供依据。

1) SIGTRAN 协议模型

SIGTRAN 是在 IP 网络中传递电路交换网 SCN 信令的协议栈,它支持的标准原语接口不需要对现有的 SCN 信令应用进行任何修改,保证了已有的 SCN;信令应用可以不必修改而直接使用。信令传送利用标准的 IP 传送协议作为低层传送要求,并通过增加自身的功能来满足 SCN 信令传送的要求。

图 1-21 所示为 SIGTRAN 协议体系。原则上,SIGTRAN 封装在 IP 中传送,协议体系主要由信令适配层和信令传送层两个部件组成,底层采用标准的 IP 协议。信令适配层提供 SCN 信令的标准原语接口,信令传送层提供 SCN 信令要求的实时和可靠传送。体系中各协议的功能如下所述。

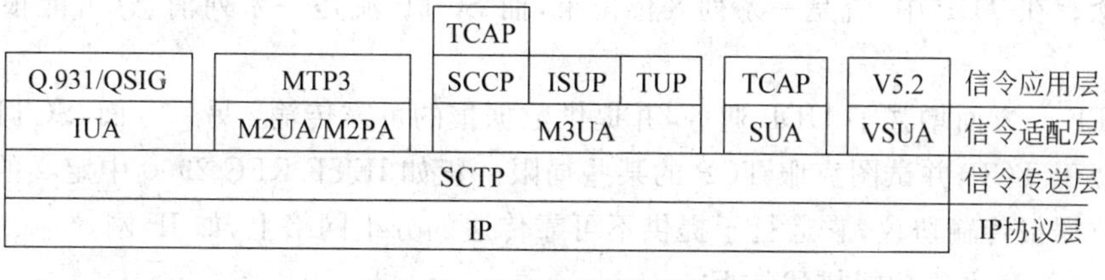

Q.931/QSIG	MTP3	TCAP SCCP	ISUP	TUP	TCAP	V5.2	信令应用层
IUA	M2UA/M2PA	M3UA			SUA	VSUA	信令适配层
SCTP							信令传送层
IP							IP协议层

图 1-21　SIGTRAN 协议体系

(1) 流控制传输协议(Stream Control Transmission Protocol,SCTP):是一个面向连接的传输层协议,它在对等 SCTP 实体之间提供可靠的面向用户的传输服务。与 TCP 等其他传输协议相比,SCTP 传输时延更小,可避免某些大数据对其他数据的阻塞,有更高的传输效率和可靠性,有更高的重发效率,具有更好的安全性。

(2) ISDN 用户适配层(ISDN Q.931-User Adaptation Layer,IUA)协议:用于 Q.931 适配层,使得 Q.931 可以在 IP 承载网上传送。

(3) MTP 第二级用户适配层(MTP2-User Adaptation Layer,M2UA)协议:该协议允许信令网关向对等 IPSP 传送 MTP3 消息,对 No.7 信令网和 IP 网提供无缝的网管互通功能。

(4) MTP 第二级用户对等适配层(MTP2-User Peer to Peer Adaptation Layer,M2PA)协议:该协议允许信令网关向 IPSP 处理及传送 MTP3 的消息,并提供 MTP 信令网网管功能。

（5）MTP 第三级用户适配层（MTP3-User Adaptation Layer，M3UA）协议：该协议允许信令网关向媒体网关控制器或 IP 数据库传送 MTP3 的用户信息（如 ISUP/SCCP 消息），对 No.7 信令网和 IP 网提供无缝的网管互通功能。

（6）SCCP 用户适配层（SCCP-User Adaptation Layer，SUA）协议：主要功能是适配传送 SCCP 的用户信息给 IP 数据库，提供 SCCP 互通。

（7）V5.2 用户适配层（V5.2-User Adaptation Layer，V5UA）协议：完成 V5.2 信令数据在媒体网关和软交换/MGC 之间的传送。

2）SCTP

SCTP 位于 SIGTRAN 协议栈的信令传送层，其目的是在 IP 网上提供可靠的电信网信令数据传送。

目前 IP 网中的一般消息交换通常使用 UDP 或 TCP 来完成。但这两者都不能完全满足电信网中信令承载的要求。

UDP 是基于消息的，提供快速的无连接业务，适合传输延时敏感的信令消息。UDP 本身仅提供不可靠的数据包业务。差错控制，包括消息顺序、消息重复检测和丢失消息重传等，只能由上层应用来完成。

TCP 虽然提供了差错和流量控制，但对于传输信令消息来说，存在诸多缺陷，如 TCP 是面向字节流的，TCP 无法提供对多宿主机的透明支持等。

SCTP 结合了 UDP 和 TCP 两种协议的优点，是建立在无连接、不可靠的分组交换网络上的一种可靠的传输协议。与 TCP 相比，SCTP 增加了多宿特性及同一个连接上多个流的概念。在 TCP 中，流是一系列 8 位位组，而 SCTP 流是一系列消息（可能很短，也可能很长）。

SCTP 一方面增强了 UDP 业务，并提供数据报的可靠传输；另一方面，SCTP 的协议行为类似于 TCP，并试图克服 TCP 的某些局限。正如 IETF RFC 2960 中定义的：SCTP 是可靠数据报传输协议，它运行于提供不可靠传递的分组网络上，如 IP 网。

（1）SCTP 主要功能描述如下。

SCTP 主要用于在无连接的网络上传送 SCN 信令消息，在 IP 承载网上提供可靠的数据传送协议。SCTP 具有如下功能。

- 在确认方式下，无差错、无重复、有序地传送用户数据。
- 根据通路的 MTU 限制，进行用户数据分段。
- 在多个流上保证用户消息顺序递交。
- 将多个用户的消息复用到一个 SCTP 的数据块中。
- 利用 SCTP 偶联机制（在偶联的一端或两端提供多归属的机制）来提供网络级的安全保证。

SCTP 的设计中还包含避免拥塞的功能和避免遭受泛播和匿名攻击的功能。

（2）SCTP 的分组格式及数据块类型分述如下。

① SCTP 的分组格式：SCTP 由 IP 封装。SCTP 分组由公共的分组头和若干数据块组成，每个数据块中既包含控制信息，也包含用户数据。多个数据块捆绑在一个 SCTP 分组中，此时要满足偶联对 MTU 的要求。数据块也可以不与其他数据块捆绑在一个分组

中。一个包含若干数据块的 SCTP 分组格式如图 1-22 所示。其中,验证标签(32 位无符号整数)主要用于分组的接收方判别发送方 SCTP 分组的有效性。

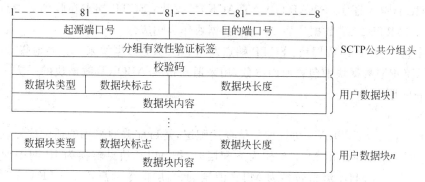

图 1-22 包含若干数据块的 SCTP 分组格式

② SCTP 的主要数据块类型:SCTP 的数据块类型由 SCTP 分组中的用户数据块类型参数来定义。数据块类型参数是一个 8 位无符号整数,取值范围为 0～254(255 留作今后的扩展)。SCTP 的主要数据块类型包括以下几种。

- 净荷数据(DATA)块:在 SCTP 偶联已建立的情况下,用来携带高层协议应用信息,如 M2UA、M3UA、M2PA、SUA 等。
- 选择证实(SACK)数据块:通过使用 DATA 数据块中的 TSN(传送顺序号),向对等的端点确认接收到的 DATA 数据块,并通知对等的端点在收到 DATA 数据块中的间隔。所谓间隔,是指收到的 DATA 数据块的 TSN 不连续的情况。
- 启动(INIT)数据块:用来启动两个 SCTP 端点间的一个偶联。
- 启动证实(INIT ACK)数据块:用来确认 SCTP 偶联的启动。INIT ACK 的参数部分与 INIT 数据块的参数部分相同。它还使用两个可变长度的参数,即状态 COOKIE(STATE COOKIE)和未识别的参数。
- COOKE 状态(COOKIE-ECHO)数据块:只在启动偶联时使用。它由偶联的发起者发送到对端点,用来完成启动过程。
- COOKKIE 状态证实(COOKIE-ACK)数据块:只在启动偶联时使用。接收端根据所接收到的 COOKIE-ECHO 中的状态 Cookie,完整地重建自己的状态,并回送 COOKIE-ACK 状态信息来确认关联已建立。
- 关闭偶联(SHUTDOWN)数据块:偶联的端点可以使用这个数据块启动对该偶联的正常关闭程序。
- 关闭证实(SHUTDOWN ACK)数据块:在完成了关闭程序后,必须使用该数据块确认收到的 SHUTDOWN 数据块。
- 关闭完成(SHUTDOWN COMPLETE)数据块:在完成关闭程序后,用来确认收到 SHUTDOWN ACK 数据块。
- 操作差错(ERROR)数据块:SCTP 端点发送该数据块,向其对端点通知一些特定的差错情况。该数据块中可以包含一个或多个差错原因。一般操作差错不一定被看作是致命的,致命差错情况的报告一般使用 ABORT 数据块。

- HeartBeat 请求（HEARTBEAT）数据块：SCTP 端点通过向对端点发送该数据块来检测定义在该偶联上到特定目的地传送地址的可达性。
- HeartBeat 证实（HEARTBEAT ACK）数据块：SCTP 端点在收到对端点发来的 HEARTBEAT 数据块后，发送该数据块作为响应。
- 中止（ABORT）数据块：SCTP 端点发送 ABORT 数据块来中止到对等端的偶联。ABORT 数据块中包含原因参数，用来通知接收 ABORT 数据块的一方中止该偶联的原因。

3）M3UA

M3UA 位于 SIGTRAN 协议栈的信令适配层，是目前普遍采用的适配层协议之一。

信令网关 SG 在使用 M3UA 作为适配层时，把 MTP 消息转换为 IP 网中的 M3UA 消息格式，或把 M3UA 消息转换为 MTP 消息，而高层信令消息不变。M3UA 属于网络层协议，所以需要寻址功能，这通过 M3UA 中的网络地址翻译和映射功能模块实现。在这种方式下，信令网关采用代理方式（一个信令网关带一个 IP 网交换设备）或 STP 方式（一个信令网关可带多个 IP 网交换设备）完成信令互通。

（1）M3UA 的相关概念如下所述。

① 应用服务器（AS）：服务特定选路关键字的逻辑实体。例如，AS 是虚拟交换单元，它处理由 No.7 信令中 DPC/OPC/CIC 范围识别的所有 SCN 中继的呼叫过程。又如，AS 是虚拟数据库单元，它处理特定 No.7 信令 DPC/OPC/SCCPSSN 组合识别的事务处理。AS 包含一组唯一的应用服务器进程，其中的一个或几个处于激活状态，用于处理业务。

② 应用服务器进程（ASP）：指应用服务器的进程实例，ASP 作为 AS 的激活或备用进程。例如，ASP 可以是 MGC、IPSCP 或 IPHLR 的进程。ASP 包含 SCTP 端点，并可以配置 ASP 处理多个应用服务器的信令业务。

③ IP 服务器（IPS）：基于 IP 应用的逻辑实体。

④ IP 服务器进程（IPSP）：基于 IP 应用的进程实例。本质上，IPSP 与 ASP 相同，只是 IPSP 使用点到点的 M3UA，而不使用信令网关的业务。

⑤ 信令网关进程（SGP）：指信令网关的进程实例。它作为信令网关的激活、备用或负荷分担进程。

⑥ 信令点管理簇（SPMC）：以特定的网络外貌和特定信令点码在 No.7 信令网中表示的一组 AS。SPMC 支持 SG 的 MTP3 管理程序，用于汇集分布在 IP 域的 No.7 信令目的地编码的可用性、拥塞和用户部分状态。在某些情况下，SG 自身也可以是 SPMC 的成员。所以在考虑支持 MTP3 管理动作时，必须考虑 SG 的可用性、拥塞和用户部分状态。

（2）M3UA 的功能包括：①No.7 信令点编码；②选路上、下文和选路关键字；③冗余模型，包含应用服务器冗余和信令网关冗余；④流量控制；⑤拥塞管理；⑥SCTP 流映射；⑦客户机/服务器模型。

（3）M3UA 的消息格式与类型。M3UA 由一个公共消息头和随后的零个或多个参数数据块构成，如图 1-23 所示。

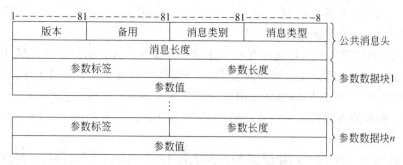

图 1-23　包含若干参数的 M3UA 分组

① 公共消息头：包括版本、消息类别、消息类型、消息长度。其中，版本字段定义了 M3UA 适配层的版本，目前支持的为 1.0 版本。消息长度定义了指示消息的 8 位位组长度（包括消息头在内）。对于消息的最后一个参数，若包含填充信息，消息长度应把填充信息包含在内。

消息类别定义了用户适配层（包括 M3UA、M2UA、SUA、IUA）消息的分类，包括管理消息、传送消息、No.7 信令网管理消息、ASP 状态维护消息、ASP 业务维护消息、选路关键字管理消息等。

② 参数数据块：参数包括参数标签、参数长度、参数值。其中，参数标签为 16 位，用于识别参数类型：M3UA 的公共参数标签（取值 0x00～0x3F），M3UA 的特定参数标签（取值 0x200～0x2FF）。参数长度为 16 位，包含参数的字节数（包括参数标签、参数长度和参数值）。参数值为可变长度，包含参数传送的信息。

4）M2PA

M2PA 位于 SIGTRAN 协议栈的信令适配层。M2PA 协议使 No.7 信令节点通过 IP 网完成 MTP3 消息处理和信令网管理功能。M2PA 支持 IP 网络连接上的 MTP3 协议对等层操作；支持 MTP2/MTP3 接口边界；支持替代 MTP2 链路的 SCTP 传送偶联和话务管理；支持向管理层发送异步报告变化报告。

当信令网关采用 M2PA 作为适配层时，信令网关具备 MTP3 功能，需要配置 No.7 信令点编码，具备转接 MTP 消息或中继高层消息的能力。使用 M2PA 的信令网关完成了一个 STP 的功能，它可以被看作是一个 IPSP 和具有传统 No.7 链路 SP/STP 的组合。采用 M2PA 的信令网关比采用 M2UA 的信令网关具有更强大的功能和灵活性。

（1）M2PA 功能

① 支持 MTP3/MTP2 原语。M2PA 接收 MTP3 向低层发送的原语，M2PA 处理这些原语或将它们映射到 M2P～SCTP 接口的相应原语。同样，M2PA 向 MTP3 发送那些在 MTP3/MTP2 接口中使用的原语。

MTP2 的功能由 M2PA 提供，不由 SCTP 提供。MTP2 功能包括以下几项。

- 数据恢复，支持 MTP3 倒换过程。
- 向 MTP3 报告链路状态改变。
- 处理故障过程。
- 链路定位过程。

② No. 7 和 IP 实体的映射。对于每条 IP 链路，M2PA 必须保存 No. 7 链路至它的 SCTP 偶联和相应 IP 目的地的对应表。

③ SCTP 流管理。SCTP 允许在初始化期间开放用户规定的流数量。M2PA 应保证每个偶联中的流的合理管理。M2PA 在每一个偶联中的每一个方向上使用两个流。每一个方向中的流“0”用于 LinkStatus 消息，流“1”用于 User Data 消息。为了允许 M2PA 按与 MTP2 相似的方式将消息按优先顺序发送，将 LinkStatus 和 User Data 消息分给不同的流。

No. 7 网络中的 MTP3 功能保留 M2PA 允许 IPSP 的 MTP3 执行所有的消息处理和信令网管理功能。

(2) M2PA 消息格式

M2PA 消息由公共消息头、专用消息头和消息数据组成，如图 1-24 所示。

<table>
<tr><td>1 2 3 4 5 6 7 8</td><td>1 2 3 4 5 6 7 8</td><td>1 2 3 4 5 6 7 8</td><td>1 2 3 4 5 6 7 8</td><td></td></tr>
<tr><td>版本</td><td>备用</td><td>消息类别</td><td>消息类型</td><td rowspan="2">公共消息头</td></tr>
<tr><td colspan="4">消息长度</td></tr>
<tr><td>备用</td><td colspan="3">前向序号(FSN)</td><td rowspan="2">专用消息头</td></tr>
<tr><td>备用</td><td colspan="3">后向序号(BSN)</td></tr>
<tr><td colspan="4">消息数据</td><td rowspan="2">消息数据</td></tr>
<tr><td colspan="4">……</td></tr>
</table>

图 1-24　M2PA 消息格式

① M2PA 公共消息头：包括版本、消息类别、消息类型和消息长度。消息头对于所有的 SCN 适配层来说是公共的。

- 版本：包括 M2PA 适配层版本。取值为 1，表示支持的版本是 Release 1.0。
- 消息类别：取值为 11，表示消息类别为 M2PA 消息。
- 消息类型：取值为 1，表示用户数据；取值为 2，表示链路状态。
- 消息长度：消息的 8 位位组个数(包括公共消息头)。

② M2PA 专用消息头：包括后向序号和前向序号。

- 后向序号(BSN)：从对端收到的最后一个消息的前向序号。
- 前向序号(FSN)：正在被发送的用户数据消息的 M2PA 序号。

③ 消息数据：消息数据可以是用户数据、链路状态或倒换消息和倒换证实消息。

- 用户数据：用户数据为发自 MTP3 的以 MSU 中相邻的 LI、SIO 和 SIF 8 位位组形式出现的数据。
- 链路状态：在 M2PA 之间发送的 MTP2 链路状态消息，完成与 MTP2 中的链路状态信号单元 LSSU 相似的功能。
- 倒换消息和倒换证实消息(COO 和 COA)：M2PA 为了支持倒换，用 SCTP 流顺序号码取代 No. 7 信令的前向序号和后向序号(FSN/BSN)。SCTP 采用的流顺序号码为 16 位。MTP2 的前向和后向序号仅 7 位。因此，MTP3 有必要容纳更长的 SSN，即采用新的倒换(COO)和倒换证实(COA)消息。这些消息有 16 位顺序号码字段，SSN 置于低 16 位。

1.3.4　信令

1. 信令的定义

信令的概念起源于电话网。早在贝尔发明电话的时候,就已经在用信令为电话呼叫建立电路连接了。在电话网中,为了在任意两个用户之间建立一条话音通道,交换机必须进行相应的话路接续工作,并把接续的结果或进一步的要求以信令的方式传送到另一台相关交换机或用户。在接续过程中,必须遵守一定的协议或规约。这些协议或规约就称为信令方式。实现信令方式功能的设备称为信令设备。各种特定的信令方式和相应的信令设备构成通信网的信令系统。信令是通信网络的神经系统,信令系统在通信网络中的各节点,如交换机、用户终端、操作维护中心和数据库等之间传送控制信息,以便在各设备之间建立和终止连接,达到传送信息的目的。有了信令系统的配合,才能有效地保证通信网正常工作。

2. 信令的分类

根据信令的工作区域、传递途径、功能及所采用的传输媒介,有不同的分类方式。目前在通信网中常见的有以下几种。

1) 按信号的工作区域分

(1) 用户信令:用户与交换机或网络之间传递的信号称为用户信令(或用户网络接口 UNI 信令),它们在用户线上传送。用户信令包括以下几种信号。

① 监视信号:用户向交换机发送的摘机、挂机和应答信号。

② 数字信令:主叫用户向交换机发送的被叫用户号,有直流脉冲信号和双音多频信号两种。

③ 铃流信号:交换机向用户发送的拨号音、忙音、振铃音和回铃音等。

(2) 局间信令:交换机之间传送的信号称为局间信令(或网络节点接口 NNI 信令),它们在中继线上传送。局间信令包括以下几种。

① 线路信令:占用信号、应答信号和正反向拆线信号。

② 路由信令:局间的地址码信号、长途的主叫类别信号等。

③ 管理信令:网络拥塞信号、计费信号及维护信号等。

2) 按信号的传递途径分

(1) 随路信令(CAS):是指信令信号随话音信号一起传送。在同一条线路上既传送话音信号,又传送信令信号。传统的步进制、纵横制和空分模拟交换机均采用随路信令方式。随路信令传送速度较慢,信息容量有限,不能适应数字程控交换机的发展。

(2) 公共信道信令(CCS):是指信令信号与话音信号分开传送,把原来各话路的控制信号集中起来,通过一条与话路完全分离的公共信道来传送。也就是说,话音信号通过话音信道传送,而信令信号通过专用的公共通道传送,形成公共信道信令系统。

3) 按信号的发送方向分(对局间信令)

(1) 前向信令:它是主叫用户侧交换机(发端)发送到被叫用户侧交换机(终端局)的信令信号。

(2) 后向信令:它是被叫用户侧交换机返回到主叫用户侧交换机的信令。

4）按信号传送的频带分

（1）带内信令：是在话音电路上随同话音一起发送的信令（300～3800Hz）。

（2）带外信令：利用话音频带的缓冲区（0～300Hz 以及 3800～4000Hz）发送的信令。

5）按信号发送的频率分

（1）单频信号：是指仅用一个频率发送的信号。

（2）双频信号：是指用两个频率的组合发送的信号，可以减小单个信号的错误。

6）按信令的功能分

（1）线路信令（或监视信令）：它具有监视功能，用于监视线路接续状态。用户线上的监视信令有主叫/被叫的摘机/挂机信号；中继线上的监视信令有占用、应答、正反向拆线及拆线证实等信号。

（2）选择信令：它具有选择功能，用于路由选择。用户线上的选择信令为主叫拨出的数字信号，中继线上的选择信令包括发端局向收端局发送的数字信号和收端局回送的证实信号。

（3）操作信令：它具有操作功能，主要用于网络的维护、管理。选择信令和操作信令合称为记发器信令。

7）按交换机类型和传输媒介分

根据不同的交换机及不同的传输媒介，采用的局间信令有以下几类。

（1）直流线路信号：指模拟交换机间采用实线传输时，利用话音传输线路传送的信号。

（2）带内单频脉冲线路信号（2600Hz）：指模拟交换机间采用载波电路传输时，利用话音频带传送的单频信号，中国1号和R1信令使用。

（3）带内双频脉冲线路信号（2400Hz、2600Hz）：指模拟交换机间采用频分多路复用传输时，用话音频带传送的双频信号（2400Hz、2600Hz），No.5信令方式采用。

（4）带外单频脉冲线路信号（3825Hz）：指模拟交换机间采用频分多路复用传输时，用话音频带之外传送的单频信号（3825Hz），R1信令方式采用。

（5）数字线路信号：指程控交换机间采用 PCM 数字复用线传输时，利用第16时隙传送的数字信号。

8）综合业务数字网（ISDN）中的信令

在综合业务数字网中，根据不同的应用场合，数字用户信令分为以下两种。

（1）1号数字用户信令（DSS1）：主要用于 N-ISDN 交换机与用户之间。

（2）2号数字用户信令（DSS2）：主要用于 B-ISDN 交换机与用户之间。

3. 信令的结构形式

信令的表现形式实际上是一些直流或交流的电信号。当这些电信号作为指令使用时，称为信令。信令的结构形式分随路信令的结构形式和公共信道信令的结构形式两种。

1）随路信令的结构形式

随路信令的结构形式主要有未编码形式、多频编码形式和数字编码形式三种。

（1）未编码形式：常用于用户线信令、模拟线路信号和直流脉冲数字信号。主要类型有以下几种。

① 长短脉冲形式：以电流脉冲持续时间的长短作为不同信令的标志，有直流脉冲和交流脉冲两种。一般使用长脉冲和短脉冲两种信令值。

② 脉冲数量形式：以脉冲数量的多少来区分不同信令。传送的脉冲数量越多，信令的传送速度越慢。

③ 不同频率形式：以不同的频率表示不同的信令。频率种类越多，信令设备越复杂。

（2）多频编码形式：常用于记发器信令，主要类型有以下几种。

① 起止式单频二进制编码：采用一个音频，每个信令由 6 个信号单元组成，包括 1 个起始单元（总有单频电流信号）、1 个停止单元（总没有单频电流信号）和 4 个信号单元（按二进制编码显示数字），可组成 16 种信令。

② 双频二进制编码：采用两个音频频率，每个信令由 4 个信号单元组成，每个单元传送 2 个频率中的 1 个，用二进制编码组成 16 种信令。

③ 多频编码：采用多个不同的音频频率，以不同频率组合区分不同信令。常用的多频编码信令选用"6 中取 2"方式，即从 6 个频率中取出 2 个频率组合在一起发送，可组成 15 种信令。

（3）数字编码形式：主要用于数字线路信令，数字编码使用"0"或"1"的脉冲形式表示电流信号。

2）公共信道信令的结构形式

公共信道信令采用数字编码形式，各种信令通过不同的编码以信号单元的方式传送。信号单元是信令消息编码的最小单位，分为固定长度和可变长度两种。

（1）固定长度信号单元：采用固定长度的信号单元传送信令，短消息用一个信号单元传送（如应答、挂机和拆线等信号），长消息用多个信号单元传送（如地址信号）。ITU-T 的 No.6 信令方式采用固定长度信号单元，其长度为 28 位，其中 20 位为信息位，8 位为校验位。信号速率为 2.4Kb/s、4Kb/s 和 56Kb/s。

（2）可变长度信号单元：采用可变长度信号单元传送信令，长消息用长信号单元传送，但均使用一个信号单元。信号单元的长度取决于消息的长度。可变长度的信号单元比固定长度的信号单元使用灵活，传送延时小，效率高。

本 章 小 结

本章从基本概念出发，介绍 3G 网络技术及 3G 网络结构，着重介绍 3G 网络中涉及的典型通信协议及信令系统；说明网络协议对 3G 网络而言是基础，也是重要的组成部分。本章介绍了初学者和技术人员深入研究的必修知识。

第 2 章

3G 移动终端操作系统

移动终端操作系统由非智能化到智能化只用了短短几年时间。手机风靡全球才几年时间,智能手机就以一种不可阻挡之势霸占了手机市场。

本章从全局角度概述 3G 移动终端的操作系统,使读者对 3G 移动终端的操作系统有一个整体的认识,为以后章节的学习打下良好的基础。

> **本章主要内容**

- 移动终端操作系统的发展历程;
- 常见移动终端操作系统及其发展趋势;
- 移动终端的分类与体系架构;
- Android 操作系统介绍;
- 其他主流操作系统介绍。

2.1 3G 移动终端操作系统概述

2.1.1 移动终端操作系统的发展历程

移动终端操作系统由非智能化到智能化只用了短短几年时间。1996 年微软 (Microsoft)公司发布了 Windows CE 操作系统,从此慢慢渗透手机操作系统领域。 2001 年后,在一段时间内,统治手机市场的巨无霸——芬兰诺基亚(Nokia)公司推出了著名的 Symbian S60 操作系统,把智能手机的概念做了很大的改变。Symbian 以 EPOC 为基础,其架构与许多桌面型操作系统相似,包含先占式多任务、多运行绪和存储器保护。 Symbian 的最大优势在于它是为便携式设备而设计,在有限的资源下,可以运行数月甚至数年,因为其编程使用的是事件驱动,当应用程序没有处理事件时,CPU 将被关闭。这是通过一种叫主动式对象的编程理念实现的。正确地使用这些技术将延长电池的使用时间。

2002—2007 年间几乎是 Symbian 操作系统的天下。2006 年,Symbian 智能手机出货量达到 1 亿部。

2007 年 6 月,苹果(Apple)公司 iOS 操作系统登上历史舞台,它将可触摸宽屏、网页浏览、手机游戏、手机地图等功能完美地融为一体,使"手指触控"的概念进入人们的生活。2008 年 9 月,当 Apple 和 Nokia 两家公司竞争之时,安卓(Android)操作系统,这个由

Google(谷歌)研发团队设计的小机器人悄然出现在世人面前。良好的用户体验和开放性的设计,让 Android 很快地进入智能手机市场。Android 以 Java 为编程语言,从接口到功能,都有层出不穷的变化。相对于 Symbian,其最大的优势在于系统开源,可以从网上下载很多软件,不需要证书,不需要其他限制,而且系统流畅。于是众多厂家纷纷使用开源的 Android 系统,使其在短短的几年内应用范围迅速攀升,并打败了日渐老化的 Symbian,占据手机操作系统的半壁江山。国际研究暨顾问机构发布的 2010 年调查结果显示:Android 操作系统位居全球智能手机操作系统首位;Nokia Symbian 操作系统位居第二;Apple iOS 操作系统位居第三;Microsoft 的市场份额仅占 1.6%。

2.1.2　常用移动终端操作系统

在 2G 时代,手机的操作系统不重要,因为手机的基本功能只有语音和短信,文件格式是通用的。即使是完全不同的手机,打电话和发短信都没有任何问题。但是 3G 完全不同,其业务不仅是打电话和发短信,即使不用手机上网,也需要用手机完成各种应用,要安装新的软件,操作系统显然极为重要。它像是建筑的最基础结构。

目前手机的操作系统有十多种,有大名鼎鼎的 Apple iOS、市场份额第一的 Android、老牌的 Symbian、黑莓(Blackberry)OS 和新生的 Windows Phone,还有 Linux,等等。这些操作系统并行发展,对于用户来说不一定是好事,因为所有的业务都需要适应这些操作系统,每一种业务都需要多次开发,而用户手机互不通用,需要更换手机。

1. Apple iOS

Apple iOS 是由苹果公司开发的手持设备操作系统。苹果公司最早于 2007 年 1 月 9 日的 Macworld 大会上公布这个系统,最初是设计给 iPhone 使用的,后来陆续套用到 iPod Touch、iPad 以及 Apple TV 等产品上。iOS 与 Mac OS X 操作系统一样,也是以 Darwin 为基础,同属类 Unix 商业操作系统。原本该系统名为 iPhone OS,2010 年 6 月 7 日 WWDC 大会上宣布改名为 iOS。截至 2011 年 11 月,根据 Canalys 的数据显示,iOS 占据全球智能手机系统市场份额 30%,在美国的市场占有率为 43%。

iPhone OS 的系统架构分为四个层次:核心操作系统层(the Core OS Layer)、核心服务层(the Core Services Layer)、媒体层(the Media Layer)和可轻触层(the Cocoa Touch Layer)。系统操作占用大概 512MB 存储空间。

2. Android

Android 是一种以 Linux 为基础的开放源代码操作系统,主要用于便携设备。Android 操作系统由 Andy Rubin 开发,最初主要支持手机。2005 年由 Google 收购注资,并组建开放手机联盟来开发、改良,将其逐渐扩展到平板电脑及其他领域。Android 的主要竞争对手是 Apple iOS 及 Blackberry OS。2011 年第一季度,Android 在全球的市场份额首次超过 Symbian,跃居第一。2012 年 2 月的数据显示,Android 占据全球智能手机操作系统市场 59%的份额,在中国市场的占有率为 76.7%。

3. Windows Phone

Windows Phone 是微软公司发布的一款手机操作系统,它将微软旗下的 Xbox Live

游戏、Zune 音乐与独特的视频体验整合至手机中。2010 年 10 月 11 日晚上 9 点 30 分，微软公司正式发布了智能手机操作系统 Windows Phone。2011 年 2 月，诺基亚公司与微软公司达成全球战略同盟并深度合作，共同研发。2012 年 3 月 21 日，Windows Phone 7.5 登陆中国。同年 6 月 21 日，微软公司正式发布手机操作系统 Windows Phone 8，它采用和 Windows 8 相同的内核。

4. Symbian

Symbian 系统是塞班公司为手机设计的操作系统。2008 年 12 月 2 日，塞班公司被诺基亚公司收购。2011 年 12 月 21 日，诺基亚公司官方宣布放弃塞班（Symbian）品牌。由于缺乏新技术支持，Symbian 的市场份额日益萎缩。截至 2012 年 2 月，其全球市场占有量仅为 6.8%，中国市场占有率降至 11%，均被 Android 超过。2012 年 5 月 27 日，诺基亚公司宣布，彻底放弃继续开发 Symbian，取消 Symbian Carla 的开发，最早在 2012 年底，最迟在 2014 年彻底终止对 Symbian 的所有支持。

Symbian 操作系统的前身是英国 Psion 公司的 EPOC 操作系统，其理念是设计一个简单、实用的手机操作系统。虽然 Symbian 以 EPOC 为基础，而 Symbian 架构包含了多任务、多运行绪和存储器保护等功能，其中的节省存储器和清除堆栈能有效地降低资源消耗。该技术也运用于手机内存和存储卡。其编程使用事件驱动，当应用程序没有处理事件时，CPU 被关闭，因此该系统非常节能。这些技术让 Symbian C++ 开发非常复杂。许多 Symbian 设备支持 Python、QT 以及 J2ME 来进行开发。

从大类分，Symbian 智能系统分为 Symbian Sieres 60（S60）、Symbian S80、Symbian S90 以及 Symbian UIQ，非智能的基本上以 Sieres 40（S40）为主。

5. Blackberry

Blackberry（黑莓）是加拿大 RIM 公司推出的一种移动电子邮件系统终端，其特色是支持推动式电子邮件、手提电话、文字短信、互联网传真、网页浏览及其他无线资讯服务。

在 2011 年美国的"9·11"事件中，美国通信设备几乎全线瘫痪，但美国副总统切尼的手机有黑莓功能，成功地实现了无线互联，随时随地接收关于灾难现场的实时信息。之后，在美国掀起"黑莓热潮"。美国国会因"9·11"事件休会期间，配给每位议员一部 Blackberry，让议员们用它来处理国事。

随后，这个便携式电子邮件设备很快成为企业高管、咨询顾问和每个华尔街商人的常备电子产品。迄今为止，RIM 公司已卖出超过 1.15 亿台黑莓，占据了近一半的无线商务电子邮件业务市场。

从技术上来说，Blackberry 是一种采用双向寻呼模式的移动邮件系统，兼容现有的无线数据链路。应该说，Blackberry 与桌面 PC 同步堪称完美，它可以自动地把 Outlook 邮件转寄到 Blackberry 中；不过在用 Blackberry 发邮件时，它会自动在邮件结尾加上"此邮件由 Blackberry 发出"字样。

Blackberry Enterprise Solution（Blackberry 企业解决方案）是一种领先的无线解决方案，供移动专业人员实现与客户、同事交流和业务运作所需的信息连接。这是一种经证明有效的优秀平台，它为世界各地的移动用户提供了大量业务信息和通信安全的无线连接。

Blackberry 安全无线延伸移动商业用户的企业电子邮件账户，即使他们在办公室外也可以轻松处理电邮，就像从没有离开办公桌。用户可以在旅途中发送、接收、归档和删除邮件，并阅读电邮附件，支持的格式如 Microsoft Word、Microsoft Excel、Microsoft PowerPoint、Adobe PDF、Corel WordPerfect、HTML 和 ASCII。Blackberry 解决方案的"始终在线"推入技术可以自动传递电邮，用户不需要执行任何操作就可接收通信。

6. MeeGo

MeeGo 是诺基亚公司和英特尔(Intel)公司推出的一个免费手机操作系统，中文昵称"米狗"。该操作系统可在智能手机、笔记本电脑和电视等多种电子设备上运行，并有助于这些设备实现无缝集成。MeeGo 基于 Linux 平台，融了了 Nokia Maemo 和 Intel Moblin 平台。目前市场上唯一搭载 MeeGo 系统的只有 Nokia N9 智能手机。

2002 年以前，根本就没有严格意义上的手机操作系统——满足于通话功能的手机并不需要复杂的计算能力，当时的手机平台都是封闭的，各手机厂商都做自己的芯片，配上专有的软件，没有通用的操作系统，像当初的大型机时代。此后，手机的品种越来越多，承担的"任务"越来越复杂，封闭的系统显然无法满足这种需求，于是智能手机和手机操作系统应运而生。

一开始，主流的手机厂商对 Linux 并不放心，但是来自移动运营商等最终用户的需求犹如一只看不见的手，推动 Linux 走向前台。早在 2003 年年初，NEC 公司就已经为推出 3G 服务的 NTT DoCoMo 定制了好几款 Linux 手机。随后，和记、沃达丰等移动运营商纷纷对 Linux 表示认可。原因其实很简单，运营商需要提供的业务种类越来越多，业务的变动也越来越频繁，他们迫切需要一个运行可靠、扩展性好、价钱不高的操作系统，Linux 恰好满足此要求。

从全球手机市场来看，手机定制(移动运营商直接下单给 ODM 合作伙伴，由他们按照运营商的要求研发和生产手机)早已成为潮流。为了满足运营商的需求，ODM 厂商开始对 Linux 热心起来。摩托罗拉是 Linux 阵营中支持力度最大的手机厂商，在 2007 年推出 V8、U9 等优秀智能机后，2008 年又推出 E8 和 Zn5 等实力新机，2009 年推出 A1210，让人眼前一亮。但是，摩托罗拉公司宣布不再开发和使用基于 Linux 的 MOTOMAGX 手机操作系统。MOTOMAGX 是摩托罗拉公司基于早期 Linux 手机经验开发的操作系统，MOTOROKR Z6 和 RAZR2 V8 都采用了该操作系统。

由于 Linux 是开源操作系统，所以手机制造商往往独立奋战，造成手机 Linux 系统林立，一直没有压倒性的版本，造成混乱。这种状况直到 Android 出现，才发生了根本性的扭转。

7. Palm

2005 年前，掌上电脑操作系统的霸主是 Palm，那时的中高端 PDA 清一色都是 Palm 和索尼公司的产品。如今，Palm 操作系统风光不再。当年索尼公司宣布退出国际 PDA 市场(实际上等于宣布停止生产 Palm 操作系统的 PDA，因为其全部 PDA 都采用 Palm 系统)，对于 Palm 来说不亚于一场雪崩。事实上，索尼公司的退出确实成为 Palm 由盛转衰的分水岭，此后 Palm 的市场份额逐渐被 Windows Mobile 蚕食。

Palm 操作系统的开发者 PalmSource 公司被日本软件公司 Access 收购，加速了 Palm 系统的衰退。此后 Palm 公司推出采用 Windows Mobile 操作系统的 Treo 700w，证实其对 Palm 操作系统信心不足，希望同时采用两种掌上操作系统，降低公司未来的风险。Palm 公司的观望态度成为未来掌上操作系统发展方向的风向标，让竞争的天平偏向 Windows Mobile。

雪上加霜的是，早就发布了的 Palm OS 6 无人问津，包括 Palm 公司都没有任何采用升级版 Palm OS 的意愿。结果是市面上所有采用 Palm 最新操作系统的机器都运行 3 年以前的 Palm OS 5（大多数是 5.4 版）。幸运的是，老系统有一点比新系统好——即使 Palm 操作系统仍然保留多媒体播放性能弱的缺点，但它是市面上最稳定的操作系统。

对于大多数人来说，掌上设备的主要用途是管理日程安排和快速记事；而操作系统的复杂程度影响了人们的使用体验，因此人们把这两项作为考察的主要项目。

Palm OS 的标志性特点就是操作简单，尽管 5.4 版集成了更多新特性，但它和以前的版本一样方便。想运行一个程序，点击它的图标就可以；想要输入数据，使用触摸笔直接在屏幕上写入就可以，或者点击屏幕上的模拟键盘。在 Palm OS 上，每一件事的安排都很符合逻辑，而且很简单。

Palm OS 采用单线程，同一时间只能运行一个程序，这一点既是拥护者欣赏它的理由，又是批评者眼中的缺点。Palm 爱好者认为，Palm OS 好在它不必像台式电脑那样关闭程序，只需要从一个程序切换到另一个程序就可以了，不像 Windows Mobile 操作系统那样，Palm OS 永远不会因为打开了多个应用程序而陷入内存溢出的窘境。

自从 1996 年诞生以来，Palm OS 的 Core Apps 在几年内做出了一点改动。比如，可以使用 Palm Treo 650 给朋友拍照，然后把头像作为大头贴，跟联系人列表里朋友的电话号码绑定。对于这项功能，Windows Mobile 是在升级到 5.0 版本以后才具有。Palm 日程管理程序增添了新的按键，用户能够以日期或类型把存储的条目快速分类，而且可以自定义提醒铃声。总之，Palm 的日程管理和记事功能是所有操作系统里面最简单、最强大的，理应把它排在第一位。

8. Web OS

Web OS 的概念最早由 Syracuse 大学 NPAc 的 G cFox 等人于 1995 年提出，当时称之为 Web Windows。他们认为，Web Windows 将作为一个开放的、公用的和模块化的 Internet 分布式操作系统。

Web OS(Web-based Operating System)，即基于网络的操作系统，区别于网络操作系统(NOS)。近年来，随着网络带宽的增加，网络传输速度不断提升，使 Web OS 的诞生成为可能。可以想象，未来用户只需要在硬件上安装浏览器软件，便可在任何接通网络的计算机上使用自己熟悉的操作系统。

虽然 Web OS 不会替代现行操作系统，但是它给予人们工作很大的可移动性与跨平台性。相信 Web OS 会得到长足发展。

Web OS 是一个嵌入式操作系统，以 Linux 内核为主体，加上部分 Palm 公司开发的专有软件。它主要是为 Palm 智能手机而开发。该平台于 2009 年 1 月 8 日的拉斯维加斯国际消费电子展向公众宣布，于 2009 年 6 月 6 日发布。该平台是事实上的 Palm OS 继任者,它将在线社交网络和 Web 2.0 一体化作为重点。第一款搭载 Web OS 系统的智能手机是 Palm Pre,于 2009 年 6 月 6 日发售。由于 Palm 公司被惠普(HP)公司收购,Web OS 被收归 HP 公司旗下。2011 年 8 月 19 日凌晨,惠普公司在第三季度财报会议上宣布,正式放弃围绕 TouchPad 平板电脑和 Web OS 手机的所有运营。

9. 主流操作系统市场份额统计

主流操作系统的市场占有率如下所述。

(1) Google Android:2012 年 6 月数据,Android 占据全球智能手机操作系统市场 59% 的份额,中国市场占有率为 76.7%,成为全球第一大智能操作系统。

(2) Apple iOS:截至 2011 年 11 月,根据 Canalys 的数据显示,iOS 占据全球智能手机系统市场份额 30%,在美国的市场占有率为 43%,为全球第二大智能操作系统。

(3) RIM Blackberry:截至 2012 年 7 月,RIM Blackberry 占据全球 7% 的市场份额,在美国市场共计 11% 的市场份额,是全球第三大智能操作系统。

(4) Nokia Symbian:截至 2012 年 2 月,Symbian 系统的全球市场占有率为 6.8%,中国市场占有率为 11%,是全球第四大智能操作系统。

(5) Microsoft Windows Phone:截至 2012 年 7 月,Microsoft Windows Phone(包括旧 Windows Mobile 系列和 Windows Phone 系列)在全球的市场份额为 1.9%,是全球第六大智能操作系统。

2.2　移动终端市场分析

在移动互联网时代,终端成为发展的重点之一,并呈现出 3 个明显的趋势:一是紧紧围绕用户需求,提供全方位的服务和体验,趋向终端与服务一体化;二是实现终端多样化;三是终端融合。

移动终端,或者叫移动通信终端,是指可以在移动中使用的计算机设备。广义地讲,包括手机、笔记本电脑、POS 机,甚至车载电脑。大部分情况下指手机或者具有多种应用功能的智能手机。

当前,全球移动终端市场主体大致分为 4 类:一是诺基亚、摩托罗拉、索尼爱立信等欧美传统终端企业;二是三星、LG 等韩国厂商;三是苹果、HTC 等以智能终端为主的企业;四是以华为、中兴为代表的国内厂商。

2009 年,智能手机的销售量首次超过便携式个人计算机,达到 1.8 亿部,成为领先的便携式计算设备(以单位销售量为准)。到 2010 年年末,与语音、信息、日历和浏览功能一起,"搜索"成为智能手机最常用的五大功能之一。

2.2.1　国外移动终端市场分析

手机终端的发展趋势有 3 点值得关注。第一,支撑网络浏览器的手机将普及,这预示着未来的手机就是电脑,用户的所有基于 PC 的习惯都可以衍生到手机上。第二,将出现满足用户各类娱乐需求的手机。以韩国和日本为例,目前基本上所有的韩、日手机都具有特定的特征,有面向游戏的、面向动漫的、面向手机阅读的、面向视频和影视的,等等,以满足用户的差异化需求;国内手机也将向着满足多种阅读需求、游戏需求以及视频和影视需求等方向发展。第三,位置服务功能成为手机的标准配置。从手机终端 3 个新的发展趋势可以看出,互联网用户基于 PC 的各种需求慢慢向手机终端转移。

随着 iPhone 的热销,移动终端巨头相继加入,智能手机开启了手机终端市场的新时代。苹果公司推出的 iPhone 使用户体验达到新的水准,赢得了全球手机用户的青睐。基于 Android 的可开发应用程序的应用体验也达到最佳水平。iPhone 与 Google 手机这两款终端代表了当前移动互联网终端发展的趋势和方向。

iSuppli 公司最新的调研报告显示,世界智能手机出货量继 2010 年劲增 56%,达 2.75 亿部后,2011 年保持猛烈上扬的势头,再次蹿升 60%,达 4.4 亿部。2009—2014 年,世界智能手机出货量的年均增长率高达 37%,比全部手机出货量的增长率 7% 高出 5 倍之多,智能手机达到 8.45 亿部,占全部手机出货量的 47%,比 2010 年的占 19%,扩大 1 倍有余。

高通公司发布的 2011 财年第四季度财报及 2011 财年年度报告显示,2011 财年第四季度营收为 41.2 亿美元,比 2010 年上升 39%;2011 财年营收 149.6 亿美元,较 2010 年同期增长 36%。该财年,高通 MSM 芯片总出货量达到 4.83 亿片,较 2010 年同期增长 21%。

用户对于处理能力、高速连接性以及多核等需求推动智能手机持续创新。高通公司综合多家市场研究公司的数据预测:2011—2015 年,全球智能手机累计销量将达到 40 亿部。高通公司认为,大众市场以及移动宽带领域将给其带来更人的机遇。世界著名的手机生产厂商如表 2-1 所示。

表 2-1　世界著名手机主要生产商

品　牌	源自	描　述
诺基亚(Nokia)	芬兰	手机生产商,与摩托罗拉公司共为早期手机产业领导者,时至今日仍然享有全世界最高的市场占有率以及第二高的季度出货量
苹果(Apple)	美国	iPhone 制造商,产品单一,2007 年进入业界,以极快地速度成长,凭借优异的使用体验完全改变了移动电话产业。主要竞争者为三星与 HTC
宏达电(HTC)	中国台湾	智能手机生产商,并为多家公司代工产品,旗下产品多采用 Android 或者 Windows Phone 系统。主要竞争者为三星与苹果
摩托罗拉(Motorola)	美国	为最早推出移动电话的公司。其移动电话业务于 2011 年 8 月 15 日被 Google 收购。近年主要产品皆为智能手机
索尼移动通信(Sony Ericsson)	日本及瑞典	索尼的全资子公司,主要锁定年轻消费群,次要锁定商务。目前往廉价、实用方向迈进。索尼公司在 2011 年 10 月 26 日宣布,以 10.7 亿欧元收购爱立信公司持有的索尼爱立信 50% 股权,并于 2012 年 1 月完成整个架构的移转,更名为索尼(Sony)
三星(Samsung)	韩国	近年来增长快速的手机生产商,产品下有基本功能型手机,上有当今的旗舰智能手机机种,季度出货量是所有品牌中最高的
乐金(LG)	韩国	与三星一样,涉及所有族群所使用的手机,为三星的主要竞争者之一
东芝(Toshiba)	日本	主要市场为日本国内,近年较少在海外发展

2.2.2　国内移动终端市场分析

3G 的发展趋势中涵盖桌面互联网和 WAP 内容的整合。3G 在中国的发展让手机不断超越 PC。

虽然全球市场需求量整体低迷,但是中国市场增长势头依旧迅猛。据工业和信息化部电信研究院公布的数据显示,截至 2012 年上半年,全国手机市场出货量近 1.95 亿部,其中 3G 手机出货量接近 1.07 亿部。

工信部电信研究院发布的《移动终端白皮书》显示,到 2011 年末,本土品牌在国内移动终端出货量中的占比提升到七成以上。

数据显示,国内移动终端的硬件制造自 1998 年起步,多年来一直保持高于全球平均水平的发展速度。2011 年,国内市场全年移动终端总出货量达到 4.55 亿部,其中本土品牌市场占有率由 5 年前的不足五成,增长到 71.68%。除 2008 年受金融危机影响外,2005—2011 年,国内品牌终端出货量维持在年均 30% 以上的增幅,而在同期,海外品牌进入出货量负增长阶段。

在智能化道路上,国内移动终端厂商初期略显滞后,但近两年,随着国际上移动智能终端操作系统的开源趋势,移动智能终端门槛下降,国内厂商以极大的热情参与到移动智能终端的发展中来,特别是千元移动智能终端开启了巨大的内需市场。

在智能终端产能方面,2005 年全国入网移动智能终端数量仅为 436 万部,而到 2011 年,这一数字超过 1.1 亿部。这意味着,国内移动智能终端市场快速升温。2011 年,国内市场智能终端出货量达到 1.1 亿部,超过 2011 年之前国内历年移动智能终端出货量的总和。

国内厂商占据本土制造优势,在新一轮的终端备战中迎来发展机遇。比如,华为、中兴、酷派、联想等在新增市场中的占比稳步提升,推出的千元移动智能终端在国内持续热销,在海外市场的出货量也实现快速增长。

未来的 Android 手机将坚定地打电信运营商的牌子,而不会使用自己的品牌。同时,华为公司没有试图发布自己的互联网内容和服务,以瓜分原本属于运营商的利润。

我国移动终端产能目前排名全球第一,比世界排名第二位和第三位的国家用户之和还高出 12%,占全球移动终端总产量超过 50%。

2.3　移动终端的分类与体系架构

2.3.1　移动通信终端的分类

常见的移动终端如图 2-1 所示。

今天的移动终端不仅可以通话、拍照、听音乐、玩游戏,而且可以实现包括定位、信息处理、指纹扫描、身份证扫描、条码扫描、RFID 扫描、IC 卡扫描以及酒精含量检测等丰富的功能,成为移动执法、移动办公和移动商务的重要工具。有的移动终端还集成了对讲机。

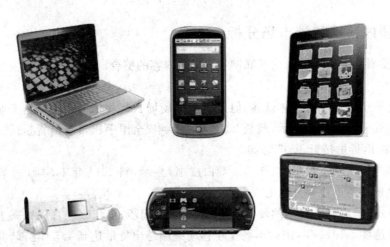

图 2-1　常见移动终端

目前服务于大众的移动终端主要是手机、GPS、上网本。手机几乎是现代人必备的、最重要的生活工具。

数字多媒体移动广播（俗称手机电视）是个人移动终端的新热点。从 T-MMB、DMB-TH、CMMB 等标准推出，到今天 CMMB 一枝独秀，我国的移动多媒体广播在很短的时间内快速发展，具备移动数字电视接收功能的个人终端成为市场热点。目前市场出现了多种支持 CMMB 移动电视接收的终端产品，如 CMMB 手机、USB Dongle、SD 接收卡、GPS 终端等。

移动终端已经融入人们的社会生活中，为提高人们的生活水平，提高执法效率，提高生产、管理效率，减少资源消耗和环境污染，加快突发事件应急处理增添了新的手段。国外已将这种智能终端用在快递、保险、移动执法等领域。近年来，移动终端逐渐应用在我国移动执法和移动商务领域。

2.3.2　移动通信终端的特点

移动通信终端具有如下特点。

（1）支持多种平台：支持 iOS、Android、Windows Phone、Windows Mobile 等。

（2）可以进行地图显示：有矢量、影像、切片等多种地图显示。

（3）专业 GIS 功能：除了基本的浏览、查询，还提供强大的 GIS（地理信息系统）分析功能。

（4）数据来源可以是离线存储，也可以是在线服务（REST\SOAP）。

（5）数据存储与同步：支持离线、在线、混合应用模式。

（6）应用程序与 SDK：向开发人员提供完善的 API，丰富的开发文档、样例代码和开箱即用的应用程序。

（7）与云 GIS 集成：借助 ArcGIS 成熟的云 GIS 平台，形成丰富、完整的云端应用模式。

（8）可扩展性：支持导航应用、GPS 应用、LBS 应用。

2.3.3　移动通信终端的发展趋势

移动终端的数据处理能力不断增强,其应用日益多样化,对整个系统的软、硬件资源要求不断提高。移动终端除了具有简单的话音通信功能外,还具备数据通信和数据计算功能,要求采用单独的移动终端操作系统,完成系统资源的调度和管理,并为上层应用软件平台提供服务。下面结合具有上述特性的移动终端的逻辑结构,说明移动终端的发展趋势。

1. 终端定制

以往的移动业务多集中于语音和短信,运营商在终端制造方面没有太多的契合点。随着移动话音市场趋于饱和,运营商将目光逐渐转向移动数据增值业务。数据业务的真正潜力不只是短信等形式,而是移动通信与商务、娱乐等应用相融合,这要借助于终端的改进来实现。数据业务的使用与终端的规范、标准相关。一方面,运营商要求介入终端标准定制,寻求更好的终端标准支持自己推出的业务;另一方面,终端厂商要求结合运营商需求,开发出适合市场需求的终端产品。两方面相互配合,有助于解决日益显现的运营商业务创新与终端厂商生产滞后之间的矛盾。纵观全球各大移动通信运营商,在不遗余力地推广个性化无线数据业务的同时,移动终端的定制化战略成为发展趋势。运营商进行手机定制,是协调整个产业链有序、合理发展的手段。从运营商自身的角度来说,终端定制是为了促进数据业务的推广,提升客户满意度;从整个行业的角度来说,运营商通过定制手机介入终端价值链,促进电信运营、终端制造、增值业务开发、渠道拓展等产业链各个环节的整合。

2. 开放的业务应用平台

3G 业务发展主要由市场需求驱动。市场需求决定业务,业务决定技术,所以业务标准的发展往往落后于市场需求,造成对于一些被市场接受的业务,其设备在进入市场之前,缺乏统一的互操作性标准。用户通过终端体验各种新业务,由于终端采用的业务标准不统一,造成不同品牌的终端在业务互通中存在诸多问题,影响了业务的使用效果。这些在用户看来是终端的问题,其实背后反映了业务标准化的问题,当然也包括终端应用平台的统一问题。所以,推进业务的标准化,实现开放的终端业务应用平台,是 3G 终端的发展趋势之一。

3. 智能终端

传统的移动终端硬件结构简单,软件功能有限,主要用于提供语音业务和简单的数据增值业务。为了更好地支持第三方开发的丰富多彩的多媒体业务,要求移动终端具有强大的处理能力和业务支持能力。智能手机由于基于商用操作系统和具有丰富的业务处理及连接功能,可以很好地实现通信、计算机和互联网融合,提高终端用户对移动多媒体通信的体验。相对于传统移动终端,智能终端的内容将更加丰富,它将为新业务的发展提供高效的平台,可以更快速、有效地开发各种个性化、优质的多媒体业务。

4. 双模/多模终端

多种 3G 技术体制共存决定了未来将是单模、双模和多模终端共存的局面。目前,市场上已有 GSM/WCDMA、GSM/CDMA 2000、CDMA 2000 1X/1XEV-DO 双模终端。随着芯片集成度持续提高，在终端中同时集成多种不同协议的能力将逐渐增强。以前，双/多模多用来实现跨网漫游或补充覆盖的战术性解决方案，未将其上升到战略层面来解决网络技术体制的升级问题。实际上，从终端上解决技术体制升级远比从系统设备上解决容易得多。系统设备的升级要兼顾现有设备的投资，而更换终端容易得多。目前，部分运营商和厂商已经意识到这一点，共同推进双/多模终端和芯片的研制步伐。

5. 低功耗手机和高能电池

由于 3G 手机对多媒体功能的要求较高，彩屏、摄像头、蓝牙、游戏和流媒体等功能应用耗电量较高，加之 3G 手机的外形越来越小巧、轻薄，手机电池的体积也在减小，导致大部分 3G 手机面临电池容量小，待机和操作时间短等问题。现阶段，3G 手机配备的电池以锂离子电池为主，可以通过改进手机芯片的节电技术或提高锂离子电池的能量密度，进一步提高手机的待机时间，使得多媒体 3G 手机待机时间和通话时间逐渐接近甚至超过目前 2G 手机的水平。与此同时，世界各国的厂商全力研制具有高能量密度的燃料电池，使采用燃料电池的手机商用化。总体来看，锂离子电池近期仍是主流，燃料电池是未来的发展方向。

2.3.4 移动终端的体系架构

1. 终端体系结构

移动终端系统可以看作一种具有无线通信功能的嵌入式计算机系统。它包含支持通用嵌入式计算机系统的必要组件和用来执行通信任务的特别组件。从功能角度讲，一个移动终端系统由多个子系统组成。子系统通常有以下几个部分：通信子系统、操作系统子系统、内存子系统、应用子系统、应用与通信接口子系统、多媒体子系统、安全子系统和电源管理子系统。每一个子系统都与其他子系统相互连接、通信。不同终端可以采用不同的体系结构，相应地采用不同的子系统划分方式。这里介绍的只是多种终端体系结构中的一种。

1）通信子系统

通信子系统包含无线通信协议软件及必要的数据访问协议，可支持蜂窝广域网和局域网语音与数据通信。

（1）AT 分析程序：在 GSM 和 WCDMA/UMTS 的标准中都有详细说明。AT 接口的标准为基本协议堆栈的实现提供基础摘要。AT 分析程序可与协议堆栈一起实施，也可使用专有协议堆栈，或者使用服务访问控制器接口进行独立开发，以便支持多协议堆栈实施。

（2）服务访问控制器（SAC）：可提供专有协议堆栈接口。SAC 通过应用子系统内的多个实体提供一个单独的协议堆栈接入点。服务访问层（SAL）和数据链路层（DL）用于支持逻辑通信在通信子系统中的发送和接收。

（3）SIM 管理程序：是一个单独的公共接入点，用于访问 SIM 卡中的信息。它通过多个实体访问 SIM 卡。协议堆栈接口位于协议堆栈模块内部，并且通常是专用的。它还可以通过 SAC 或 AT 分析程序向蜂窝子系统外部输出一整套功能，以支持应用子系统访问 SIM 数据和功能。对于所有通过 SIM 卡来进行用户认证和鉴权的蜂窝技术，该模块都是强制性的。如果不需要 SIM 卡，协议堆栈中必须含有可提供相同功能的模块。

（4）实时操作系统：是可选的，可以根据实际情况，采用轻型内核或功能强大的操作系统来替换。但这种情况要求在通信子系统内存中执行的线程不受应用子系统内操作系统的控制。

2）操作系统子系统

操作系统子系统包含基础任务的执行，诸如输入信息识别、显示屏信息输出、保存文件和目录记录等。操作系统子系统还可以对硬件提供管理和维护。

3）内存子系统

内存子系统管理并控制静态和动态存储。

4）应用子系统

用户应用在应用子系统内执行。这一子系统提供了通用的编程设计和执行环境，不依赖于移动终端的底层通信技术。通信子系统的通信服务接口也常驻在应用子系统内。

5）应用与通信接口子系统

应用子系统中的许多应用都需要靠通信子系统的支持才能和外界联系，以实现各种功能。在终端系统内部需要由应用与通信的接口子系统来完成这个任务。一方面，完成从应用子系统向通信子系统传递将要传送出去的数据；另一方面，将从通信子系统收到的数据传递给适合的应用。

6）多媒体子系统

多媒体子系统软件可控制不同平台技术，允许利用图形和音频媒体并把它们相结合，用于通信目的。数据流音频和视频只是多媒体服务的两个实例，由多媒体子系统支持。

7）安全子系统

安全子系统的软件组件为集成的硬件安全构建模块、软件安装功能和框架提供了接口。这些服务支持以下功能。

（1）构建可信且安全的平台。

（2）进行安全交易。

（3）确保用户及其数据的安全性与机密性。

8）电源管理子系统

电源管理子系统负责控制处理器和设备电源状态，支持应用和设备驱动程序的接口，从而满足性能和功耗需求。

2. 终端软件平台

根据软件架构不同，终端划分为基本终端、功能终端和智能终端。

基本终端采用终端厂商的独有软件，以话音业务为主，基本不开放第三方接口，开发数据业务的潜力低。

功能终端采用终端厂商的独有软件，对第三方开放简单的运行环境接口，如 Java 接口，有一定的二次开发能力。此类终端为当前终端市场的主流产品，但由于接口功能和效率有限，适合开发短小、廉价的应用，开发数据业务的潜力有一定限制。

智能终端对第三方开放丰富的、高效的操作系统接口，大大提高了应用的丰富性。此类终端可二次开发性高，为发展数据业务提供了强有力的平台。

智能终端软件平台由操作系统(OS)和用户界面接口(UI)两部分组成。终端厂商在软件平台的基础上集成附加的应用开发产品。另外,这种软件平台一般提供应用开发工具(SDK)和 PC 连接同步(PC suite)等支持软件。

智能终端受到众多终端厂商、应用开发商及移动运营商的认可,市场占有率逐步扩大。商业智能终端平台的出现是市场和技术发展的必然,也是产业突破性的发展。到目前为止,智能终端平台不尽完善,使用它们作为操作系统的终端远没有达到完美的程度。而且在终端智能化以后,出现了一个重要的问题:不同的厂商使用自己的标准,开发自己的系统,彼此之间不兼容,限制了第三方软件的发展,智能终端的扩展性也变成一纸空谈。尽管 J2ME(Java 微型版)的出现在一定范围内改善了这一问题,但兼容性还是限制智能终端发展的一个重要障碍。一些终端厂商和软件厂商发现了这一问题,也看到了这块待开发的市场,着手制定标准和开发标准的操作系统。当然,现在只是智能终端操作系统发展的初级阶段,出现了不同的标准,即使相同系统的不同版本之间也存在兼容性问题,要做到完全兼容,还有很长的路要走。

3. 终端体系架构发展

1) 分离应用和通信子系统

终端系统体系结构把对无线通信协议的处理从用户应用程序中分离出来。这种分离既可以基于硬件实现,也可以基于软件实现。这种情况下,用户应用和其他驻留在应用子系统内的软件或硬件模块都不应破坏通信子系统的完整性。同时,通信子系统不能破坏用户数据和应用。将应用程序与通信子系统分离,可以加快开发、部署、升级或修改应用的速度。

2) 支持互联网协议

终端系统需要通用的互联网协议,如目前的 IPv4 及未来的 IPv6 等。现阶段,终端设备只可用于 IPv4,随着 IP 网逐步升级到 IPv6 阶段,新的终端设备将支持 IPv4 和 IPv6 标准。终端系统还将支持更多的互联网协议,如 TCP、UDP、FTP、Telnet、HTTP 等。终端可支持多种互联网内容格式和语言,如 HTML、X-HTML、XML 等。利用这些功能,应用开发商将开发出可与台式机相媲美的功能强大的应用。

3) 支持开放的操作系统

终端系统应支持开放的操作系统。随着终端处理能力增强,无线互联网带宽扩大,运行于移动终端上的应用必将越来越丰富。终端厂商不可能开发出所有功能完备的应用软件,在出厂之前将这些应用软件都预装在终端里面。即使终端制造商的开发能力足够强,可以提供足够多的应用软件,终端一旦销售到用户手中,便不再受制造商掌控。当新业务出现,要求终端支持更多、更新的功能时,终端能够随时下载、安装新的应用软件,提升终端能力,成为极为迫切的需求。终端支持开放的操作系统,可以促进终端应用和移动业务的发展。运营商推出新业务之时,不必再过多地顾虑市面上销售的终端有多少能够支持,用户已购的终端又有多少能够支持这个业务;用户也不必因为自己的手机陈旧而遗憾不能享用新业务。

4) 操作系统标准化

终端操作系统标准化对于移动增值业务产业至关重要。应用软件基本上都是基于操作系统提供的通用接口开发出来的。如果接口不同,应用软件必然不同。终端操作系统的接口有多少种,应用开发商要满足所有用户,就必须为同一种应用开发多少种软件版本。操作系统的种类越多,整个产业链为此付出的成本越高。对用户而言,带来了极大不便,用户要准确了解所用终端的品牌、型号,以便在使用业务时对号入座。这种开发方式严重阻碍了移动应用的发展。因此,推动移动终端操作系统标准化势在必行。

5) 软件平台与硬件平台分离

终端系统的底层硬件平台与软件平台应该相对独立,并通过标准的接口相互通信。终端操作系统及应用可以安装在任意基于标准平台的终端上。对于终端设备商及运营商而言,将具有更多自由度,可以自由选择性价比高、适应产品定位的硬件平台及软件平台的组合。

移动通信技术飞速发展,各种移动语音业务和数据业务为人们的生活带来了极大的方便,用户手中的移动终端可以在某种程度上同时满足通信、娱乐及办公的需求。移动终端成为生活中不可或缺的工具。未来移动终端体系架构将向模块化发展,包括应用与通信功能相分离,硬件平台与软件平台相分离。终端将支持更多的互联网协议,终端操作系统将实现开放化、标准化。

2.3.5　移动终端与电子设备功能的融合

融合不但是当前产业发展的主旋律,也成为移动通信终端发展的最重要的方式。移动终端技术和产品在融合中快速发展。移动终端的融合主要体现在以下几个方面。

1. 移动通信终端和消费电子技术的融合

移动通信终端和消费电子产品之间的融合是终端技术和产品发展的重要趋势之一,是人们希望利用手机终端来方便日常生活需求的体现。这种融合体现在如下几个方面。

1) 音乐手机

随着手机普及率提升,手机成为人们工作和生活过程中必须携带的电子产品。除了利用手机打电话之外,好听的手机铃声和回铃音被视为体现个性的主要方式。与此同时,利用手机听音乐成为打发无聊时间的有效手段。在市场需求强大的拉动下,音乐手机在过去几年中成为最受欢迎的类型之一。各大移动运营商、手机及手机芯片制造商都推出了支持手机高质量音乐播放功能的产品。音乐手机成为手机产品的标准配置。

2) 相机手机

在移动互联时代的今天,影像通信一体化已深入身心,人们更喜欢将自己平时所见趣事拍成照片并通过手机分享给好友,而这对于传统卡片数码相机来说,是无法实现的。许多专业拍照手机都已打出了高像素(苹果 6S 已经达到了 1200 万像素)、大光圈、广角拍摄等旗号,不断冲击着已经有些乏力的传统卡片相机市场。

具有拍照功能的智能手机首次出现在 2003 年,并迅速发展。伴随着智能手机热销的,则是相机销售的增长疲软。相机的产量在 2010 年达到顶峰后迅速下降,从 2010 年的全球 1.2 亿台,降至 2014 年的 4000 万台。数据显示,2013 年上半年全国数码相机总零售量 435 万台,同比下滑 35.08%。随着智能手机拍摄功能的日益强大,其对数码相机尤其是卡片数码相机产生了剧烈冲击。像素的提高、功能的多样化,使得一些拍摄功能强大的智能手机几乎可以取代卡片数码相机。

3）游戏手机

网络游戏是 21 世纪最有发展前景的产业之一，游戏手机也是手机和消费电子产品融合的一种体现。随时随地利用手机进行娱乐和游戏，成为年轻人和追求时尚的人们的一种生活方式。

数据显示，2015 年中国移动游戏市场规模超过 400 亿元，同比增长 47.7%。手机游戏市场经过 2014 年的高调爆发后，市场规模增速有所减缓，整体开始趋于理性。手机游戏月度覆盖人数超过 4 亿，前三季度游戏产量保持在 7000 款，从整个市场来说，增长仍是主旋律。

同时，2015 年中国智能手机用户量达到 5.7 亿人，预计 2018 年将达到 7 亿人；且移动网民数量自 3 月起超过 6 亿，并保持稳定增长。对手机游戏行业来说，人口红利仍有可挖掘的增长空间。

2. 和多种无线通信技术的融合

尽管统一的 3G 技术标准对移动通信网络技术的发展至关重要，但是由于不同的技术标准代表的是不同集团的利益，因此统一的 3G 技术标准至今也没有最终形成。除了传统通信技术之外，很多新型的无线通信技术为移动通信产业的发展带来了新的活力。因此，和多种无线通信技术的融合成为移动终端产品最主要的发展趋势。

1）多模手机

国际电信联盟通过 IMT-2000 协调全球统一 3G 技术标准的努力以失败告终，WCDMA、CDMA 2000 和 TD-SCDMA 这三种 3G 技术体制将共同发展。同时，在 3G 发展初期，2G 网络和终端不会马上退出市场。因此，在网络过渡期，将会是单模、双模和多模移动终端共存的局面。目前市场上已有 GSM/WCDMA、GSM/CDMA 2000、CDMA 2000 1X/1X EV-DO 等多种双模终端。

2）WiFi 手机

尽管没有直接给运营商带来多大的收益，WLAN 技术与手机技术结合产生的 WiFi 手机成为手机产品的一个新的发展方向。WLAN 本身是一种无线通信标准，现在基本上成为中高端笔记本电脑的标准配置。只要在有热点覆盖的地区，就可以最高 11 Mb/s 的速率上网。2004 年以来，已经有多款支持 WiFi 的手机面市。

3）Felica 手机

以 RFID 技术为代表的短距离无线通信技术近年来发展迅速，在包括物流、零售、交通等行业广泛应用。移动通信和短距离无线通信技术的融合催生出了多种新技术，使得手机和短距离通信设备的融合不断加速。手机支付是近年来在世界很多地区出现的很有发展前景的一种业务，也是"手机＋短距离通信设备"的典型应用。在日本，Felica 手机的最重要作用之一是实现手机支付。KDDI 公司 2007 年春季推出的 10 款 EV-DO 手机中，8 款都是 Felica 手机。

3. 与广播技术的融合

移动通信与广播技术的融合是"三网融合"趋势的直接体现。最初的融合是从网络层面开始的,通信和广电企业分别在各自的网络上提供带有对方特点的业务。随着市场需求和技术融合的深入,终端产品层面也开始体现融合的特征。最能够反映移动通信与广播技术融合趋势的产品就是电视手机和 FM 手机。

1)电视手机

早在 2004 年,全球各地的主要运营商推出了基于蜂窝移动网络的手机电视业务。由于受到移动通信网络传输速率方面的限制,以这种方式提供的手机电视业务的市场反应并不好。2005 年,韩国 SKT 公司和几大广播电视台分别推出了卫星和地面 DMB 业务,标志着全球手机电视业务的发展进入新阶段。从此,基于数字广播电视网络的手机电视业务开始启动。韩国是推进手机电视业务最积极的国家,已经拥有上百万名手机电视用户,但是和预期的发展目标还有很大的差距。

2)FM 手机

手机 FM 业务并不是在手机终端简单地加一个 FM 接收器,而是移动运营商与广播电台合作,除了为用户提供广播频道外,还针对广播内容提供相应的信息,充分利用用户在听广播过程中产生的音乐下载、购物等消费冲动,进行移动商务。具备 FM 功能的手机实现起来比较简单,一般都是和业务配合推出。

4. 和办公系统的融合

除了娱乐之外,人们希望利用手机来提高工作效率,随时随地处理比较紧急的工作。目前,从手机邮件系统到查询企业内部信息系统,到处理文件和数据列表等工作,都可以利用手机终端来完成。这种功能强大的手机就是智能手机。

目前的智能手机计算能力相当强大,市场普及率快速增长,智能手机在商务办公领域发挥越来越大的作用,逐渐成为商务应用的新趋势,甚至在某些方面取代了笔记本电脑。

5. 与业务和内容服务的融合

随着各种新兴互联网业务的发展,一些新型的业务内容公司向移动通信领域渗透,带来了如移动搜索业务、移动博客、移动音乐业务等新型的移动增值业务。由于移动业务环境与互联网环境存在很大的不同,此类公司大都借助与移动通信企业的合作来拓展业务。有一些公司采用更加积极的策略,主动和手机终端环节合作,希望通过专用终端提高业务成功的可能性。目前最能够体现这一趋势的就是 Google 手机和苹果手机。

1)苹果手机

苹果电脑公司利用其 iPod 创造独特的移动音乐产品销售和流通系统,在移动音乐领域取得了巨大的成功。为了把其成功延续到手机音乐领域,2007 年 1 月,苹果电脑公司发布了第一款苹果手机——iPhone。该款手机不仅可以同步播放或显示来自苹果 iTunes 数字内容商店里的电影、音乐和图片内容,还可以播放存储在计算机上的几乎所有的数字内容,包括电子邮件、网页书签等。iPhone 于 2007 年 6 月开始在 Cingular、苹果公司网站和美国国内的实体店铺中出售。

iPhone 手机等音乐手机终端产品的出现反映了一个问题,那就是随着产业链之间的合作越来越紧密,任何业务的成功必然需要包括终端在内的产业链其他环节的支持;而各种业务之间的竞争,必将反映到终端等其他环节的竞争上。

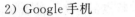

2）Google 手机

随着互联网搜索业务的成功，以及移动搜索业务逐渐兴起，移动搜索企业也把兴趣点转移到手机终端上。Google 和 Orange 合作生产的 Google 手机配置了类似于视频 iPod 的显示屏，同时内置 Google 软件，大大改善了当前手机上网的用户体验，推动移动搜索业务的发展。

移动通信终端作为一种工具，成为人们工作和生活中不可或缺的组成部分。随着移动通信终端和网络技术的发展，以及产业融合不断深入，移动通信终端将融合越来越多的功能，在更多的领域发挥更大的作用。

2.4　Android 操作系统

2.4.1　Android 操作系统概述

Android 一词的本义指"机器人"，是 Google 公司于 2007 年 11 月 5 日宣布的基于 Linux 平台的开源手机操作系统的名称。该平台由操作系统、中间件、用户界面和应用软件组成。2012 年 7 月，美国科技博客网站 Business Insider 评选出 21 世纪 10 款最重要的电子产品，Android 操作系统和 iPhone 等榜上有名。

2.4.2　Android 操作系统的体系结构

Android 的系统架构和其操作系统一样，采用分层结构，分为 4 层，从高到低分别是应用程序层、应用程序框架层、系统运行库层和 Linux 核心层。

1. 应用程序层

Android 会同一系列核心应用程序包一起发布。该应用程序包包括客户端、SMS 短消息程序、日历、地图、浏览器、联系人管理程序等。所有的应用程序都是用 Java 语言编写的。

2. 应用程序框架层

开发人员可以完全访问核心应用程序使用的 API 框架。该应用程序的架构设计简化了组件的重用；任何一个应用程序都可以发布其功能块，并且任何其他应用程序都可以使用其发布的功能块（不过得遵循框架的安全性）。同样，该应用程序重用机制使用户可以方便地替换程序组件。

隐藏在每个应用后面的是一系列服务和系统，其中包括丰富而又可扩展的视图（Views），用于构建应用程序，包括列表（lists）、网格（grids）、文本框（text boxes）、按钮（buttons），甚至可嵌入的 Web 浏览器。

内容提供器（Content Providers）使得应用程序可以访问另一个应用程序的数据（如联系人数据库），或者共享自己的数据。

资源管理器（Resource Manager）提供非代码资源的访问，如本地字符串、图形和布局文件（layout files）。

通知管理器（Notification Manager）使得应用程序可以在状态栏中显示自定义的提示信息。

活动管理器（Activity Manager）用来管理应用程序生命周期，并提供常用的导航回退功能。

更多的细节和怎样编写应用程序,请参考第 8 章的内容。

3. 系统运行库层

Android 包含 C/C++ 库。这些库能被 Android 系统中不同的组件使用。它们通过 Android 应用程序框架为开发者提供服务。下面介绍一些核心库。

(1) 系统 C 库:一个从 BSD 继承来的标准 C 系统函数库(libc),专门为基于 embedded Linux 的设备而定制。

(2) 媒体库:基于 Packet Video Open CORE。该库支持多种常用的音频、视频格式回放和录制,同时支持静态图像文件。编码格式包括 MPEG4、H. 264、MP3、AAC、AMR、JPG 及 PNG。

(3) Surface Manager:管理显示子系统,并且为多个应用程序提供 2D 和 3D 图层的无缝融合。

(4) Lib Web Core:一个最新的 Web 浏览器引擎,支持 Android 浏览器和一个可嵌入的 Web 视图。

4. Linux 核心层

Android 运行于 Linux kernel 之上,但不是 GNU/Linux。因为在一般 GNU/Linux 里支持的功能,Android 大都没有支持,包括 Cairo、X11、Alsa、FFmpeg、GTK、Pango 及 Glibc 等,都被移除了。Android 以 bionic 取代 Glibc,以 Skia 取代 Cairo,以 opencore 取代 FFmpeg 等。Android 为了达到商业应用,必须移除被 GNU GPL 授权证约束的部分,例如 Android 将驱动程序移到 user space,使得 Linux driver 与 Linux kernel 彻底分开。bionic/libc/kernel/并非标准的 kernel header files。Android 的 kernel header 是利用工具由 Linux kernel header 产生的,这样做是为了保留常数、数据结构与宏。

Android 的 Linux kernel 控制包括安全(Security)、存储器管理(Memory Management)、程序管理(Process Management)、网络堆栈(Network Stack)、驱动程序模型(Driver Model)等。下载 Android 源码之前,先要安装其构建工具 Repo 来初始化源码。Repo 是 Android 用来辅助 Git 工作的一个工具。

2.4.3　Android 操作系统的功能特性

1. 开放性

在优势方面,Android 平台首先就是有开放性,开发的平台允许任何移动终端厂商加入 Android 联盟。显著的开放性使其拥有更多的开发者。随着用户和应用日益丰富,一个崭新的平台将很快成熟。

开放性对于 Android 的发展而言,有利于积累人气。这里的人气,包括用户和厂商。对于用户来讲,最大的受益正是丰富的软件资源。开放的平台会带来更大的竞争,如此一来,将用更低的价位购得心仪的手机。

2. 挣脱运营商的束缚

在过去很长的一段时间,特别是在欧美地区,手机应用受到运营商制约,使用什么功能、接入什么网络,几乎都受到运营商的控制。从 iPhone 上市以来,用户可以更加方便地连接网络,运营商的制约减少。随着 EDGE、HSDPA 这些 2G 或 3G 移动网络逐步过渡和提升,手机随意接入网络不是运营商口中的笑谈,通过手机 IM 软件可以方便地实现即时聊天。

互联网巨头 Google 公司推动的 Android 终端天生就有网络特色,让用户离互联网更近。

3. 丰富的硬件选择

这一点与 Android 平台的开放性相关。由于 Android 的开放性,众多厂商推出各具特色的产品。功能上的差异和特色,不会影响数据同步,甚至软件的兼容,如同从诺基亚 Symbian 风格手机一下改用苹果 iPhone,还可将 Symbian 中优秀的软件带到 iPhone 上使用,"联系人"等资料可以方便地转移。

4. 不受任何限制的开发商

Android 平台提供给第三方开发商一个十分宽泛、自由的环境,不会受到各种条条框框的阻挠。可想而知,会有多少新颖、别致的软件诞生。但也有其两面性,如何控制血腥、暴力、色情方面的程序和游戏,是留给 Android 的难题之一。

5. 无缝结合的 Google 应用

在互联网的 Google 已经有十多年的历史,从搜索巨人到全面的互联网渗透,Google 服务,如地图、邮件、搜索等成为连接用户和互联网的重要纽带。Android 平台手机将无缝地结合这些优秀的 Google 服务。

2.4.4 Android 操作系统支持的多媒体功能

多媒体框架在整个 Android 系统所处的位置如图 2-2 所示。

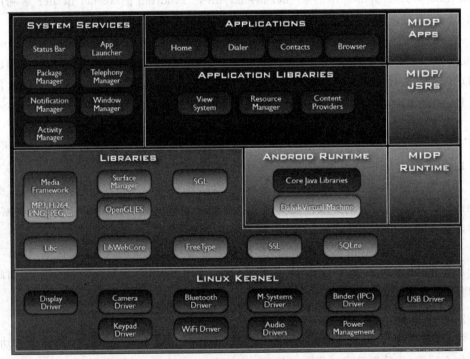

图 2-2 多媒体框架图

从图中可以看出，Media Framework 处于 Libraries 层。这一层的 Library 不是用 Java 实现，一般由 C/C++ 实现，它们通过 Java 的 JNI 方式调用。

1. 多媒体架构

基于第三方 Packet Video 公司的 Open CORE platform 实现多媒体架构，支持所有通用的音频、视频、静态图像格式。

CODEC（编解码器）使用 OpenMAX 1L interface 接口进行扩展，可以方便地支持 hardware/software codec plug-ins（硬件/软件编解码器插件），支持的格式包括 MPEG4、H.264、MP3、AAC、AMR、JPG、PNG、GIF 等，其特点如下所述。

Open Core 多媒体框架有一套通用、可扩展的接口针对第三方的多媒体遍解码器、输入/输出设备等。

多媒体文件的播放、下载，包括 3GPP、MPEG-4、AAC 和 MP3 containers。流媒体文件的下载、实时播放，包括 3GPP、HTTP 和 RTSP/RTP。动态视频和静态图像的编码、解码，例如 MPEG-4，H.263 和 AVC（H.264）、JPEG。语音编码格式 AMR-NB 和 AMR-WB。音乐编码格式 MP3、AAC、AAC+。视频和图像格式 3GPP、MPEG-4 和 JPEG。视频会议，基于 H324-M 标准。图 2-3 中用线圈出的是 Media Framework。

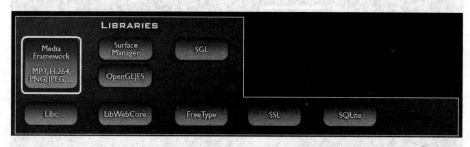

图 2-3 Media Framework

2. Open Core 介绍

Open Core 是 Android 多媒体框架的核心，所有 Android 平台的音/视频采集、播放操作都是通过它实现的。它也被称为 PV（Packet Video）。Packet Video 是一家专门提供多媒体解决方案的公司。

通过 Open Core，程序员可以方便、快速地开发出想要的多媒体应用程序，例如音/视频的采集、回放，视频会议，实时的流媒体播放等应用。

3. 代码结构

Open Core 的代码在 Android 代码的 External/Opencore 目录中。该目录是 OpenCore 的根目录，其中包含的子目录如下所述。

（1）android：这里面是一个上层的库，它实现了一个为 Android 使用的音/视频采集、播放的接口，以及 DRM 数字版权管理的接口。

（2）baselibs：包含数据结构和线程安全等内容的底层库。

（3）codecs_v2：音/视频的编/解码器，基于 OpenMAX 实现。

（4）engines：核心部分，多媒体引擎的实现。

（5）extern_libs_v2：包含 khronos 的 OpenMAX 的头文件。

（6）fileformats：文件格式的解析（parser）工具。

（7）nodes：提供一些 PVMF 的 NODE，主要是编/解码和文件解析方面的。

（8）oscl：操作系统兼容库。

（9）pvmi：输入/输出控制的抽象接口。

（10）protocols：主要是与网络相关的 RTSP、RTP、HTTP 等协议的相关内容。

（11）pvcommon：pvcommon 库文件的 Android.mk 文件，没有源文件。

（12）pvplayer：pvplayer 库文件的 Android.mk 文件，没有源文件。

（13）pvauthor：pvauthor 库文件的 Android.mk 文件，没有源文件。

（14）tools_v2：编译工具以及一些可注册的模块。

4. Open Core 上层代码结构

在实际开发中，人们不会过多地研究 Open Core 的实现。Android 提供了上层 Media API 给开发人员使用。实际调用过程如图 2-4 所示。

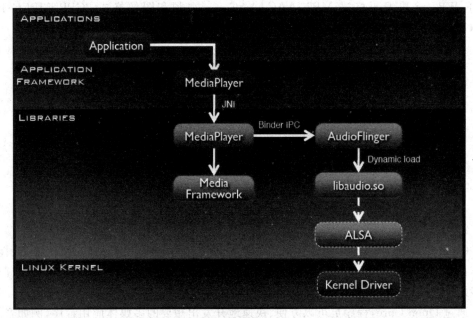

图 2-4 Media API

2.4.5 Android 操作系统支持的增值业务

理论上，采用 Android 操作系统的移动终端，基本上全部支持目前各大移动运营商开设的各种增值业务。

移动增值业务是移动运营商在移动基本业务（话音业务）的基础上，针对不同的用户群和市场需求开通的供用户选择使用的业务。移动增值业务是市场细分的结果，它充分挖掘了移动网络的潜力，满足用户的多种需求，因此在市场上取得了巨大成功。如预付费业务（神州行、如意通）、短消息增值业务（移动梦网、联通在信），都拥有众多用户，成为运营商的主要品牌。移动增值业务成为移动运营商价值链最重要的组成部分,市场前景广阔,需求极大。据预测,中国移动增值业务市场将以每年超过 30% 的速度增长。

移动商务是指通过移动通信网络传输数据,同时利用移动增值业务移动终端参与各种商务经营活动的一种新型电子商务模式。企业移动商务服务不仅包括移动银行、手机支付、移动营销、移动新型查询等,还包括为企业量身定做、能大幅提高企业运作效率和营销能力的移动应用解决方案。

移动通信发展到今天,最能体现其勃勃生机的地方在于它丰富多彩的数据业务和增值业务。因为它适应了信息时代人们对移动业务的要求,给生活带来了极大便利,这是发展的契机。移动位置业务正是在这一发展机遇下,作为移动通信网提供的一种增值业务,悄然兴起。它通过一定的技术,得到用户的位置信息(经纬度或当地街道的位置等),提供给该用户本人或通信系统本身(用于计费),或者提供给其他请求得到该用户位置的机构或个人。由于该业务在紧急救援、汽车导航、智能交通、团队管理等方面突出的作用,被越来越多的人接受,发展非常快。

美国联邦通信委员会(FCC)早在 1996 年就规定美国的移动通信公司必须在 2001 年前为每位拥有手机的用户提供位置业务,使这些用户用手机拨打 911 紧急救援电话时,救援中心能快速得到该用户的位置,开展救援活动。FCC 还对所要提供的位置精度作出了规定。由于位置业务的深远影响,GSM 标准化组织 ETSI 委托美国的 T1P1 为 GSM 制定 Phase2＋LCS(位置业务)标准,并已纳入 ETSI 标准。与此同时,AMPS、CDMA、寻呼系统等移动通信系统都积极开发位置业务,许多厂商开发出定位设备,向用户提供精度越来越高的位置业务。

随着社会发展,人们的活动范围越来越大,而且越来越不确定。这种移动性和不确定性给移动通信带来市场和挑战的同时,为移动位置业务的开展和扩大提供了必要的条件,带来了无限商机。另一方面,移动台的位置信息对于通信本身来说,也是非常重要的信息。得到移动台位置,也是通信网自身发展的需要。无论是用户的需要,还是运营商或网络供应商的需要,都为位置业务的发展注入了活力,使位置业务市场一片生机。鉴于此,Android 的应用前景是非常广阔的。

(1)紧急救援:用户在不知道自己位置的情况下,只要其手机支持移动位置业务,就可以在拨打救援中心的电话,如中国的 110、美国的 911、日本的 411,移动通信网络在将该紧急呼叫发送到救援中心的同时,启动支持移动位置业务的网元,得到用户的具体位置,并将该位置信息和用户的语音信息一起传送给救援中心;救援中心接到呼叫后,根据位置信息,快速、高效地开展救援活动,提高救援的成功率。

(2)导航和定位:移动通信网提供的位置业务能满足多山和多隧道地区的列车进行导航和跟踪,以及城市商业区多建筑物的定位,只要为每一辆或每一列需要导航和跟踪的汽车或列车安装一个移动车载台,在商业区提供较好的基站覆盖,在隧道里安装专门的基站,就可以解决覆盖问题。通信网为这些车载台提供位置信息,并将这些信息通过通信网本身传输给负责交通管理的调度中心,就可快速地在车和调度中心之间建立协调的运行管理和导航。

(3)工作制度:移动位置业务还广泛应用在各行各业的工作调度和团队管理中。例如地质勘探队的野外作业、铁路维修人员的日常维修活动、旅游团管理等,都可以借助移动通信网提供的位置业务,一方面用手机正常通话;另一方面享受其定位服务,远距离作业时,可以轻松地与队员取得联系,得到自己和队员的位置,不致迷失方向。

(4)移动黄页查询:互联网的黄页查询是国外发展比较迅速的网络培植业务,用户可以在互联网查询自己所在区域范围内的相关信息,包括附近有哪些饭店、商场,以及天气情况、附近各公司的电话号码和所在位置,等等。移动互联网技术与移动位置业务相结合,可以轻而易举地实现移动黄页查询。移动网络首先定位出用户所处的位置,然后在互联网提供的信息中节选出用户所在地的相关信息,供用户查询。固定黄页查询能够得到的信息,移动黄页查询都可以得到。这种业务充实了移动互联网的业务内涵,让人们更真实地感受到移动互联网带来的全新生活。

(5)与位置有关的计费:计费一直是电信运营商和用户非常关心的问题。要实现公正、有效的计费,不是件容易的事情。运营商和用户之间总是不容易理顺这一关系。计费问题的产生,本身是由于用户占用了网络资源,运营商需要就这一部分资源向用户收取一定的费用。能否正确地界定用户所占网络资源的位置特征,是处于话务比较繁忙的商业区;还是处于相对比较空闲的郊区;是处于高速公路上,正快速地移动;还是在家中。这些特征不同,对于网络来说,为这一次通话提供的服务量就不同。在高速公路上,由于移动台要频繁越区,网络需要频繁切换,涉及的网络节点比较多。因此,运营商根据不同特征,对用户的通话计费。目前的计费方式只有两种:与时间有关的计费和与距离有关的计费。前者根据通信的时间段不同,计费价格不同;后者根据通信距离长短计费。它们基本反映了用户以前两种方式占用无线资源的情况。对于第三种方式,运营商在计费方面还没有考虑。原因在于运营商不知道用户的确切位置,无法判断其所处位置的特征。随着位置业务的发展,与位置有关的计费将发展起来。目前,美国有一些公司,如朗讯、康柏、Motorola 为用户提供与位置有关的计费。美国 32% 的无线用户也愿意参与位置有关的计费。在家里通话和在车上通话付同样的费用,对于用户来说是不公平的。在车上通话的费用应该高。这种计费方式充分体现了用户为得到移动性服务应该付出的费用,同时为那些在家里用手机通话的用户实现了公平计费。这种计费方式可以吸引那些移动性不是很大的用户,无形之中增加了移动通信网用户。

(6)增强网络性能:通信网的移动性管理一直是网络的难点问题,主要原因就是移动位置的不确定性。如果网络本身知道移动中的精确位置,移动性管理就相对简单了。另一方面,有助于对移动台进行有效的信道分配,使无线资源的利用程度更高。另外,如果能够实时地得到移动台的位置信息,可以实现资源的动态、智能分配,增强网络性能,提高网络服务质量。

(7)灵活多样的技术形式:移动位置业务的迅速发展与其具有灵活多样的技术形式有很大关系。这些技术互相结合,相互补充,对位置业务的发展发挥了作用。采用简单、方便的技术,原有通信网和用户手机无须任何调整和改变,只需升级软件。它们的存在使移动位置业务迈开了至关重要的第一步。其他较复杂的技术虽然需要调整网络和移动台,但能提供更高的定位精度。这为移动位置业务的发展提供了技术支持,使其具有更广阔的市场前景。

2.4.6　Android 操作系统的安全性

Android 系统自身具备开放源码的特征,所以其安全性能成为信息安全领域研究的重要课题,对现实工作有较大的借鉴作用,下面从系统和数据两个方面简单分析 Android 系统的安全性能。

1. Android 安全性能现状

Android 的安全性能主要体现在两个方面:Android 的系统安全和数据安全。Android 系统安全是指智能终端本身的安全,是对操作系统的保护,防止未授权的访问及对授权用户服务的拒绝,或对未授权用户服务的允许,包括行为检测、记录等措施。Android 的数据安全指确保存储数据完整性、合法性两个方面,要求做到系统正确地传输数据,授权程序顺利地读取数据。

1) Android 系统安全的保障

Android 采用的是经过定制的 Linux 2.6 内核,其系统安全继承了 Linux 的设计思想。在 Linux 内核的基础上,Android 提供诸如安全、内存管理、进程管理、网络管理、驱动模型等多种核心服务,内核部分实际上是一个介于硬件层和系统中其他软件组之间的一个抽象层次。所以说,Android 的系统层面是 Linux,中间是 Dalvik 的 Java 虚拟机,表面层运行 Android 类库。在实际操作中,每个 Android 应用都运行在自己的进程上,每个进程都独享 Dalvik 虚拟机为它分配的专有实例,并且支持多个虚拟机在同一个系统上高效运行。Dalvik 虚拟机执行的是 Dalvik 格式的可执行文件(.dex)。该格式经过优化,降低内存耗用到最低。Java 编译器将 Java 源文件转为 class 文件,class 文件又被内置的 dx 工具转化为 dex 格式文件。这种文件在 Dalvik 虚拟机上注册并运行。Android 系统的应用软件都是运行在 Dalvik 之上的 Java 软件,而 Dalvik 运行在 Linux 中,在一些底层功能,比如线程和低内存管理方面,Dalvik 虚拟机依赖 Linux 内核。

Android 的数据安全机制涉及两个概念:UID(用户标识)和权限。UID 是指安装在 Android 中的每个程序都会被分配一个属于自己的 Linux 用户 ID,并且为它创建一个沙箱,防止影响其他程序(或者受其他程序影响)。用户 ID 在程序安装时被分配,并且在系统中永久保持。权限是指为 Android 允许用户或者程序限定可以执行的操作,包括打开数据文件、发送信息和调用 Android 组件等。权限是 Android 为保障安全而设定的安全标识,也是程序实现某些特殊操作(比如申请系统 Service)的基础。

2) Android 数据安全的保障

数据安全主要依赖软件签名机制来保障。Android 和应用程序都需要签名,发布时首先通过 development/tools/make_key 生成公钥和私钥,具体由 Android 中提供的工具./out/host/linux-x86/framework/signapk.jar 来签名。签名的主要作用在于使对于程序的修改仅限于同一来源,系统中主要有两种检测方式。如果是安装程序升级,检查新、旧程序的签名证书是否一致。如果不一致,安装失败。若申请权限的 protected level 为 signature 或者 signatureorsystem,检查权限申请者和权限声明者的证书是否一致。

Android 对权限的申请、审核以及确认相当严格。正是这样的安全权限机制,保障了数据的安全性。

2. Android 安全性能分析

针对上述 Android 安全性能现状,从下面几个方面进行研究、分析。

(1) Android 内核存在大量漏洞。由于 Android 系统平台自身开源性的特征,它已经成为黑客的重点攻击目标。黑客针对现有漏洞,开发出漏洞利用工具,窃取用户隐私、恶意扣费等行为的工具和木马类型的恶意软件占多数。运行此类程序,病毒会自动联网,在系统后台启动恶意进程,窃取手机中的隐私内容,直接威胁用户安全。

(2) Android 缺乏功能强大的病毒防护或者防火墙。公众的手机防病毒意识还不强,Android 系统作为基于 Linux 的智能手机平台,其病毒防护或防火墙功能较弱。目前基于 Android 平台的病毒变种呈集群式爆发。从发现"给你米""安卓吸费王"病毒到现在,其变种多达 63 个,波及用户数超过 90 万。Android 平台病毒的某些特征逐渐凸显,病毒作者植入的软件越来越有名,例如被查杀的"红透透(HongTouTou)病毒"就伪装在知名手机游戏软件"机器人塔防"中,盗取用户私人信息,已造成较大破坏。

(3) Android 应用软件缺乏安全审核及监管保护。Android 用户远离恶意应用程序是一种基于"功能"的安全模式。每个 Android 应用程序必须告知手机的操作系统它需要的功能。安装时,操作系统列出应用程序需要运行的功能。用户应判断这是否与其声称的相符。基于功能的系统具有由操作系统强制执行的优势。应用程序根本不可能说一套做一套,也不依赖于人工筛选的警觉。这样做的问题在于无法确保应用程序的行为与其被给予的信任相称。

功能限制并不能保护用户免受攻击,因为流氓软件要求的权限与合法应用程序是一样的:接收用户名和密码,并通过互联网与远程服务器沟通这些信息的权限。基于功能系统的另一个问题在于,它需要用户仔细考虑安全问题。许多用户难以准确评估想要下载运行的软件风险——即便怀疑可能是恶意软件。Android 手机系统自身的验证机制相对薄弱,如其只能保证检测下载程序的稳定性、数据完整性,无法验证 Android 手机软件的来源,以及判定安装后程序可能存在的行为,将无法保证安全性。

(4) Android 软件开发工具包(SDK)存在较多安全隐患。Android SDK 自测试阶段就不断暴露出例如远程控制漏洞、整数溢出和浏览器在处理 GIF、BMP 和 PNG 图像时的数据溢出等各种类型的漏洞。攻击者利用这些漏洞执行恶意代码,进而完全控制装有 Android 软件的手机。如果补丁未及时更新,极易造成较大危害。

2.5 其他操作系统介绍

2.5.1 Windows Phone 操作系统

1. Windows Phone 操作系统概述

Windows Phone 具有桌面定制、图标拖曳、滑动控制等一系列前卫的操作体验。其主屏幕通过提供类似仪表盘的体验来显示新的电子邮件、短信、未接来电、日历约会等,让人们对重要信息保持时刻更新。它还包括一个增强的触摸界面,更方便手指操作;以及一个最新版本的 IE Mobile 浏览器。该浏览器在一项由微软赞助的第三方调查研究中,与参与调研的其他浏览器和手机相比，可以执行指定任务的比例高达 48%。全新的 Windows 手机把网络、个人计算机和手机的优势集于一身，让人们随时随地享受想要的体验。Windows Phone 力图打破人们与信息和应用之间的隔阂，提供适用于包括工作和娱乐在内的完整生活的方方面面。

2. Windows Phone 的主要特色

(1) 增强的 Windows Live 体验，包括最新源订阅，以及横跨各大社交网站的 Windows Live 照片分享等。

(2) 更好的电子邮件体验。在手机上通过 Outlook Mobile 直接管理多个账号，使用 Exchange Server 同步。

(3) Office Mobile 办公套装，包括 Word、Excel、PowerPoint 等组件。

(4) 在手机上使用 Windows Live Media Manager 同步文件，使用 Windows Media Player 播放媒体文件。

(5) 重新设计的 Internet Explorer 手机浏览器，不支持 Adobe Flash Lite。

(6) Windows Phone 的短信功能集成了 Live Messenger(俗称 MSN)。

应用程序商店服务 Windows Marketplace for Mobile 和在线备份服务 Microsoft My Phone 同时开启。前者提供多种个性化定制服务，比如主题。

动态磁贴 Live Tile 是出现在 WP 的一个新概念，是微软的 Metro 概念，与微软已经中止的 Kin 很相似。Metro 是长方图形的功能界面组合方块，是 Zune 的招牌设计，如图 2-5 所示。

Metro UI 带给用户的是 glance and go，即 Metro UI 个性动态砖(Live Tile)的体验。即便 WP7 是在 Idle 或是 Lock 模式下，仍然支持 Tile 更新。Mango 中的应用程序支持多个 Live Tiles。在 Mango 更新后，Live Tile 的扩充能力更明显，Deep Linking 既用在 Live Tiles 上，也用在 Toast 通知上。目前 Live Tile 只支持直式版面，也就是将手机拿横，Live Tile 的方向仍不改变。

Metro UI 是一种界面展示技术，和苹果的 iOS、谷歌的 Android 界面最大的区别在于：后两种都是以应用为主要呈现对象，Metro 界面强调的是信息本

图 2-5　Metro UI 个性动态砖

身，而不是冗余的界面元素。显示下一个界面的部分元素的功能上的作用主要是提示用户"这儿有更多信息"。在视觉效果方面，这有助于形成一种身临其境的感觉。

该界面概念首先被运用到 Windows Phone 系统中，如今同样被引入 Windows 8 操作系统。

2.5.2 iOS 操作系统

1. iOS 操作系统概述

苹果 iOS 是由苹果公司开发的手持设备操作系统。有关介绍请参阅 2.1.2 小节。

2. iOS 操作系统的主要特色

2012 年 6 月,苹果公司在 WWDC 2012 上宣布了 iOS 6,提供超过 200 项新功能。

1) iOS 界面

在 iOS 用户界面能够通过多点触控直接操作。控制方法包括滑动、轻触开关及按键。与系统交互包括滑动(Wiping)、轻按(Tapping)、挤压(Pinching)及旋转(Reverse Pinching)。此外,通过其内置的加速器,可以令其旋转设备改变其 Y 轴,使屏幕改变方向,令 iPhone 更便于使用。屏幕的下方有一个主屏幕按键,底部是 Dock,有 4 个用户最经常使用的程序图标被固定在 Dock 上。屏幕上方有一个状态栏,显示相关数据,如时间、电池电量和信号强度等。其余的屏幕用于显示当前的应用程序。启动 iPhone 应用程序的唯一方法就是在当前屏幕上单击该程序的图标,退出程序则是按下屏幕下方的 Home(iPad 可使用五指捏合手势回到主屏幕)键。在第三方软件退出后,它直接被关闭。但在 iOS 及后续版本中,当第三方软件收到新的信息时,Apple 服务器将把这些通知推送至 iPhone、iPad 或 iPod Touch(不管它是否正在运行)。在 iOS 5 中,通知中心将这些通知汇总在一起。iOS 6 提供了"请勿打扰"模式来隐藏通知。在 iPhone 上,许多应用程序之间无法直接调用对方的资源。然而,不同的应用程序能通过特定方式分享同一个信息(如当用户收到包括一个电话号码的短信息时,可以选择将此电话号码存为联络人,或是直接选择该号码打一通电话)。iOS 界面如图 2-6 所示。

2) 文本输入法

完善的文本输入法,内置了对热门中文互联网服务的支持,让 iPad、iPhone 和 iPod Touch 更适合中文用户使用。有了全新的中文词典和更完善的文本输入法,汉字输入变得更轻松、更快速、更准确。用户可以混合输入全拼和简拼,甚至不用切换键盘,就能在拼音句子中输入英文单词。iOS 6 支持30 000 多个汉字,手写识别支持的汉字数量增加到两倍多。当向个人字典添加单词时,iCloud 能让它们出现在所有设备

图 2-6　iOS 界面

上。"百度"已成为 Safari 的内置选项,还可将视频直接分享到"优酷"和土豆网;也能从相机、照片、地图、Safari 和 Game Center 向新浪微博发布信息。

3) 3D 地图

苹果地图应用基于矢量绘图,非常类似谷歌公司发布的全新地图,可提供卫星 3D 实

景视图以及 3D 建模视图。3D 实景地图支持手势缩放和旋转,可以从不同角度鸟瞰城市全景,也可放大到单一建筑 360°旋转浏览。

另外,全新地图应用加入 Siri 语音功能,并可提供交通流量实时监测,拥有 100 万家商家信息和信息卡片显示。

用户可以从地面、从天空看世界。以全新角度呈现的地图,将改变人们看世界的方式。地图元素基于矢量,即使放大、再放大画面,图形和文字仍然是可圈可点的细节。平移操作也相当顺畅。可以用倾斜和旋转的角度查看一个区域,街道和地点的名字不会因此错位。甚至可以从城市上空掠过,以令人惊叹的高分辨率画质将景致尽收眼底。

4) Siri 语音控制功能

Siri 是苹果公司在其产品 iPhone 4S 上应用的一项语音控制功能。Siri 令 iPhone 4S 变身为一台智能化机器人。利用 Siri,用户通过手机读短信、介绍餐厅、询问天气、语音设置闹钟等。Siri 支持自然语言输入,并且可以调用系统自带的天气预报、日程安排、搜索资料等应用,还能够不断学习新的声音和语调,提供对话式的应答。

Siri 能通过语音发送信息、预约会议、拨打电话。用户可用自己习惯的谈话方式,让 Siri 处理各种事项。Siri 能听懂话,了解用户意图,还能回答问话。在 iOS 6 里,Siri 的见识大大增长。想知道喜爱的球队和队员的最新比分和统计数据?尽管开口问 Siri。或许用户晚上想看场电影,Siri 将显示最新的影评和预告片。还可让 Siri 按菜肴、价格、位置或更多方式帮用户查找餐厅。Siri 甚至能打开 APP,你不必轻点屏幕,只要说一声"启用 Flight Tracker"或"打开鳄鱼小顽皮爱洗澡",Siri 就会按你说的做。Siri 易用、能干,用户将发现更多的方式去使用它。

5) 照片分享

北京时间 2012 年 6 月 12 日凌晨 1 点,2012 年苹果开发者大会(WWDC)在美国旧金山 Moscone 中心召开。会上苹果公司正式发布 OS X Mountain Lion 操作系统,对 MacBook Pro、MacBook Air、Mac Pro 系列产品继续更新,并展示了 iOS 6 以及苹果地图产品。其中,关于与固定人群分享照片的全新照片流引起不少先前对 iOS 照片流颇有非议的国内"图片控"们的兴趣。

全新的照片流可让照片与固定的好友分享,而不是公开给所有人。用户只要选择了照片和要分享的朋友,这些朋友就会得到一个提醒,在欣赏照片之余,还可以对照片进行评论。这一点类似于 Facebook,不过在 iOS 6 上,可以看成是苹果自己的社交网络。

不仅如此,在对方使用 iOS 6 和 Mountain Lion 系统 Mac 设备的 iCloud 的情况下,分享者甚至可以直接用图片软件或 iPhoto 进行处理,或者通过 Apple TV 浏览照片流。如果对方没有苹果设备,也可以方便地在 Web 上看到这些照片。

分享照片流不会占用 iCloud 存储空间,它们通过 WLAN 和蜂窝数据网络传送。

6) 基于地理位置的 Passbook

苹果公司于北京时间 2012 年 6 月 12 日上午,在全球开发者大会(WWDC)上宣布 iOS 6 系统将提供一个全新的应用——Passbook。这是一款可以存放登机牌、会员卡和电影票的工具。该功能将整合来自各类服务的票据,包括电影票、登机牌、积分卡和礼品卡等。

这些票据将被显示在锁屏屏幕上。通过定位功能,当用户走到相关商店或场所附近时,对应的票据将自动显示。

在不少印刷品逐步数码化的年代,使用电子优惠券或电子机票等是很平常的事。不过这些电子券一多,很容易出现管理上的问题。苹果公司为 iOS 6 带来的 Passbook,具有将这些电子券集合的功能。除了集合外,Passbook 根据使用者的位置提供适合的电子券,以便用户即时使用相关的优惠;或者当航班延误时,通过 Passbook 为用户提示(当然前提是航空公司支持)。

用户的登机牌、电影票、购物优惠券、会员卡及更多票券现都归整一处。有了 Passbook,用户可以用 iPhone 或 iPod Touch 扫描来办理登机手续,进入影院看电影,并兑换优惠券,还能看到优惠券何时到期,音乐会的座席位置,以及充值卡余额。iPhone 或 iPod Touch 一旦被唤醒,各式票券就会在适当的时间和地点出现在锁屏上,比如到达机场时,或走进商店兑换礼品卡或优惠券时。如果登机口在办理登机手续后有所变化,Passbook 还能提醒用户,避免找错登机口。

7) FaceTime

几十年来,人们一直梦想能够使用可视电话。iOS 令梦想成真。通过蜂窝数据网络和 WLAN,连接任意两部支持 FaceTime 的设备(如 MacBook、iPhone 4、iPhone 4S、iPhone 5、iPod Touch 4、iPod Touch 5、iPad 2 和 The New iPad),只要轻点按钮,用户就可以向其孩子挥手问好,与地球另一端的人相视微笑,或与好友分享故事并看着他开心大笑。没有其他手机可以让沟通如此充满乐趣。

FaceTime 通过蜂窝数据网络和 WLAN 运行,无论在哪里,都可以拨打和接收 FaceTime 视频电话,甚至使用电话号码在 iPad 上拨打和接收 FaceTime 视频电话。这意味着无论用户身处何地,只要携带任意一台设备,就不会错过每一个笑脸、眼神或飞吻。

8) 其他功能

iOS 6 为 iPhone 增添了全新呼叫功能。当用户拒绝来电时,立即通过文本信息回复,或设置回拨提醒。如果事务太过繁忙,可启用勿扰模式,就不会被任何人打扰。

iOS 6 里的 Mail 经过重新设计后,界面更加简洁、流畅,让阅读和编写邮件更轻松。用户可以设置自己的 VIP 名单,就不会错过来自客户、老板或挚友的重要信息。为电子邮件添加照片和视频也更容易。若要刷新邮箱,向下轻扫即可。

iOS 6 为 iPhone、iPad 和 iPod Touch 带来更佳的网络浏览体验。iCloud 标签可记录在设备上打开的页面,因此可以先在一部设备上开始浏览,稍后使用手边的任何一部设备,从上次暂停的地方继续浏览。Safari 可在阅读列表中保存网页,而不仅是链接,因此即使没有连接互联网,也能继续阅读网页。当用户向 eBay 或 Craigslist 等网站发布照片或视频时,不用退出 Safari,即可拍照或摄录,也可从相机胶卷中选择照片。如果很想看到整个画面,将 iPhone 或 iPod Touch 转为横向模式,并轻点全屏图标,即可全无干扰地查看网页。

iOS 6 拥有更多功能,让视力、听力、学习以及肢体活动方面有障碍的用户也能享用 iOS 设备的精彩。引导式访问功能帮助残障学生(如自闭症患者)将注意力集中在任务和内容上。它能让父母、教师或管理员通过禁用主屏幕按键,使 iOS 设备只显示一个 APP,

也可限制屏幕某一特定区域上的触控输入。VoiceOver 是为失明和低视力用户提供的创新性屏幕阅读功能，它与地图、AssistiveTouch 和缩放功能相整合。苹果公司还与一些优秀的制造商联手推出为 iPhone 打造的助听设备，带来高效率、高品质的数字音频体验。

若用户遗失 iPhone、iPad 或 iPod Touch，由于 iOS 6 和 iCloud 提供"丢失"模式，用户可以更轻松地使用"查找我的 iPhone"来定位并保护丢失的设备。立即使用 4 位密码锁定丢失的 iPhone，并在屏幕上发送信息，显示联系电话。好心人就能在锁屏模式下给丢失者打电话，而不会访问 iPhone 上的其他信息。在"丢失"模式期间，设备将追踪记录它所到过的地点，可随时使用"查找我的 iPhone"APP 登录，查看设备发回的信息。

"查找我的朋友"是与亲朋好友分享位置信息的绝佳方式。共享位置信息的人会出现在地图上，以便迅速看到他们在哪里，在做什么。有了 iOS 6，可以收到基于位置的提醒，比如当孩子放学或回到家时，"查找我的朋友"将用户的位置信息告知他人，让用户与其保持联络，或了解亲朋好友的行踪。

iOS 6 将全新购物体验融入重新设计的 iTunes Store、App Store 、iBookstore 中。在每个商店主页上方可以查看最新精选 APP 和书籍。用手指轻扫即可浏览，轻点可以了解详细信息。通过 iCloud，预览历史记录在所有的设备上保持更新。因此，用户可以在 iPhone 上购物，并在 iPad 上继续。现在，用户不必退出使用中的 APP，即可购买喜爱的 APP。

本 章 小 结

本章从全局角度简要介绍了 3G 移动终端的操作系统。首先介绍移动终端操作系统的发展、常见移动终端操作系统及其发展趋势，然后详细介绍了目前市场占有率最高的 Android 操作系统，最后介绍了目前 3G 移动终端操作系统三大平台的另外两个系统——微软 Windows Phone 和苹果 iOS。通过这一章，读者应对 3G 移动终端的操作系统有一个整体的认识，为以后的学习打下良好的基础。

第3章

Android 开发环境

Android 的 SDK 将 Android 软件架构第三层及以下的内容屏蔽,开发环境使用预编译的内核和文件系统,开发者基于 Android 的系统 API 进行应用程序层次的开发。Android 5.0 SDK 开发包目前是最新版本,体现在相机 API、JobScheduler 和大量性能提升上。最重要的是支持 64 位,开发者需要对自己的应用改写、升级。

JDK 发展到 1.8 版。JDK 1.8 为编译器、类库、开发工具与 JVM 带来了大量新特性,比如 Lambda 表达式与 Functional 接口、接口的默认与静态方法、方法引用、重复注解、更好的类型推测机制、扩展注解的支持等。本章以 android-sdk-1.5 为基础讲解相关内容,对于关心高版 JDK 的读者,可参阅相关教材或资料。

> **本章主要内容**
>
> - Android SDK 的结构;
> - Android SDK 环境安装;
> - Android 中运行仿真器环境;
> - Android 中建立工程案例。

3.1 Android SDK 的结构

在 SDK 的开发环境中,还可以使用 Eclipse 等作为 IDE 开发环境。Android SDK 在 IDE 环境中使用的组织结构如图 3-1 所示。

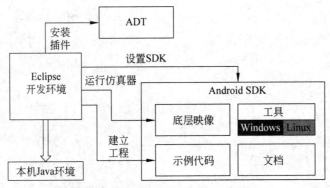

图 3-1　Android 系统的 IDE 开发环境

3.2 Android SDK 环境安装

Android 提供的 SDK 有 Windows 和 Linux(其区别主要是 SDK 中的工具不同)。在 Android 开发者网站上可以直接下载各版本 SDK。

Android 的 SDK 命名规则为

```
android-sdk-{主机系统}_{体系结构}_{版本}
```

Android 提供 SDK 的几个文件包如下所述。

- android-sdk-windows-1.5_r2.zip；
- android-sdk-linux_x86-1.5_r2.zip；
- android-sdk-windows-1.6_r1.zip；
- android-sdk-linux_x86-1.6_r1.zip。

SDK 的目录结构如下所述。

- docs：HTML 格式的离线文档。
- platforms：SDK 核心内容。
- tools：工具。

在 platforms 中包含的各 Android SDK 版本的目录中，包含系统映像、工具、示例代码等内容。

- data/：包含默认的字体、资源等内容。
- images/：包含默认的 Android 磁盘映像，包括系统映像（Android system image）、默认的用户数据映像（userdata image）、默认的内存盘映像（ramdisk image)等。这些映像是仿真器运行时需要使用的。
- samples/：包含一系列应用程序，可以在 Android 开发环境中根据它们建立工程、编译并在仿真器上运行。
- skins/：包含几个仿真器的皮肤，每个皮肤对应一种屏幕尺寸。
- templates/：包含几个使用 SDK 开发工具的模板。
- tools/：特定平台的工具。
- android.jar：Android 库文件的 Java 程序包，在编译本平台的 Android 应用程序时被使用。

不同版本的 API 对应不同的 API 级别。Android 已经发布，并且正式支持的各版本 SDK，如表 3-1 所示。

表 3-1　Android 版本与 API 级别

Android 版本	API 级别	Android 版本	API 级别
Android 1.1	2	Android 2.0	5
Android 1.5	3	Android 2.0.1	6
Android 1.6	4	Android 2.1	7

Android 的 SDK 需要配合 ADT 使用。ADT（Android Development Tools）是 Eclipse 集成环境的一个插件。

通过扩展 Eclipse 集成环境功能，使得生成和调试 Android 应用程序既容易，又快速。

3.2.1 JDK 基本环境安装

Android 的 SDK Windows 版本需要以下内容：JDK 1.5 或者 JDK 1.6、Eclipse 集成开发环境、ADT(Android Development Tools)插件、Android SDK。

近几年，JDK 版本从 1.5 发展到 1.8。本节介绍 JDK 1.5 版本的安装过程，并介绍 Eclipse 集成开发环境、ADT(Android Development Tools)插件及 Android SDK。

其中，ADT 和 Android SDK 可以到 Android 开发者网站下载，或者在线安装。ADT 的功能如下所述。

(1) 可以从 Eclipse IDE 内部访问其他 Android 开发工具。例如，ADT 让用户直接从 Eclipse 访问 DDMS 工具的很多功能——屏幕截图、管理端口转发（port-forwarding）、设置断点、观察线程和进程信息。

(2) 提供一个新的项目向导（New Project Wizard），以便快速生成和建立新 Android 应用程序所需的最基本文件，使构建 Android 应用程序的过程自动化，并且简单易行。

(3) 提供一个 Android 代码编辑器，以便为 Android manifest 和资源文件编写有效的 XML。

下面介绍在 Eclipse 环境中使用 Android SDK 的步骤。

3.2.2 Eclipse 安装

Eclipse 集成开发环境是开放的软件，可以到 http://www.eclipse.org/downloads/下载。

Eclipse 有若干版本：Eclipse 3.3（Europa）、Eclipse 3.4（Ganymede）、Eclipse 3.5（Galileo）……最新版本是 Eclipse 4.4，支持 Java 1.8，提供黑色主题，包括对很多编程语言的语法着色；Paho 提供 M2M 的开源实现；支持当前和新兴的 M2M 与 Web 和企业中间件及应用程序集成的需求；Eclipse Communication Project's（ECF）规范兼容，实现了 OSGi 远程服务和远程服务管理；增强对 Java 8 的 Completable Futurn，用于异步远程服务；Sirius 允许架构师利用 Eclipse 建模技术轻松创建自己的图形建模工作台。

在 Android 开发中，推荐使用 Eclipse 3.4 和 Eclipse 3.5。虽然也可以使用 Eclipse 3.3，但是没有得到 Android 官方验证。

如果使用 Eclipse 3.4，下载 eclipse-SDK-3.4-win32.zip 包；如果使用 Eclipse 3.5，下载 eclipse-SDK-3.5.1-win32.zip 包。这个包不需要安装，直接解压缩即可。解压缩后，执行其中的 eclipse.exe 文件。

3.2.3 Android SDK 获得

Android SDK 是一个比较庞大的部分，包含 Android 系统的二进制内容、工具和文档等。得到 Android SDK，有两种方式，即下载 Android SDK 包（Archives）和通过软件升级的方式（Setup）。

1. 下载 Android SDK 包

对于 Android SDK 1.6 之前的版本，包括 Android SDK 1.1、Android SDK 1.5 和 Android SDK 1.6，直接从 Android 开发者网站下载得到。每个 SDK 包含 Linux、Windows 和 MAC 三个版本。在 Windows 环境中，使用 Windows 版本，例如 android-sdk-windows-1.5_r2.zip 和 android-sdk-windows-1.6_r1.zip。这个包通常有几百兆比。

以这种方式下载的 Android SDK 不需要安装，直接解压缩即可。

2. 软件升级获得 Android 包

(1) 第 1 步：获得 android-sdk_r04-windows.zip。

从 Android 开发者网站获取 Android SDK 的相关包 android-sdk_r04-windows.zip，这个包比实际的 Android SDK 小得多，只有 20 多兆比，其中包含一个 Setup 可执行程序。完整的 SDK 是通过这个可执行程序获得的。解压缩这个包，获得 Android SDK 的基本目录结构，但是其中没有实际的内容。

(2) 第 2 步：运行 SDK Setup.exe 程序，出现 SDK 下载界面如图 3-2 所示。

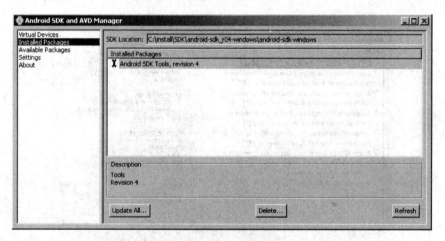

图 3-2　Android SDK 下载界面

3.2.4　ADT 安装

在 Settings 中进行设置，选中 Force...项，如图 3-3 所示，单击 Save & Apply（保存）按钮。

回到 Installed Packages 中进行安装，出现 Android 各版本 SDK、工具、文档的安装界面，如图 3-4 所示。

每个组件都可以选择，"Accept（接受）"表示安装，"Reject（拒绝）"表示不安装，"Accept All（接受全部）"表示安装所有的内容。文档一般安装成最新版本。选择后，安装程序将依次安装各个组件，如图 3-5 所示。

下载过程中，每个组件将首先被放置到 temp 中，以一个 zip 包的形式存在。下载完成后，得到完整的 Android SDK。

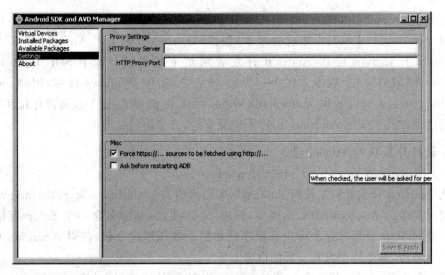

图 3-3　设置安装路径

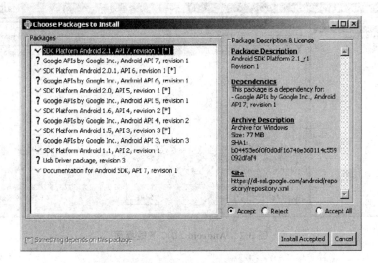

图 3-4　选择要安装的组件

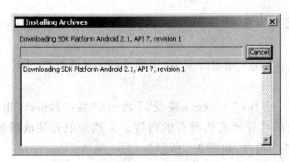

图 3-5　安装界面

1) 在 Eclipse 3.4(Ganymede)中安装 ADT

第 1 步：启动 Eclipse，然后选择 Help→ Software Updates…准备安装插件，如图 3-6 所示。

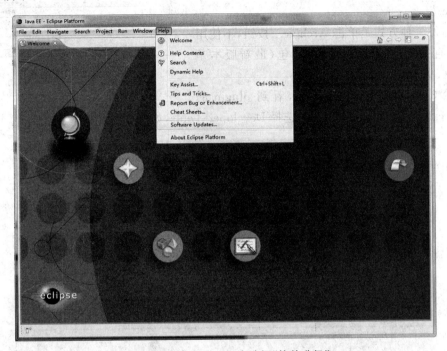

图 3-6　在 Eclipse 3.4 中选择"软件升级"

第 2 步：在打开的对话框中单击 Available Software，出现 Eclipse 的现有软件对话框，如图 3-7 所示。

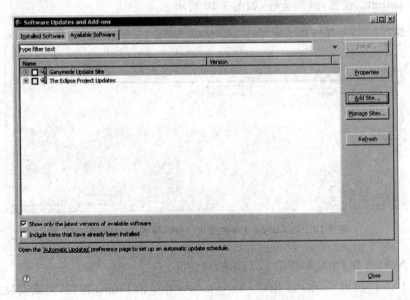

图 3-7　在 Eclipse 3.4 中选择要安装的插件

单击右侧的 Add Site...按钮,准备增加插件,如图 3-8 所示。

在 Add Site 对话框中,输入 Android 插件的路径"https://dl-ssl. google. com/android/eclipse/"。

另外一种方式是单击 Archive...按钮,不使用网络,直接指定磁盘中的 ADT 包(最新版本是 ADT-0.9.5.zip)。

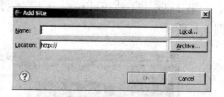

图 3-8 增加 ADT 的路径

第 3 步:回到安装对话框,看到 plugin 的 URL 下面有 Developer Tools。选择 Developer Tools,如图 3-9 所示。

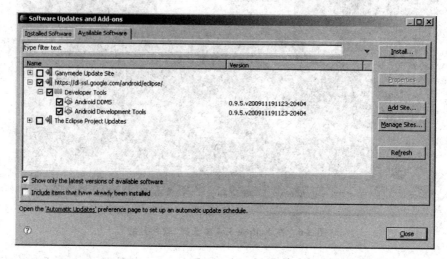

图 3-9 在 Eclipse 3.4 中选择安装 Android 的 DDMS 和 ADT

单击 Install...按钮,继续运行,如图 3-10 所示。

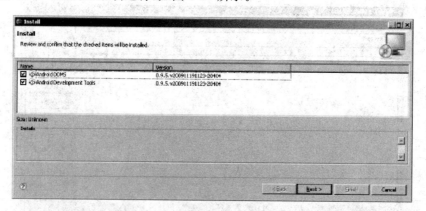

图 3-10 在 Eclipse 3.4 中安装 Android 的 DDMS 和 ADT

单击 Next 按钮,出现如图 3-11 所示的对话框。

选择 I accept the terms of lience agrcements 并单击 Finish 按钮,完成安装之前的配置,进入安装 Android 组件的阶段。

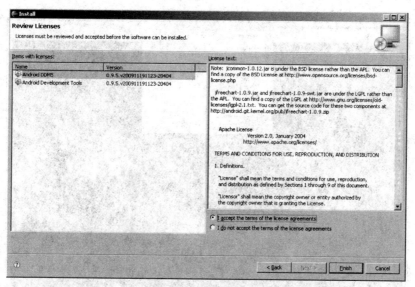

图 3-11　在 Eclipse 3.4 中选择接受 Android 的协议

安装过程要经过寻找依赖和安装两个阶段,如图 3-12 和图 3-13 所示。

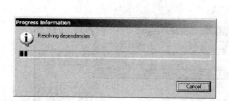

图 3-12　在 Eclipse 3.4 中的寻找依赖阶段

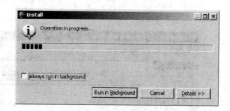

图 3-13　在 Eclipse 3.4 中的安装阶段

　　第 4 步:安装完成,关闭并重新启动 Eclipse。再次进入 Eclipse 3.4 后,发现 ADT 已经被安装。

　　2) 在 Eclipse 3.5(Galileo)中安装 ADT

　　第 1 步:启动 Eclipse,然后选择 Help→Software Updates...,准备安装插件,如图 3-14 所示。

　　第 2 步:出现软件升级对话框,如图 3-15 所示。

　　第 3 步:单击图 3-15 中右侧的 Add Site...按钮,准备增加插件,如图 3-16 所示。

　　在 Add Site 对话框中输入 Android 插件的路径 https://dl-ssl. google. com/android/eclipse/。

　　另外的一种方式是单击 Archive...按钮,不使用网络,直接指定磁盘中的 ADT 包(最新版本是 ADT-0.9.5. zip)。

　　第 4 步:回到软件升级对话框,work with 的路径变为 https://dl-ssl. google. com/android/eclipse/,后面的列表变为 Developer Tools,其中包含两个项目:Android DDMS 和 Android Development Tools,如图 3-17 所示。选择继续安装。

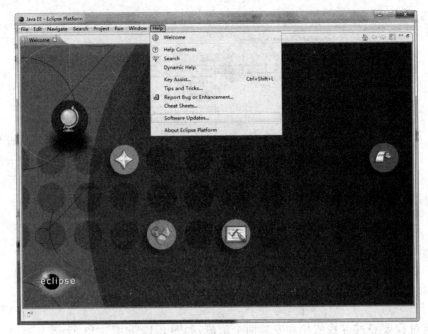

图 3-14　在 Eclipse 3.5 中选择 Software Updates…

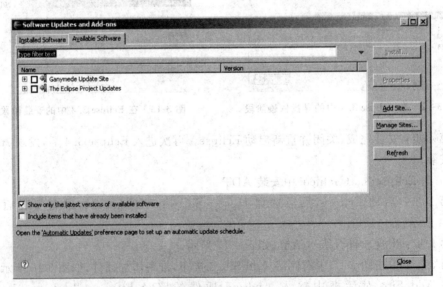

图 3-15　Eclipse 3.5 的软件升级对话框

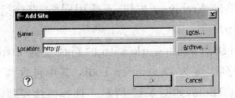

图 3-16　在 Eclipse 3.5 中增加 ADT 插件的路径

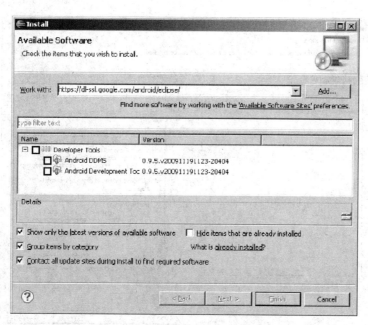

图 3-17　在 Eclipse 3.5 中选择安装 Android 的 DDMS 和 ADT

然后，单击 Finish 按钮，将出现有关安装的详细信息对话框，如图 3-18 所示。

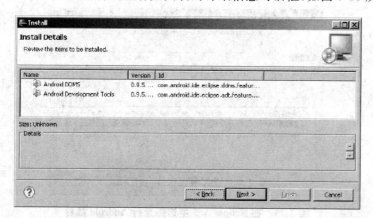

图 3-18　在 Eclipse 3.5 中选择安装 Android 插件

单击 Next 按钮，进行下一步安装。

选择接受安装条件并单击 Finish 按钮，完成安装之前的配置，如图 3-19 所示，进入安装 Android 组件阶段。安装过程如图 3-20 所示。

第 5 步：安装完成，关闭并重新启动 Eclipse。再次进入 Eclipse 3.5 后，发现 ADT 已经被安装。

3.2.5　Android SDK 配置

进入安装 ADT 的 Eclipse 环境后，选择 Window→Preference，然后从左侧的列表选择 Android 项，如图 3-21 所示。

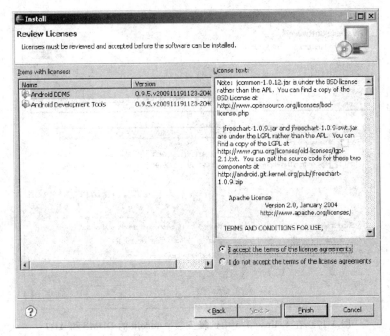

图 3-19　在 Eclipse 3.5 中选择接受安装条件

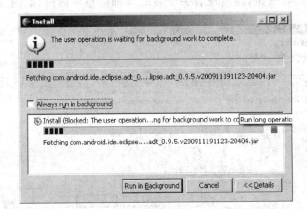

图 3-20　在 Eclipse 3.5 中选择运行 Android 插件

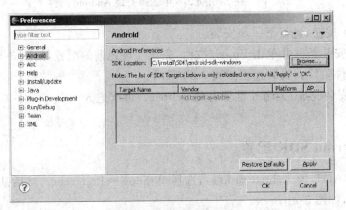

图 3-21　在 Eclipse 中选择 Android SDK 的路径

左侧的 Android 选项是由于安装了 Android SDK 而出现的。

在 SDK Location 选择框中,单击 Browse 按钮,然后选择 Android SDK 的目录,再单击 OK 按钮。

3.3 仿真器环境运行

3.3.1 Android 虚拟设备的建立

为了运行一个 Android 仿真器的环境,首先需要建立 Android 虚拟设备(AVD)。在 Eclipse 菜单中,选择 Window→Android AVD Manager,出现 Android SDK and AVD Manager 窗口,如图 3-22 所示。

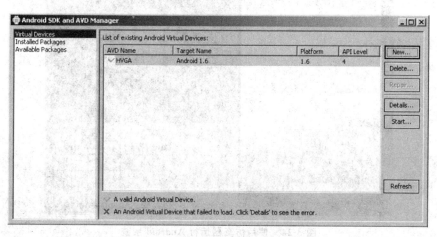

图 3-22 Android SDK 和 AVD 管理器窗口

界面中间的列表表示了目前可以使用的 Android 虚拟设备。在没有虚拟设备的情况下,单击右侧的 New 按钮,然后选择建立一个虚拟设备。

建立新的 Android 虚拟设备的窗口为 Create new AVD,如图 3-23 所示。

Android 虚拟设备的建立包含以下选项。

(1) 名字(Name):该虚拟设备的名称,由用户自定义。

(2) 目标(Target):选择不同的 SDK 版本(依赖于目前 SDK platform 中包含了哪些版本的 SDK)。

(3) SD 卡:模拟 SD 卡,可以选择大小或者一个 SD 卡映像文件。SD 卡映像文件是使用 mksdcard 工具建立的。

(4) 皮肤(Skin):这里"皮肤"的含义其实

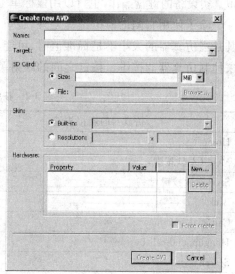

图 3-23 建立新的 AVD

是仿真器运行尺寸的大小,默认的尺寸有 HVGA-P(320×480)、HVGA-L(480×320)等,也可以通过直接指定尺寸的方式确定屏幕大小。

(5) 属性:可以由用户指定仿真器运行时,Android 系统中的一些属性。

3.3.2 虚拟设备的运行

在 Android SDK and AVD Manager 窗口中选择一个设备,然后单击右侧的 Start 按钮,启动虚拟设备,运行一个 Android 系统。一个 HVGA-P(320×480)尺寸仿真器的运行结果如图 3-24 所示。

图 3-24 使用仿真器运行 Android 系统

窗口的左侧是运行的仿真器的屏幕,右侧是模拟键盘。设备启动后,使用右侧的键盘模拟真实设备的键盘操作,也可以用鼠标单击(或者拖曳和长按)屏幕,模拟触摸屏的操作。

除了使用右侧的模拟键盘之外,也可以使用 PC 键盘模拟真实设备的键盘操作。尤其是当仿真器的大小不是标准值时,可能不会出现按键的面板,此时只能使用键盘的按键来控制仿真器的按键。按键之间的映射关系如表 3-2 所示。

表 3-2 按键之间的映射关系

仿真器的虚拟按键	键盘的按键
Home	HOME
Menu(左软按键)	F2 或 Page-up 键
Star(右软按键)	Shift+F2 或 Page Down
Back	ESC
Call/dial button	F3
Hangup/end call button	F4
Search	F5
Power button	F7

续表

仿真器的虚拟按键	键盘的按键
Audio volume up button	KEYPAD_PLUS, Ctrl+5
Audio volume down button	KEYPAD_MINUS, Ctrl+F6
Camera button	Ctrl+KEYPAD_5, Ctrl+F3
切换到上一个布局方向(例如 portrait 和 landscape)	KEYPAD_7, Ctrl+F11
切换到下一个布局方向(例如 portrait 和 landscape)	KEYPAD_9, Ctrl+F12
切换 Cell 网络的开关 on/off	F8
切换 Code profiling	F9
切换全屏模式	Alt+Enter
切换跟踪球(trackball)模式	F6
临时进入跟踪球(trackball)模式(当长按按键的时候)	Delete
DPad left/up/right/down	KEYPAD_4/8/6/2
DPad center click	KEYPAD_5
Onion alpha 的增加和减少	KEYPAD_MULTIPLY(＊)/KEYPAD_DIVIDE(/)

3.3.3　Android 中的工具

在仿真器环境中,可以使用集成的 Android 相关工具。使用方法是:选择 Window→Show View→Other 选项,开启 Android 的各个工具。调用过程如图 3-25 所示。

选择 Android 工具的对话框如图 3-26 所示。

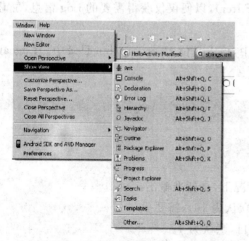

图 3-25　选择 Android 的各个工具

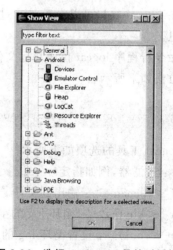

图 3-26　选择 Android 工具的对话框

3.3.4　logcat 工具

Logcat 工具是查看系统 Log 信息的工具,可以获得 Android 系统运行时打印出来的信息,其界面如图 3-27 所示。

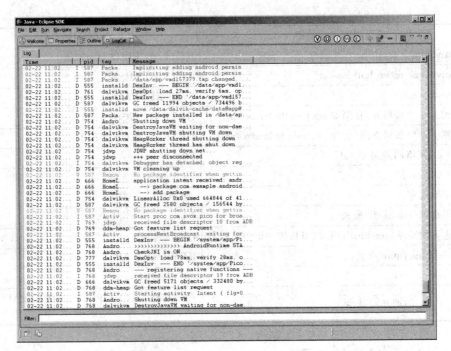

图 3-27　使用 Logcat 工具显示 Log

Logcat 实际上是一个运行在目标系统的工具，也就是一个 Linux 的命令行程序，这时界面中带有 GUI 的效果。Logcat 窗口中记录的信息是实际的 Android 系统打印出来的，包含时间（Time）、级别（Level）、进程 ID（Pid）、标签（tag）、Log 内容（Message）等项目。

在 Logcat 窗口可以设置 Log 过滤器（Filter），以便仅仅获得需要的 Log 信息，屏蔽其他信息。

命令行程序 logcat 位于目标文件系统中，该工具位于 system/bin 目录中。Logcat 的使用方法如下所示。

```
#logcat [options] [filterspecs]
```

logcat 工具的选项如下所示。

-s：过滤器，例如指定'＊:s。

-f ＜filename＞：输出到文件。默认情况下，是标准输出。

-r ［＜kbytes＞］：循环 log 的字节数（默认为 16），需要-f。

-n ＜count＞：设置循环 log 的最大数目，默认为 4。

-v ＜format＞：设置 log 的打印格式。＜format＞ 是下面的一种

```
brief process tag thread raw time threadtime long
```

-c：清除所有 log 并退出。

-d：得到所有 log 并退出（不阻塞）。

-g：得到环形缓冲区的大小并退出。

-b ＜buffer＞：请求不同的环形缓冲区('main'(默认)、'radio'、'events')。

-B：将 log 输出到二进制文件中。

3.3.5　仿真器控制

选择 Emulator Control 项，开启仿真器的控制对话框，界面如图 3-28 所示。

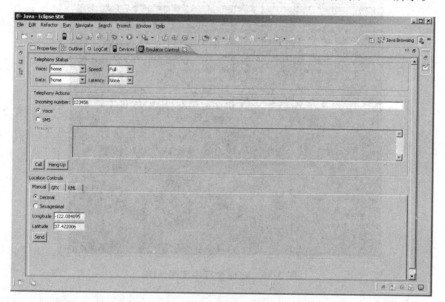

图 3-28　Android 仿真器控制界面

可以模拟打电话、发短信的过程。例如，在 Incoming number 中输入电话号码，然后单击 Call 按钮。

仿真器的运行界面如图 3-29 所示。

图 3-29　Android 仿真器接收来电

接收电话的程序被调用，这里显示的电话号码"1-234-56"是在仿真器控制窗口中设置的。

3.3.6 命令行工具

有一些 Android 工具需要在命令行环境中运行：选择 Windows 的"开始"→"运行"，键入 cmd 并确定，进入命令行界面。主要的命令行工具包括 ADB 和 mksdcard。命令行工具在 Android SDK 的 tools 目录中。使用命令行的窗口如图 3-30 所示。

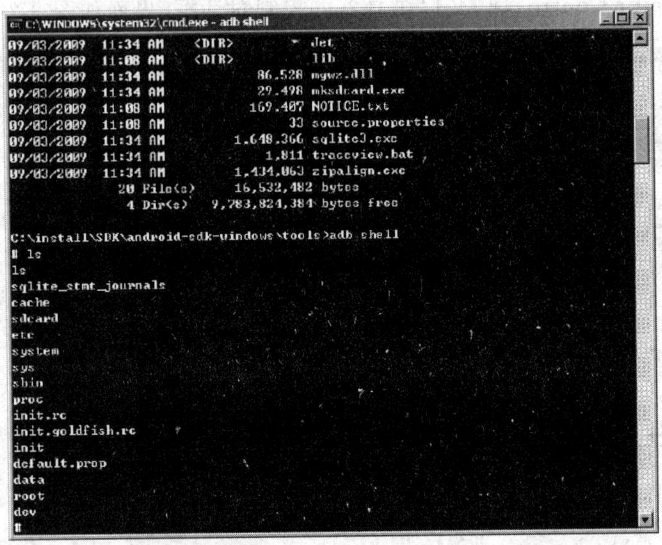

图 3-30　在命令行中使用 ADB

ADB（Android Debug Bridge，Android 调试桥）是 Android 的主要调试工具，它通过网络或者 USB 连接真实的设备，也可以连接仿真器。使用 ADB 进行调试，通常在命令行的界面中。

将出现 shell 提示符，这就是 Android 运行的 Linux 系统中的 shell 终端。在此 shell 提示符后执行 Android 系统提供的 Linux 命令。

使用 ls 命令查看 Android 系统根目录，如图 3-31 所示。

```
# ls -l
drwxrwxrwt    root     root              2009-06-15 02:17 sqlite stmt journals
drwxrwx---    system   cache             2009-06-15 02:18 cache
d---------    system   system            2009-06-15 02:17 sdcard
lrwxrwxrwx    root     root              2009-06-15 02:17 etc -> /system/etc
drwxr-xr-x    root     root              2009-05-28 02:16 system
drwxr-xr-x    root     root              1970-01-01 00:00 sys
drwxr-x---    root     root              1970-01-01 00:00 sbin
dr-xr-xr-x    root     root              1970-01-01 00:00 proc
-rwxr-x---    root     root         9075 1970-01-01 00:00 init.rc
-rwxr-x---    root     root         1677 1970-01-01 00:00 init.goldfish.rc
-rwxr-x---    root     root       106568 1970-01-01 00:00 init
-rw-r--r--    root     root          118 1970-01-01 00:00 default.prop
drwxrwx--x    system   system            2009-05-28 02:49 data
drwx------    root     root              1970-01-01 00:00 root
drwxr-xr-x    root     root              2009-06-15 02:18 dev
```

图 3-31　使用 ls 命令查看 Android 系统根目录

Android 根目录中的主要文件夹与目标系统的 out/target/product/generic/root 内容相对应。此外，etc、proc 等目录是在 Android 启动后自动建立的，system 映像被挂接到根文件系统的 system 目录中，data 映像被挂接到根文件系统的 data 目录中。

使用 ps 命令可以查看 Android 系统的进程，如图 3-32 所示。

```
# ps
USER      PID    PPID     VSIZE RSS WCHAN PC       NAME
root      1      0        280 188 c008de04 0000c74c S /init
root      2      0        0 0 c004b334 00000000 S kthreadd
root      3      2        0 0 c003cf68 00000000 S ksoftirqd/0
root      4      2        0 0 c00486b8 00000000 S events/0
root      5      2        0 0 c00486b8 00000000 S khelper
root      10     2        0 0 c00486b8 00000000 S suspend
root      42     2        0 0 c00486b8 00000000 S kblockd/0
root      45     2        0 0 c00486b8 00000000 S cqueue

root 47 2 0 0 c016f13c 00000000 S kseriod
root 51 2 0 0 c00486b8 00000000 S kmmcd
root 96 2 0 0 c0065c7c 00000000 S pdflush
root 97 2 0 0 c0065c7c 00000000 S pdflush
root 98 2 0 0 c006990c 00000000 S kswapd0
root 100 2 0 0 c00486b8 00000000 S aio/0
root 269 2 0 0 c016c884 00000000 S mtdblockd
root 304 2 0 0 c00486b8 00000000 S rpciod/0
root 540 1 740 328 c003aa1c afe0d08c S /system/bin/sh
system 541 1 808 264 c01654b4 afe0c45c S /system/bin/servicemanager
root 542 1 836 364 c008e3f4 afe0c584 S /system/bin/vold
root 543 1 668 264 c0192c20 afe0cdec S /system/bin/debuggerd
radio 544 1 5392 684 ffffffff afe0cacc S /system/bin/rild
root 545 1 72256 20876 c008e3f4 afe0c584 S zygote
media 546 1 17404 3496 ffffffff afe0c45c S /system/bin/mediaserver
bluetooth 547 1 1168 568 c008de04 afe0d25c S /system/bin/dbus-daemon
root 548 1 800 300 c01f3b04 afe0c1bc S /system/bin/installd

root 551 1 840 356 c00ae7b0 afe0d1dc S /system/bin/qemud
root 554 1 1268 116 ffffffff 0000e8f4 S /sbin/adbd
system 570 545 175652 23972 ffffffff afe0c45c S system server
radio 609 545 105704 17584 ffffffff afe0d3e4 S com.android.phone
app 4 611 545 113380 19492 ffffffff afe0d3e4 S android.process.acore
app 12 632 545 95392 13228 ffffffff afe0d3e4 S com.android.mms
app 4 645 545 97192 12964 ffffffff afe0d3e4 S com.android.inputmethod.latin
app 5 655 545 95164 13376 ffffffff afe0d3e4 S android.process.media
app 7 668 545 97700 14264 ffffffff afe0d3e4 S com.android.calendar
app 11 684 545 94132 12624 ffffffff afe0d3e4 S com.android.alarmclock
```

图 3-32　使用 ps 命令查看 Android 系统的进程

从系统的进程中可以看到，系统 1 号和 2 号进程以 0 号进程为父进程。init 是系统运行的第 1 个进程,即 Android 根目下的 init 可执行程序,这是一个用户空间的进程。kthreadd 是系统的 2 号进程,这是一个内核进程,其他内核进程都直接或间接地以它为父进程。

zygote、/system/bin/sh、/system/bin/mediaserver 等进程是被 init 运行的,因此它们以 init 为父进程。其中,android. process. acore(Home)、com. android. mms 等代表应用程序进程,其父进程都是 zygote。

使用 ADB 连接目标系统终端的方式如下:

```
>adb shell
```

使用 ADB 安装应用程序的方法为:

```
>adb install XXX.apk
```

使用 ADB 在主机和目标机之间传送文件的方法为:

```
>adb push {host_path} {target_path}
>adb pull {target_path} {host_path}
```

mksdcard 是用来建立 SD 卡映像的工具,用于建立一个 FAT32 格式的磁盘映像,其使用方法如下:

```
mksdcard [-l label] <size><file>
```

mksdcard 的参数-l 用于指定磁盘映像的标签;size 用于指定磁盘映像的大小,其后面可以跟 K、M、G 等参数;file 是磁盘映像的文件名称,这个文件也就是在仿真器运行过程中指定的文件。

mksdcard 的一个应用示例如下所示:

```
>mksdcard 128M sdcard.img
```

这表示建立了一个大小为 128M,名称为 sdcard. img 的 FAT32 磁盘映像文件。

3.3.7 设备控制

Device 工具用于进一步控制仿真器的运行状况,在其中可以查看 Heap(堆内存)、Threads(线程)的信息;还具有停止某个进程的运行、截取屏幕等功能。Device 工具的窗口如图 3-33 所示。

单击 Device 窗口工具栏最右侧的 Screen Capture 按钮,打开截取屏幕的窗口,如图 3-33 所示。

图 3-33　Android 的 Device 工具

3.4　Android 中工程案例的建立

3.4.1　工程案例的建立

Android SDK 环境安装完成后,就可以在 SDK 中建立工程并调试了。

建立 Android 工程的步骤如下所述。

(1) 选择 File→New→Project。

(2) 选择 Android→Android Project,如图 3-34 所示,然后单击 Next 按钮。

(3) 选择 the contents for the project。

可以选择新建工程或从源代码建立工程。如果从源代码建立工程,指定目录中需要有 AndroidManifest. xml 文件,如图 3-35 所示。

可以使用 SDK platforms/android-XXX/samples 中的各个子目录建立工程,这是 SDK 自带的示例程序。例如,使用 HelloActivity 示例程序,如图 3-36 所示。

单击 Finish 按钮,工程将被建立。

3.4.2　文件的查看和编辑

建立工程后,可以通过 IDE 环境查看和编辑 Android 应用程序中的各个文件。不同的文件将使用不同的工具查看。

查看 AndroidManifest. xml 文件的情况,如图 3-37 所示。

显示的是以窗口方式查看和更改的 AndroidManifest. xml 中的内容,单击下面的 AndroidManifest. xml 标签将切换到文本模式,使用文本的形式查看和编辑 AndroidManifest. xml 中的内容。

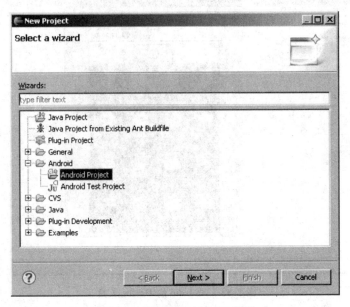

图 3-34　建立新的 Android 工程

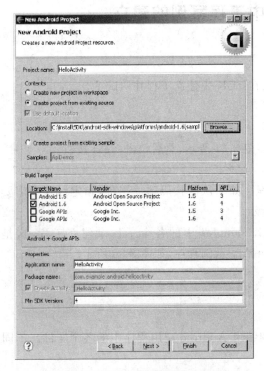

图 3-35　使用已有的示例建立新工程

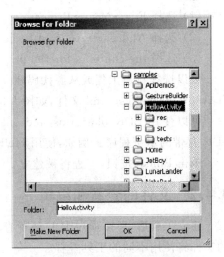

图 3-36　选择工程示例

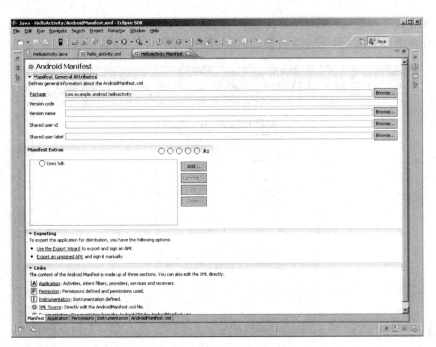

图 3-37　查看和编辑 AndroidManifest. xml 文件

查看和编辑布局文件,如图 3-38 所示。

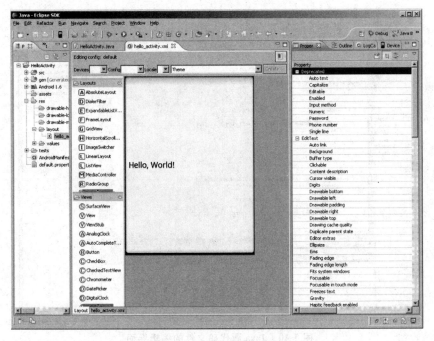

图 3-38　查看和编辑布局文件

　　浏览布局文件是一个更有用的功能,可以直观地查看程序的 UI 布局。单击标签(布局文件的名称),可以切换到文本模式。利用 IDE 的布局查看器,可以在程序没有运行的情况下直接查看和组织目标 UI 界面。

查看各个 value 文件和建立数值,如图 3-39 所示。

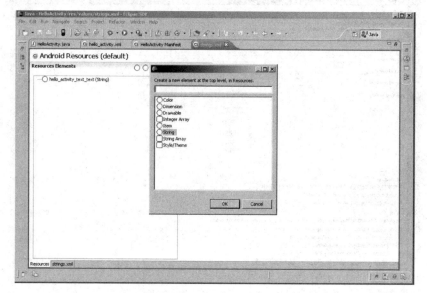

图 3-39 查看各个 value 文件和建立数值

查看各个 Java 源代码文件,如图 3-40 所示。

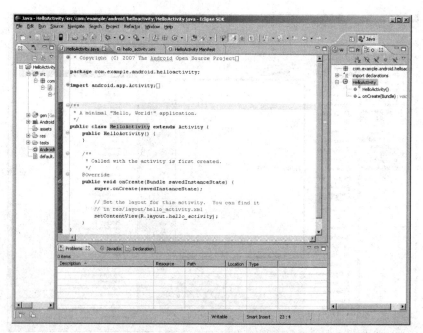

图 3-40 Java 源代码文件的编辑界面

Java 源代码采用文本方式,但是在右边列出了 Java 源代码中类的层次结构。在 IDE 源代码环境开发 Java 程序,还具有自动修正、自动增加依赖包、类方法属性查找等功能。

3.4.3　工程案例的运行

在 Android 中,右击工程名称,然后选择 Run As 或者 Debug As 来运行和调试工程,如图 3-41 所示。

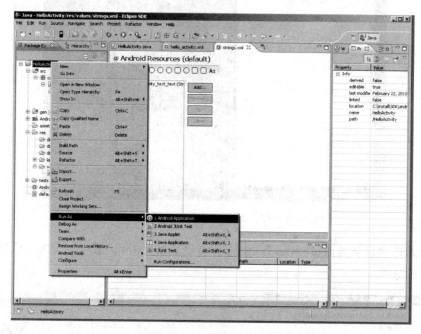

图 3-41　运行 Android 工程

开始运行时,如果已经连接到真实设备或者仿真器设备上,将直接使用这台设备,否则启动新的仿真设备。

开始运行后,在 IDE 下层的控制台(console)标签中,将出现目标运行的 log 信息,以便获取目标运行信息。例如,

```
[HelloActivity]Android Launch!
[HelloActivity]adb is running normally.
[HelloActivity]Performing com.example.android.helloactivity.HelloActivity
activity launch
[HelloActivity]Automatic Target Mode: using existing emulator 'emulator-5554'
running compatible AVD 'HVGA'
[HelloActivity]WARNING: Application does not specify an API level requirement!
[HelloActivity]Device API version is 4 (Android 1.6)
[HelloActivity]Uploading HelloActivity.apk onto device 'emulator-5554'
[HelloActivity]Installing HelloActivity.apk...
[HelloActivity]Success!
[HelloActivity] Starting activity com. example. android. helloactivity.
HelloActivity on device
[HelloActivity] ActivityManager: Starting: Intent { cmp = com. example.
android.helloactivity/.HelloActivity }
```

运行 HelloActivity 程序，界面如图 3-42 所示。

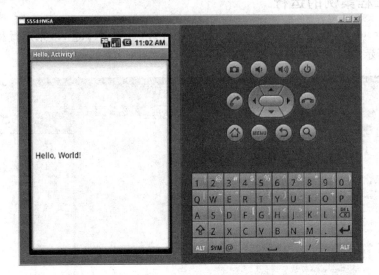

图 3-42　运行 HelloActivity 程序

在运行仿真设备时，选择 Run As 中的 Run Configurations 进一步配置。启动后的界面如图 3-43 所示。

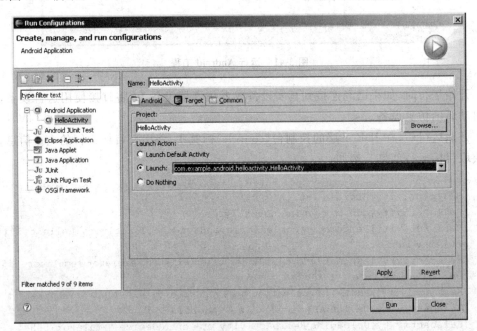

图 3-43　选择工程中运行的动作

在 Android 选项卡中可以选择启动的工程，在"Launch Action（启动活动）"选项中选择启动哪一个活动（Android 的一个工程中可以包含多个活动）。在 Target 选项卡中选择启动时使用的设备。

本 章 小 结

　　Android 开发的第一步是熟悉并搭建 Android 开发环境。本章介绍在 IDE 环境中使用的组织结构、Android SDK 结构、安装 JDK 基本环境、安装 Eclipse、获得 Android SDK、在 Eclipse 中安装 ADT、在 Eclipse 中配置 Android SDK、在 Android 中运行仿真器环境、建立 Android 虚拟设备、运行虚拟设备、Android 中的工具、仿真器控制、命令行工具、设备控制等内容,最后在 Android 中建立工程案例。

第二篇

核 心 篇

- ■ 3G 核心网络技术
- ■ Android 系统管理
- ■ Android NDK 开发

第4章

3G 核心网络技术

核心网的功能主要是提供用户连接、管理用户以及承载业务，并作为承载网络，提供到外部网络的接口。本章将介绍三种 3G 移动通信主流技术标准：WCDMA、CDMA 2000 和 TD-SCDMA 的技术体制和优势，并进行比较。除此之外，还将介绍无线网络设计的一般流程及方法，3G 核心网规划与设计的方法以及关键性能指标。

> **本章主要内容**

- 3G 移动通信技术标准；
- 3G 无线网络设计与优化；
- 3G 核心网规划与设计。

4.1 3G 移动通信技术标准

第一代移动通信系统采用频分多址（FDMA）的模拟调制方式。这种系统的主要缺点是频谱利用率低，信令干扰话音业务。第二代移动通信系统主要采用时分多址（TDMA）的数字调制方式，提高了系统容量，并采用独立信道传送信令，使系统性能大为改善。但 TDMA 的系统容量有限，越区切换性能不完善。第三代移动通信系统采用 CDMA（Code Division Multiple Access，码分多址）技术，具有频率规划简单、系统容量大、频率复用系数高、抗多径能力强、通信质量好、软容量、软切换等特点，显示出巨大的发展潜力。

3G 移动通信主流技术标准主要有以下三种。

（1）欧洲提出的国际标准 WCDMA，中国联通采用该技术。

（2）美国提出的国际标准 CDMA 2000，中国电信采用该技术。

（3）中国提出的国际标准 TD-SCDMA，中国移动采用该技术。

4.1.1 WCDMA 移动通信标准

1. WCDMA 的概念

WCDMA 全称为 Wideband CDMA，也称为 CDMA Direct Spread，意为宽频分码多重存取。这是基于 GSM 网发展而来的 3G 技术规范，是欧洲提出的宽带 CDMA 技术，与日本提出的宽带 CDMA 技术基本相同。其支持者主要是以 GSM 系统为主的欧洲厂商，日本公司或多或少参与其中。这套系统能够架设在现有 GSM 网络上，对于系统提供商而言可以较轻易地过渡。

该标准提出了 GSM(2G)→GPRS→EDGE→WCDMA(3G) 的演进策略。GPRS 是 General Packet Radio Service(通用分组无线业务)的简称,EDGE 是 Enhanced Data rate for GSM Evolution(增强数据速率的 GSM 演进)的简称,这两种技术被称为 2.5 代移动通信技术。

2. WCDMA 的技术体制

WCDMA 核心网基于 GSM/GPRS 网络演进,保持与 GSM/GPRS 网络的兼容性。核心网络逻辑上分为电路域和分组域两部分,分别完成电路型业务和分组型业务。UTRAN (UMTS Terrestrial Radio Access Network,UMTS 陆地无线接入网)基于 ATM 技术统一处理语音和分组业务,并向 IP 方向发展。MAP 技术和 GPRS 隧道技术是 WCDMA 体制移动性管理机制的核心。

空中接口特性如下所述。

① 基站同步方式:支持异步和同步的基站运行方式,灵活组网。

② 信号带宽:5/10/20MHz。

③ 多址接入:DS-CDMA。

④ 码片速率:4.096/8.192/16.384Mc/s。

⑤ 帧长:10ms/20ms(可选)。

⑥ 发射分集方式:TSTD(时间切换发射分集)、STTD(时空编码发射分集)、FBTD(反馈发射分集)。

⑦ 信道编码:卷积码和 Turbo 码。

⑧ 数据调制方式:BPSK(上行链路)和 QPSK(下行链路)。

⑨ 功率控制:开环和快速闭环(1.6Hz)功率控制。

⑩ 越区切换:软切换/频率间切换。

⑪ 小区搜索方案:3 步码捕获方案。

⑫ 基站间定时:异步/同步(可选)。

3. WCDMA 的技术优势

从技术角度分析,WCDMA 具有业务灵活、频谱效率高、容量和覆盖范围广、每个连接可提供多种业务、网络规模经济等多种技术优势。

1)业务灵活性高

WCDMA 允许每个 5MHz 载波处理 8Kb/s～2Mb/s 的混合业务。另外,在同一条信道上,既可以处理电路交换业务,也可以处理分组交换业务;利用在单一终端上进行多个电路和分组交换连接,实现真正的多媒体业务;支持不同质量要求的业务(例如话音和分组数据),并保证高质量和完美地覆盖。

2)频谱效率高

WCDMA 能够高效利用可用的无线电频谱。由于它采用单小区复用技术,因此不需要频率规划。利用分层小区结构、自适应天线阵列和相干解调(双向)等技术,网络容量大幅提高。

3)容量和覆盖范围广

WCDMA 射频收发信机能够处理的话音客户是典型窄带收发信机的 8 倍。每个射频载波处理 80 个同时的话音呼叫,或每个载波处理 50 个同时的 Internet 数据用户。在城市和郊区,WCDMA 的容量差不多是窄带 CDMA 的 2 倍。

4)每个连接可提供多种业务

WCDMA 符合真正的 UMTS/IMT-2000 要求。分组和电路交换业务可在不同的带宽内自由混合,并可同时向同一用户提供。每个 WCDMA 终端能够同时接入多达 6 个不同业务,包括话音、传真、电子邮件和视频等数据业务的组合。

5)网络规模经济

WCDMA 接入网络与 GSM 核心网络之间的链路使用最新的 ATM 模式微型小区传输规程。这种高效地处理数据分组的方法将标准 E1/T1 线路的容量提高到大约 300 个话音呼叫,而现在的网络只有 30 个话音呼叫。

此外,WCDMA 具有卓越的话音能力、无缝的 GSM/UMTS 接入、快速业务接入、低风险成熟技术和终端的经济性、简单性等。WCDMA 终端要求的信号处理大约是其他两种制式的 1/10,因此 WCDMA 终端更简单、更经济,更易于大量生产,可以带来更高的规模经济和更多的竞争,使用户获得更大的选择余地。

4.1.2　CDMA 2000 移动通信标准

1. CDMA 2000 的概念

CDMA 2000 的全称是 Code Division Multiple Access 2000,与 WCDMA 一样,都是由窄带 CDMAOne(CDMA IS-95)技术发展而来的宽带 CDMA 技术,也称为 CDMA Multi-Carrier,由美国高通北美公司为主导提出。

CDMA 2000 的正式标准是在 2000 年 3 月通过的。它原意是把 CDMA 2000 分为多个阶段来实施,第一个阶段称为 CDMA 2000 1X,第二个阶段称为 CDMA 2000 3X。1X 的意思是使用与 IS-95 相同的一个 1.25MHz 频宽的载波;3X 意味着三个载波。

随着一种被称为 HDR(High Data Rate)的新技术的出现,它通过更高效的更能符合分组数据传输特点的调制方式,使系统对数据速率的支持达到了前所未有的 2.4Mb/s。优异的性能,使 CDG(CDMA Development Group)组织于 2000 年 6 月决定向 3GPP2 提出建议,把它作为 CDMA 2000 1X 演进的另一条路径,并正式命名为 1xEV(1X Evolution)。1xEV 的演进又被划分为两个发展阶段,第一阶段称为 1xEV-DO。1xEV-DO 中的 DO 意指"Data Only",它使运营商利用一个与 IS-95 或 CDMA 2000 相同频宽的 CDMA 载频实现高达 2.4Mb/s 的前向数据传输速率。目前已被国际电联 ITU 接纳为国际 3G 标准,并具备商用化条件。第二阶段称为 1xEV-DV。1xEV-DV 中的 DV 意为 "Data and Voice"。它可以在一个 CDMA 载频上同时支持话音和数据业务。2001 年 10 月,3GPP2 决定 1xEV-DV 标准以朗讯、高通等公司为主提出的 L3NQS 标准为框架,吸收摩托罗拉、诺基亚等公司提出的 1xTREME 标准的部分特点,最终的标准于 2002 年 6 月确定下来。1xEV-DV 提供 6Mb/s 甚至更高的数据传输速率。

2. CDMA 2000 的技术体制

CDMA 2000 体制是在 IS-95 标准基础上提出的。3G 标准的标准化工作由 3GPP2 完成。电路域继承 2G IS-95,CDMA 网络引入以 WIN 为基本架构的业务平台。分组域是基于 Mobile IP 技术的分组网络。无线接入网以 ATM 交换机为平台,提供丰富的适配层接口。

空中接口特性如下所述。

(1) 信号带宽:1.25/5/10/15/20MHz。

(2) 多址接入:DS-CDMA/Multicarrier CDMA。

(3) 码片速率:直接序列扩频 1.2288/3.6864/7.3728/11.0593/14.7456Mcps 多载波 $n \times 1.2288$Mcps($n=1,3,6,9,12$)。

(4) 帧长:20ms(数据和控制信息)或 5ms(基本信道和专用控制信道的控制信息)。

(5) 数据调制方式:BPSK(上行链路)和 QPSK(下行链路)。

(6) 功率控制:开环和快速闭环(800Hz)功率控制。

(7) 越区切换:软切换/频率间切换。

(8) 小区搜索方案:搜索广播公共导频信道。

(9) 基站间定时:同步。

3. CDMA 2000 的技术优势

CDMA 2000 的技术优势主要体现在以下几个方面。

1) 能充分利用现有的网络资源

由于 1X 和 EV-DO 流量通过相互独立的空中链路传输,运营商在优化其数据业务网络时不会影响语音服务的质量,反之亦然。即便运营商面临数据拥塞的问题,也不会对语音网络的质量造成任何影响。

在部署新的无线技术之前,运营商可以采取几个步骤来充分利用现有的网络资源。下面是应最先采取的几个步骤,这些步骤有几个重要的特征。尤其值得注意的是,采取这些措施只需要增加很少量的工作(例如改变网络参数设置),并且完全符合现行标准。

(1) 选择适当的休眠计时器设置:运营商可以调节各种网络参数设置,其中一个最重要的设置是休眠计时器设置。计时器决定没有数据活动的终端(如智能手机)应该什么时候断开其网络连接,从而释放资源,供其他终端使用。

(2) 利用动态负载均衡:虽然 DO 增强型提供更精密的负载均衡特性,但有一些相对简单的负载均衡技术可以在现有网络上实施。通常,一部移动终端只基于前向链路信道的质量来选择无线载波,而反向链路信道的质量只要是可接受的就可以。虽然这种方法可以识别出具有最佳信道质量的扇区,但并不考虑每个扇区承载的流量。

(3) 利用 EVRC-B 编解码器:1X 增强型的一个关键特性是 EVRC-B(增强型可变速率编解码器—版本 B)语音编解码器。此编解码器可以在不影响网络容量的同时提升语音质量,也可以在不牺牲质量的同时增加语音容量。EVRC-B 现已被用在商用终端和芯片中,但有些运营商还没有在其网络基础设施中部署必要的软件(例如 1XBSC)来发挥其优势。

(4) 降低开销和优化其他网络参数设置:例如,利用快速寻呼信道特性,移动终端在发送寻呼信道消息的第一个时隙前醒来,查看网络是否在试图发送该消息。如果队列中没有消息,移动终端将回到睡眠状态,直到下一个快速寻呼信道消息发送时再醒来。虽然这个特性并不能减少信令流量或者提高网络性能,但可以延长电池使用时间。

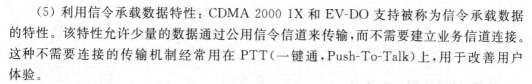

（5）利用信令承载数据特性：CDMA 2000 1X 和 EV-DO 支持被称为信令承载数据的特性。该特性允许少量的数据通过公用信令信道来传输，而不需要建立业务信道连接。这种不需要连接的传输机制经常用在 PTT（一键通，Push-To-Talk）上，用于改善用户体验。

2）能通过增强技术特性改善网络状况

CDMA 2000 1X 增强型采用一系列新的技术大幅度提高网络容量，这些技术包括前反向干扰消除、第四代声码器、终端接收分集、新的无线配置（物理层的改进）等。根据各种仿真研究结果，1X 增强型使运营商将语音容量增加 4 倍，或将网络覆盖范围增加 70%，或将 1X 数据网络的容量增加 3 倍。1X 增强型对性能的提升是通过改进移动终端与新的基站调制解调器实现的，并确保前反向的兼容性。利用增加的容量，运营商释放出一些频谱，用于新的移动宽带业务。

3）能平滑过渡，兼容性高

EV-DO 技术的基本思想是把语音业务和数据业务分别放在两个独立的载波上承载，极大地简化了系统软件的设计难度，避免了复杂的资源调度算法。

EV-DO 虽然使用单独的载波传输数据，但是从射频角度来看，IS-95/2000 1X 与 EV-DO 是完全兼容的。这意味着基站的射频器件与 IS-95/2000 1X 系统可以相同，设备制造商可以不改变设备元器件生产和采购方法，运营商可以在现有网络升级时使用现有的 IS-95/2000 1X 射频部分，在很大程度上保护了之前的投资。

EV-DO 技术提高了空中接口的传输速率。它采用速率控制而不是功率控制，可以始终使用最大功率发射前向链路信号，提高了可靠性；运用特有的调度算法，合理处理小区内多个终端的业务竞争。

CDMA 2000 能实现对 IS-95 系统的完全兼容，技术延续性好，可靠性较高，也使 CDMA 2000 成为从第二代向第三代移动通信过渡最平滑的选择。由于所采用的基本技术始终为 CDMA，单个载波信道占用的带宽始终为 1.25MHz，因此 IS-95、CDMA 2000 1X、1xEV 的演进路线清晰。无论是移动终端还是基站，都能够前、后向兼容，是一种真正意义的平滑过渡。所以，CDMA 2000 技术是一种最大程度考虑了运营商投资利益的技术标准，它使现有 IS-95 运营商获取最大程度的投资保护，且非常平滑地过渡到第三代移动通信系统，并针对不同的最终用户群体提供灵活的业务选择，使他们各取所需，给运营商带来最大的投资回报。

4.1.3　TD-SCDMA 移动通信标准

1. TD-SCDMA 的概念

TD-SCDMA 全称为 Time Division-Synchronous CDMA（时分同步 CDMA），是由中国大陆自主制定的 3G 标准。1999 年 6 月 29 日，由中国原邮电部电信科学技术研究院（大唐电信）向 ITU 提出。该标准将智能无线、同步 CDMA 和软件无线电等国际领先技术融于其中，在频谱利用率、对业务支持的灵活性、频率灵活性及成本等方面具有独特优势。另外，由于中国庞大的国内市场，该标准受到各大主要电信设备厂商的重视，全球一半以上的设备厂商都宣布可以支持 TD-SCDMA 标准。该标准提出不经过 2.5 代的中间环节,直接向 3G 过渡,非常适用于 GSM 系统向 3G 升级。

TD-SCDMA 是第一个由中国提出的,以中国知识产权为主的、被国际上广泛接受和认可的无线通信国际标准。

2. TD-SCDMA 的技术体制

TD-SCDMA 采用的关键技术有:智能天线＋联合检测、多时隙 CDMA＋DS-CDMA、同步 CDMA、信道编译码和交织、接力切换等。

TD-SCDMA 的设计参照了 TDD 在不成对频带上的时域模式。TDD 模式是基于在无线信道时域里周期地重复 TDMA 帧结构实现的。这个帧结构再分为几个时隙,在 TDD 模式下,可以方便地实现上/下行链路间的灵活切换,是集 CDMA、TDMA、FDMA 技术优势于一体,系统容量大,频谱利用率高,抗干扰能力强的移动通信技术。

TD-SCDMA 在上/下行链路间的时隙分配可以被一个灵活的转换点改变,以满足不同的业务要求。这样,运用 TD-SCDMA 技术,通过灵活地改变上/下行链路的转换点,可以实现所有 3G 对称和非对称业务。合适的 TD-SCDMA 时域操作模式可自行解决所有对称和非对称业务,以及任何混合业务的上/下行链路资源分配问题。

TD-SCDMA 的无线传输方案灵活地综合了 FDMA、TDMA 和 CDMA 等基本传输方法,通过与联合检测相结合,它在传输容量方面表现非凡。通过引进智能天线,容量进一步提高。智能天线凭借其定向性,降低了小区间频率复用产生的干扰,并通过更高的频率复用率提供更高的话务量。基于高度的业务灵活性,TD-SCDMA 无线网络通过无线网络控制器(RNC)连接到交换网络,如同第三代移动通信中对电路和分组交换业务定义的那样。在最终的版本里,让 TD-SCDMA 无线网络与 Internet 直接相连。

TD-SCDMA 呈现的先进的移动无线系统是针对所有无线环境下对称和非对称 3G 业务设计的,它运行在不成对的射频频谱上。TD-SCDMA 传输方向的时域自适应资源分配可取得独立于对称业务负载关系的频谱分配的最佳利用率。因此,TD-SCDMA 通过最佳自适应资源分配和最佳频谱效率,支持速率 8Kb/s~2Mb/s 的语音、互联网等所有 3G 业务。

空中接口特性如下所述。

(1) 空中接口:TD-SCDMA。

(2) 信号带宽:1.6MHz。

(3) 码片速率:1.28Mcps。

(4) 扩频方式:DS SF＝1/2/4/8/16。

(5) 调制方式:QPSK/8PSK。

(6) 交织:10/20/40/80ms。

(7) 帧长:10ms(包含 2 个 5ms 子帧)。

(8) 时隙数:7。

(9) 上行同步精度:1/8 chip。

3. TD-SCDMA 的技术优势

TD-SCDMA 的无线传输方案灵活地综合了 FDMA、TDMA 和 CDMA 等基本传输方法。通过与联合检测相结合，它在传输容量方面表现非凡。通过引进智能天线，容量进一步提高。相对于其他两种主流方案，TD-SCDMA 技术的主要优势如下所述。

1）频谱利用率高

由于 TD-SCDMA 采用 CDMA 和 TDMA 的多址技术，使其在传输中很容易设置上行和下行链路的转换点，以针对不同类型的业务，类似于可根据交通流量控制红绿灯转换的时间间隔。

2）支持多种通信接口

由于 TD-SCDMA 同时满足 Iub、A、Gb、Iu、IuR 多种接口的要求，所以 TD-SCDMA 的基站子系统既可作为 2G 和 2.5G 的 GSM 基站的扩容，又可作为 3G 网中的基站子系统，兼顾现在的需求和长远的发展。

3）频谱灵活性强

由于 TD-SCDMA 第三代移动通信系统频谱灵活性强，仅需单一 1.6Mb/s 频带就可满足速率达 2Mb/s 的 3G 业务需求，而且非常适合非对称业务的传输。

4）系统性能稳定

由于 TD-SCDMA 收发在同一频段上，使上行链路和下行链路的无线环境一致性很好，更适合使用新兴的智能天线技术；由于利用 CDMA 和 TDMA 结合的多址方式，更利于采用联合检测技术。这些技术都能减少干扰，提高系统性能的稳定性。

5）能与传统系统兼容

TD-SCDMA 能够实现从现有通信系统到下一代移动通信系统的平滑过渡，支持现有覆盖结构，信令协议后向兼容，网络不再需要引入新的呼叫模式。

6）支持高速移动通信

在 TD-SCDMA 系统中，基带数字信号处理技术基于智能天线和联合检测技术，受限于设备基带数字信号处理能力和算法复杂性之间的矛盾。该技术确保 TD-SCDMA 系统在移动速度 250km/h 和 UMTS(3GPP) 移动环境下，可以正常工作。

7）系统设备成本低

由于 TD-SCDMA 上、下行工作于同一频率，对称的电波传播特性使之便于利用智能天线等新技术，达到降低成本的目的。在无线基站方面，TD-SCDMA 的设备成本至少比 UTRA TDD 低 30%。

8）支持与传统系统间的切换功能

TD-SCDMA 技术支持多载波直接扩频系统，可以再利用现有的框架设备、小区规划、操作系统、账单系统等。在所有环境下，支持对称或不对称的数据速率。

4.1.4　三种 3G 移动通信技术比较

三种移动通信技术的主要差别表现在以下几个方面。

1. 频率规划

第三代移动通信系统的频率规划为：1900～2025MHz(上行 FDD)、2110～2170MHz

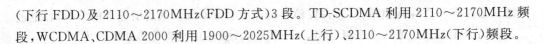
(下行 FDD)及 2110～2170MHz(FDD 方式)3 段。TD-SCDMA 利用 2110～2170MHz 频段,WCDMA、CDMA 2000 利用 1900～2025MHz(上行)、2110～2170MHz(下行)频段。

2. 采用的双工模式

TDD(时分双工)适用于高密度用户地区、城市及近郊区的局部覆盖。无线传输技术不需要成对频率,具有频谱安排灵活性,适合对称和不对称即语音和第三代移动通信要求的移动数据(或 IP)业务,即提高了频谱利用率。TD-SCDMA 采用 TDD 模式。FDD(频分双工)适合于大区域的全国系统,适合于对称业务,如话音、交互式实时数据业务等。WCDMA、CDMA 2000 采用 FDD 模式。

3. 提高利用率技术

TD-SCDMA 采用空分多址(SDMA)、码分多址(CDMA)、频分多址(FDMA)、时分多址(TDMA)相结合的多址技术,采用智能天线、联合检测、上行同步技术,消除扇区间(INTERCELL)和扇区内(INTRACELL)的同信道干扰(CCI)、多址干扰(MAD)和码间干扰(ISI),缩短频率复用距离,提高了频谱利用率,降低设备成本。WCDMA、CDMA 2000 采用码分多址、频分多址相结合的多址技术,采用智能天线导频符号辅助相干检测的多用户检测,上、下行同步技术,消除各种干扰,提高频谱利用率。

4. 信道分配

3G 系统采用的 CDMA 技术中,用户间信息的交换都是占有共同信道,因此不会采用FCA(固定信道分配),而是将 DCA(动态信道分配)和 RCA(随即信道分配)结合使用。由于全 IP 移动骨干网络能更有效地传输非连续话务(包交换),而分组交换的特性使提高无线频谱利用率更容易实现,信道分配有更多的自由空间。虽然 3G 系统主要选择 DCA分配方式,但因每个数据包的长度有限,所以无线资源管理没有足够的时间传送信道质量信息,给动态分配造成困难。此时采用 RCA 分配方式变得尤其重要。TD-SCDMA 中采用的 DCA 分配方式可在空域、频域、时域和码域进行信道动态分配,根据实时测试的信道质量选择空闲信道,保证有效利用信道,提高网络系统容量,同时保证通信质量,但TD-SCDMA 对设备的要求较高。

5. 切换

在 3G 系统中,软切换是 CDMA 技术普遍采用的切换技术,对提高网络容量,保证通信质量起着关键作用。WCDMA 在扇区间和小区间采用软切换,载频间采用硬切换。WCDMA 的基站不需要同步,因此不需要外部同步资源,如 GPS。CDMA 2000 在扇区间采用软切换,小区间也采用软切换,载频间采用硬切换,基本信道的软切换类似于 IS-95的软切换,与 WCDMA 相近。TD-SCDMA 采用接力切换技术,它不同于传统的软切换和硬切换,可以工作在同频和异频状态,利用已知的移动台用户位置(采用用户定位业务)。

三种移动通信技术不仅可以解决频谱资源不足造成的容量问题,满足用户密集区的移动通信需求,还可以为最急需的用户提供第三代业务。所有这些都将确保 3G 技术在未来的市场上有强大的竞争力。

4.2　3G 无线网络设计与优化

4.2.1　无线网络设计的一般流程

3G 无线网络规划是针对需要规划的无线网络特性以及网络规划的需求,对可能的网络配置和网络设备数量进行估计,设定相应的工程参数和无线资源参数,在满足一定信号覆盖、系统容量和业务质量要求的前提下,使网络工程成本最低。无线网络特性决定了网络规划的重点和难点。网络规划的需求包括运营商的要求、网络运行环境、无线业务需求等。其中,运营商的要求对无线网络规划具有指导意义。网络规划流程如图 4-1 所示。

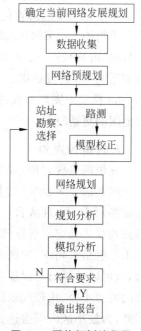

图 4-1　网络规划流程图

在无线网络规划流程中,确定当前网络的发展规划是第一步;然后,根据需求收集相应的数据后,进行网络预规划,即对网络做规模预算,为工程造价评估和网络应标提供依据。确定候选站址后,需要对每个候选站址做实地勘察,选择合适的站址。勘察站址时做的路测分析可用于校正传播模型。在网络规划阶段,通过设置工程参数和系统参数,实施预规划。预规划完成后,通过规划分析和模拟分析,判断预规划是否符合要求。如果不符合,要重新规划,甚至重新选择站址。如此反复,直到满足要求为止。规划结束后,需要输出相应的报告,用于指导工程实施。工程实施的结果肯定会与规划有出入,需要不断地修正规划。这是一个完整的无线网络规划流程,下面详细介绍网络规划各环节的具体工作。

1. 网络发展规划

系统运营商和系统制造商需要召开会议,共同讨论、确定网络发展规划的内容,包括项目时间计划、项目的设计要求、项目的各种限制条件等。

在网络规划项目设计要求中,网络系统容量要求和系统覆盖要求是首要的。由于网络规划的特殊性,系统容量和系统覆盖与不同的业务相关联,因此在制定项目的设计要求时,应该与每种业务相对应,例如确定不同业务的阻塞率要求、不同业务的覆盖比例要求、重点保证何种业务的覆盖等。

2. 收集相关数据

为了设计出适应当地通信环境的符合设计要求的网络,需要对当地进行全面、详尽的调查,相关数据包括如下所述。

(1) 地理信息:包括地域信息、边界信息、区域内的地物及地形、区域的人为环境分类、城市规划资料等。

(2) 业务需求信息(即业务模型):通过不同类型区域的业务分布,建立相应的业务模型。预测的依据来自人口密度、收入水平、消费习惯、经济发展前景、固定电话和移动电话的装机量及话务量。

（3）可用站址信息。

（4）系统性能指标：包括设备灵敏度、各种业务质量目标值要求、天线数据、部件数据、系统增益、系统控制策略等。

（5）电波传播环境调查：包括干扰调查（频段内频率使用情况）、现有移动网服务区域服务质量调查、评估现有话务密度分布调查等。

（6）电子地图：地图格式决定数据存放的形式。格式不同，数据的存放形式可能不同。电子地图中的内容包括数字高程模型（DEM）（必需）、地物覆盖模型（DOM）（必需）、线状地物模型（LDM）矢量（必需）、建筑物空间分布模型（BDM）、建筑物的平面位置和高度数据（可选）等。数字地图为适应不同的应用环境，有不同的精度，如密集城区微蜂窝环境使用的 5m 精度地图、一般城区宏蜂窝环境使用的 20m 精度地图、郊区宏蜂窝环境使用的 50m 精度地图以及农村宏蜂窝环境使用的 100m 精度地图。使用电子地图时，还要了解地图的更新时间。

3. 网络预规划

在做网络规划前，需要进行网络预规划。网络预规划是预先估计和确定网络规模，即整个网络需要多少基站、多少小区等。网络规模直接由两个方面决定：一是由于覆盖受限而必须要的小区数目；二是由于小区容量受限而必须要的小区数目。覆盖受限可通过链路预算来确定。链路预算是对一条通信链路中各种损耗和增益的核算。如果已知或估计出发射信号功率、发射端和接收端的增益与损耗、干扰功率、接收信号的质量门限等参数，就可以计算出为保证接收质量而最大允许的路径损耗，用传播模型反推即得到最大允许的覆盖半径，比较规划区的面积和单小区覆盖的面积即估算出需要的基站和小区数目。另外，为使小区内覆盖达到一定的比例，需要考虑无线边缘覆盖率（区域、边缘），预留阴影衰落余量。

容量受限估计一般通过仿真分析，得到单个小区能提供的容量，将整个网络需要提供的容量与单个小区可以提供的容量相比较，得到需要的小区数目。最后比较由于两种限制而需要的基站和小区数目，取其中大的数目，得到网络总规模的预测值。

4. 候选站址选择

站址选择在整个网络规划过程中是非常关键的。工作站址选择合理，规划时只需要微调参数就可以满足要求；反之，如果站址选择不合理，常常导致规划性能不佳，甚至重新选择站址，使前一阶段的规划工作作废。

基站布局要考虑相关的制约因素，如小区覆盖、业务分布、建站条件、经济考虑等。站址选择与勘察时要了解一些注意事项，如选择交通方便、市电可靠、环境安全及占地面积小的地方。在建网初期设站较少时，选择的站址应保证重要用户和用户密度大的市区有良好覆盖。在不影响基站布局的前提下，应尽量选择现有站址作为候选站址，并利用其机房电源及铁塔等设施。

避免在雷达站附近设站。如要设站，应采取措施防止干扰并保障安全。避免在高山上设站。高站干扰范围大,在农村高山设站往往对处于小盆地的乡镇覆盖不好。避免在树林中设站。如要设站,应保持天线高于树顶。

在市区基站中,对于宏蜂窝区($R=1\sim3km$)基站,宜选高于建筑物平均高度(高约10m),但低于最高建筑物的楼房作为站址。对于微蜂窝区基站,选低于建筑物平均高度的楼房设站,且四周建筑物屏蔽较好。避免选择今后可能有新建筑物影响覆盖区的站址。

另外,需考察有无良好的建站条件。例如,楼内是否有可用的市电及防雷接地系统,楼面负荷是否满足工艺要求,楼顶是否有安装天线的场地等。从成本方面出发,需要考虑选择机房改造费低、租金少的楼房作为站址。

在进行工程勘察的同时,需要根据不同的环境选用不同的传播模型,并用测试数据校正传播模型参数。在准平坦地形的条件下,只要实测数据对于预测数据的标准偏差不大于 8dB(对于丘陵地形,不大于 11dB),实测数据均值相对于预测数据均值偏差不大于 3dB,即可认为该模型是可用的。

5. 基站天线工程

选择基站天线时,需要确定的关键参数有:天线增益、前后比、波束宽度、极化参数等。对于不同类型的基站,需要选择不同类型的天线。选择的依据就是上述技术参数,比如全向站,采用各个水平方向增益基本相同的全向型天线;定向站采用水平方向增益有明显变化的定向型天线。

在人口比较密集的城区,为了保证容量需求,一般来讲,基站的布局比较紧凑。这时首先需要考虑的是系统的干扰问题,而覆盖不是主要受限因素。为了减少系统的干扰,通常采用增益比较低且水平波瓣角较小的定向天线,使其对其他基站的干扰降低到最小程度。

在人口较少的郊区,为了保证覆盖以及减少对城区的干扰,通常不同的小区采用不同的定向天线。面向城区的小区一般采用增益较小且水平波瓣角较小的天线;当和城区距离较远时,可不用这样考虑;面向非城区的小区一般采用增益较大的天线。

在农村地区考虑的主要是覆盖问题,这时一般采用全向天线或高增益的定向天线。

在解决干扰、话务均衡、室内覆盖、山腰覆盖、山脚覆盖等问题时,调整天线下倾是经常采用的方法。为降低干扰,天线方位角(小区方向)总体保持一致,但可根据具体的话务分布局部调整。

6. 网络规划

对采用 CDMA 技术的小区覆盖进行规划时,可在考虑基站分布的基础上规划合适的导频信道发射功率等参数。

相邻小区列表用于小区重选和小区切换。在设置相邻小区时,遵循以下原则。

(1) 小区间有共同的服务区域。

(2) 相邻小区设置有利于小区负荷均衡。

(3) 相邻小区设置有利于降低掉话率。

(4) 小区码资源规划:小区码资源规划主要是指下行扰码规划。

上述内容称为网络规划。根据网络规划的设置,工程人员分别完成公共导频信道的覆盖分析、各种切换区域的分析、各种业务覆盖情况的分析,并通过网络模拟分析评估结果,如果不能满足要求,需重新规划。

7. 网络模拟分析

以 WCDMA 网络为例,由于 WCDMA 软容量和多业务的特点,使得直接用公式计算得到的结果有限,且可信度不高,所以对 WCDMA 网络性能分析普遍采用网络模拟的方法,通常称之为"蒙特卡罗分析方法"。

"蒙特卡罗分析方法"是根据业务分布情况,随机产生一组同时接入网络的 UE 序列,并按照一定的控制策略依次接入网络,模拟网络的功率调整过程;待结果稳定后,记录当前的网络情况,并将这一过程称为一次"快照"。每次"快照"只能作为一个随机样本。多次重复此过程,将结果进行统计处理,求得统计平均值,用统计结果反映当前的网络性能。实施该分析方法分为以下 3 个步骤。

(1) 建立模拟分析环境:将业务模型、设备参数、网络参数、仿真结束条件等作为仿真环境输入到仿真软件。

(2) 进行模拟分析:在满足仿真结束条件前,多次重复整个过程,并保存每次的输出结果。

(3) 统计分析:当仿真过程结束后,根据网络统计平均结果和各种要求估算网络性能。

8. HSDPA 网络规划概述

HSDPA 技术是 3GPP WCDMA 标准为了满足高速下行数据业务的需求而在 R5 版本协议中加入的一种新无线网络技术。它在不改变原有 R99/R4 版本的 WCDMA 网络架构的情况下,通过引入短的传输时间间隔(TTI=2ms)、自适应调制和编码(AMC)技术、多码发射、混合自动重传(HARQ)和新的 MAC-hs 实体,把下行数据业务速率提高到 10Mb/s 以上,是 WCDMA 网络建设提高下行容量和数据业务速率的一种重要技术。

HSDPA 的码资源分配策略、功率分配策略、切换策略可能对 R99/R4 网络规划产生直接影响;HSDPA 的调度策略、链路技术也有可能影响网络覆盖、容量等关键指标。作为 WCDMA 的一种增强型技术,HSDPA 在网络规划中需要注意以下几点。

1) 同频/异频配置方式

HSDPA 与 R99/R4 网络异频配置建网,可以避免两者之间的干扰、功率资源竞争、码资源制约等不利因素,但是需要重点关注并发业务的实现、切换策略等。同频建网的性能高低,关键在于码资源和功率资源分配问题。解决好这个问题,对于建网初期同频升级 HSDPA 功能有重大意义。

2) 码资源分配

当 HSDPA 与 R99 同频建网,共享一张信道码表时,不同的码资源分配策略对原有 R99 用户造成不同的影响。在满足 R99/R4 用户对码资源的要求的情况下,通过 HSDPA 码资源管理算法,将一部分码资源预留给 HSDPA 业务,以提高系统流量。

3) 功率分配

功率资源是下行链路的重要资源,在 WCDMA 初期一般会选择 HSDPA 与 R99/R4 共享功放,以节约成本。功率分配应该与码资源分配相结合,满足网络性能要求。

4) 切换策略

由于 HSDPA 不能获得软切换增益,资源消耗巨大,并且只能在信道条件较好的情况下发挥其高速吞吐特点,因此良好的切换策略可以把 HSDPA 和 R99/R4 合理结合,优势互补,使得整个 WCDMA 网络在用户数目、流量、覆盖、资源消耗等方面达到比较优化的结果。

5）调度算法及编码方式

HSDPA 的调度算法及相关的调制编码会影响基站下行链路性能与资源消耗。例如,运营商将 R99/R4 网络升级到 HSDPA 网络时,需要考虑基站基带处理能力的扩容或升级。

无论是采用同频组网还是异频组网方式,都可以通过调整功率分配、码资源分配、用户容量等参数来确保 HSDPA 与 R99/R4 网络同覆盖。即使不是同覆盖,也可以采用“插花方式”实现 HSDPA 网络快速引入,但在网络边缘需要进行 HSDPA 与 R99/R4 之间的硬切换,效果不是非常理想。

9. EV-DO 网络规划概述

EV-DO 有自己的系统特点,采用先进的关键技术来满足高速分组数据传输要求。主要关键技术包括全功率脉冲导频发射、虚拟软切换、前向数据速率控制、适应性编码调制、自动重复请求(HARQ,也称“早终止”)、多用户分集、接收分集等。但是,EV-DO 的网络规划与通常的无线网络规划基本流程是一致的,整个过程仍然包括需求分析、项目计划、网络评估、无线环境分析、网络拓扑结构设计、站点勘察、仿真验证、方案输出等几个阶段。

根据 EV-DO 的无线信道结构,EV-DO 的链路预算分为多种信道的链路预算。前向包括导频信道、控制信道和数据业务信道的链路预算,反向包括接入信道、DRC 信道、ACK 信道和数据业务信道的链路预算。通常情况下,数据业务信道的链路预算是其中的受限因素,因此 EV-DO 的规划方式与通常的 CDMA 2000 系统并无差别。

由于 EV-DO 一般采用异载频组网方式,因此很容易通过调整功率分配、用户容量等参数来确保 EV-DO 与 CDMA 2000 1X 网络的同覆盖。即使不是同覆盖,也可以采用“插花方式”实现 EV-DO 网络的快速引入,但在网络边缘需要进行 EV-DO 与 CDMA 2000 1X 之间的切换。

4.2.2　无线网络优化的一般方法

在 UMTS 网络建设的不同阶段,网络优化的目标是有区别的。依据优化实施的时间段、工作目标和工作内容,将优化分为工程优化和运维优化。

1. 工程优化

工程优化是在网络建设完成后、放号之前进行的网络优化。工程优化的主要目标是让网络正常工作,同时保证网络达到规划的覆盖及干扰目标。工程优化的对象一般是空网,没有实际的用户。工程优化的主要工作有:检查小区配置与网络规划目标的一致性,排除系统的硬件故障,使覆盖和干扰达到满意的水平。

2. 运维优化

运维优化是在网络运营期间,通过优化手段改善网络质量,提高客户满意度。运维优化的对象是有用户存在的运营网络。运维优化的目标是:提高网络覆盖率,逐步消除覆盖盲点;提高系统容量;提高网络服务质量;为热点地区提供更好的服务;最大化投资回报。运维优化包含以下三个方面的工作。

（1）日常维护主要完成日常的告警信息观测、隐性故障排除、用户申诉处理等，是运营商的职责所在。

（2）阶段优化致力于提高网络的性能：最大限度地减小干扰，提高网络容量，优化参数，使网络 KPI 指标达到更好的水平。

（3）网络运营分析：通过定期提取和分析 OMC 性能统计数据，分析可能存在的设备问题或网络问题并提交报告，为网络调整和优化提供参考。

3. 无线网络优化的一般工作流程

对于 3G 网络来说，完整的优化工作流程如图 4-2 所示。

总结图 4-2 所示的优化流程可以看到，网络优化过程是一个反复进行网络性能评估—优化调整—网络性能再评估的过程。优化没有最好，只有更好。网络优化过程就是利用优化技术手段，对无线网络进行评估和调整的过程，通过提高网络覆盖、均衡话务量、增加网络容量、提高系统资源利用率等途径来提高无线网络的整体性能。网络优化过程可以简单地概括为以下几点。

（1）网络性能测试和评估。

（2）测试数据分析，提出优化方案。

（3）网络调整验证和再次评估。

对于无线网络来讲，无论其制式是什么，优化的目标及流程大致是相同的。

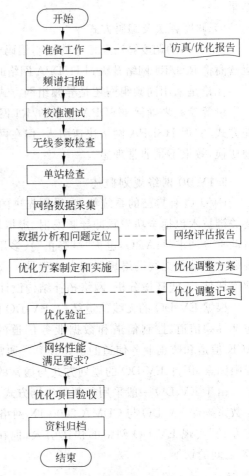

图 4-2 网络优化工作流程图

4.2.3 TD-SCDMA 无线网络设计的特点

国际电信联盟（ITU）在 3G 中提出了 IMT-2000（国际移动通信 2000）的倡议，并由此催生了三大主流国际标准：TD-SCDMA、WCDMA 和 CDMA 2000。其中，由中国提交的 TD-SCDMA 标准虽然在 ITU 标准征集阶段是后来者，却凭借其独特的技术优势最终胜出。同时，作为三个主流标准中的唯一一个 TDD 标准，该技术从诞生初始就一直备受世人关注。本节重点讨论 TD-SCDMA 由于采用 TDD 工作方式所产生的网络规划的特点。由于目前缺乏规模应用案例，因此本书不涉及 TD-SCDMA 优化的内容。

1. TD-SCDMA 的业务同径覆盖特性

TD-SCDMA 系统能同时保证各业务连续覆盖。WCDMA 各业务的扩频因子不同，因而覆盖为半径不同的同心圆,即"同心覆盖",这给它的网络规划带来很大的影响。比如,如果保证话音业务连续覆盖,就不能保证高速数据业务连续覆盖;如果保证高速数据业务连续覆盖,话音业务的覆盖就有很大的重叠,相互之间存在严重的干扰。TD-SCDMA 系统的数据业务半径差别不明显,这是由于高速数据业务占用多个时隙,而每时隙采用相同的扩频因子,处理增益相差不大,使得各业务的覆盖半径基本相同,即"同径覆盖",能同时保证各业务连续覆盖。因此,在网络覆盖规划中,TD-SCDMA 中正确解调不同业务所需接收机的灵敏度基本相同。

2. TD-SCDMA 系统容量特征

TD-SCDMA 系统具备大容量的特点。对于话音业务,TD-SCDMA 的频率利用率为 15 用户/MHz/小区,WCDMA 及 CDMA 2000 的频率利用率分别为 6 用户/MHz/小区及 8 用户/MHz/小区。对于数据业务,TD-SCDMA 的频率利用率为 1.25Mb/s/MHz/小区,WCDMA 及 CDMA 2000 的频率利用率分别为 0.4Mb/s/MHz/小区及 1.0Mb/s/MHz/小区。不难看出,在相同的频谱宽度内,TD-SCDMA 系统可以支持更多的用户数和更高速的数据传输。有关系统码道受限分析情况如表 4-1 所示。

表 4-1　系统码道受限分析

业务类型	TD-SCDMA(1.6MHz×6)						WCDMA(5MHz×2)	
	三上三下		二上四下		一上五下		单小区	网络可用
	下行	上行	下行	上行	下行	上行		
12.2Kb/s	144	144	192	96	240	48	128	60
64Kb/s	36	36	48	24	60	12	30～32	15
128Kb/s	18	18	24	12	30	6	12～14	6
384Kb/s	6	…	6	…	6	…	6～7	3
2Mb/s	…	…	…	…	6	…	1	1

我国为 TDD 模式规划了 55MHz 的核心频段以及 100MHz 的补充频段:TD-SCDMA 技术在 55MHz 的核心频段可提供 33 个频点(55MHz/1.6MHz),补充频带内提供 60 个频点(100MHz/1.6MHz)。因此在网络容量规划中,通过模拟仿真计算,TD-SCDMA 的单载扇网络容量比 WCDMA 大。

3. TD-SCDMA 系统小区呼吸效应分析

TD-SCDMA 系统具备较弱的小区呼吸效应。所谓呼吸效应,就是随着小区用户数增加,覆盖半径收缩的现象。导致呼吸效应的主要原因是:CDMA 系统是一个自干扰系统,因此呼吸效应是 CDMA 系统的一个天生缺陷。呼吸效应的另一个表现形式是每种业务用户数的变化都会导致所有业务的覆盖半径发生变化,给网络规划和网络优化带来很大的麻烦。

TD-SCDMA 是一个集 CDMA、FDMA、TDMA 以及 SDMA 于一身的系统,它通过低带宽 FDMA 和 TDMA 来抑制系统的主要干扰,使产生呼吸效应的因素显著降低。在单时隙中采用 CDMA 技术来提高容量,单时隙中多个用户之间的干扰也是产生呼吸效应的唯一原因,而这部分干扰通过联合检测和智能天线技术(即 SDMA 技术、空分多址)基本上被克服了,因此 TD-SCDMA 不再是一个干扰受限系统,而是一个码道受限系统,覆盖半径基本不随用户数的增加而变化,即呼吸效应不明显。因此在网络覆盖设计中,TD-SCDMA 的干扰余量比 WCDMA 小。

4. 定时提前对覆盖半径的影响

TD-SCDMA 的时隙帧结构如图 4-3 所示。为避免 DwPTS(DL)和 UpPTS(UL)间的干扰,在两者之间设置切换点 GP(96chip)。

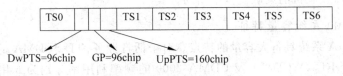

图 4-3 TD-SCDMA 子帧结构

由 TD-SCDMA 系统的时隙结构可知,为使 UE 发送的上行同步码 SYNC_UL 落在 Node B 的 UpPTS 时隙内,UE 需要提前发送,称之为 UE 的定时提前。

如果 UE 的定时提前小于 96chip,不会出现上、下行导频的干扰。

当定时提前超过 96chip 时,UE 发送的 UpPTS 将干扰临近 UE 的 DwPTS 的接收,但这在 TD-SCDMA 中是可以接受的,原因有如下几点。

(1) 对于大小区,两个 UE 靠近的可能性不大。

(2) DwPTS 无须在每一帧中均被 UE 接收。初始小区搜索中,几个 DwPTS 未能接收,亦无大碍。

(3) UpPTS 并不在每一帧中发射,它仅在随机接入或切换时需要,故干扰的概率很小。

基于上述原因,表 4-2 对 TD-SCDMA 小区半径进行了分析。

表 4-2　TD-SCDMA 小区半径分析

UL 信号潜在的干扰	DL 信号潜在的干扰	$t_{gap}/\mu s$	d_{max}/km
UpPTS	DwPTS	75	11.25
UpPTS	TS0	150	22.5
TS1	DwPTS	200	30
TS1	TS0	275	41.25

表 4-2 中,第一行是正常情况下的小区半径;第二行是不发射 DwPTS 时的小区半径;第三行是不发射 UpPTS 时的小区半径;第四行是不发射 DwPTS 和 UpPTS 时的小区半径。所有的都基于下述条件:"对于大小区,UpPTS 的提前将干扰临近 UE 的 DwPTS 的接收,这在 TD-SCDMA 系统中是允许和可以被接受的"。

现在在 TD-SCDMA 系统又提出了牺牲 TSI 时隙来实现超远距离覆盖。理论上,最大小区半径可以达到 112.5km。当然,这些只是纯理论分析,没有实现的可能。

TD-SCDMA 系统由于采用 TDD 工作方式,在小区呼吸效应、业务同径覆盖、系统容量等方面表现良好,有易于规划的优点。但从另一方面来看,作为首先应用智能天线技术的 3G 制式,其网络规划方面的经验和成熟性需要进一步积累和加强。

4.3　3G 核心网规划与设计

本节将按照电路域规划和分组域规划两个专题分别讨论 3G 核心网规划。当然,对于核心网的规划和设计,一方面,要尽量保持规划期内网络结构的稳定性,避免频繁割接;另一方面,要兼顾投资效益,避免初期容量配置过大而用户发展具有不确定性,带来不小的风险。

4.3.1　3G 核心网的规划

1. 3G 核心网电路域规划

进行 WCDMA 核心网电路域规划,需要完成一系列工作。首先,需要明确网络规划建设的基本原则,确定规划中的网络的系统框架、各主要网元的基本设置原则,明确网络互通方式等;其次,确定核心网中信令及媒体流的承载方式,确定网络的组织结构,以及各网元的设置地点及规模;最后,计算得到网络中的媒体流带宽需求、信令开销及信令链路需求。本节将按照相关工作步骤,描述全面的 WCDMA 核心网规划流程。

2. WCDMA 核心网电路域规划总体原则

3G 网络的建设一般要求实现 100％的话音覆盖。对于电路域的数据业务,要求根据各地区数据业务的需求,并考虑数据业务在今后 2～3 年内发展的需求。3G 核心网电路域规划应遵循以下原则。

(1) 从广度和深度两方面完善网络覆盖,提高网络质量。

(2) 尽可能准确地预测各业务区的数据业务市场需求。

(3) 在有一定数据业务市场需求的地区,优先部署分组域网络,确保有效覆盖。

(4) 应充分利用现有网络(如 GSM、PSTN 和 PCS 网络)的基础设施(如机房、铁塔、电源等),避免重复投资。

(5) 考虑网络今后向全 IP 演进的需要,设备应具备后向平滑升级的能力。

(6) 建设方式应便于工程实施和割接,最大限度地降低系统割接的风险。

目前,在 3GPP 进行标准化的 3G 通信系统具有 R99、R4、R5、R6、R7 等多个版本。其中,R6、R7 尚未冻结;R5 虽已于 2002 年 3 月冻结,但目前设备应用成熟度不高,一两年内不具备大规模网络建设条件;3GPP R4 于 2001 年 3 月冻结,协议已经稳定;3GPP R99 于 1999 年 12 月冻结,成熟稳定,目前已有多个网络运营实例。因此,基于 3GPP 的移动通信系统目前有 R99 和 R4 两个比较成熟的版本。

R99 核心网络电路域和 R4 移动软交换的制式选择,将以 9 项因素作为主要的选择依据:业务和功能;协议成熟度;设备成熟度;网络运营实例;R4 移动软交换的优势和风险;利用既有通信资源;设备升级的操作复杂度;提供固网业务能力;后续演进能力。

R99 与 R4 的差别集中体现在 3G 核心网络电路域中基于 TDM 的传统程控交换与移动软交换(可基于 TDM 或 ATM 承载)在网络结构上的差别。目前 R4 核心网大量商用,主流运营商基本都采用 R4 版本建设 3G 核心网。核心网电路域建设将采用 R4 版本,实现承载与控制分离的网络建设方式将充分体现 3G 核心网络组网的灵活性,有利于向全 IP 网络演进,并为与固定 NGN 相融合奠定基础。鉴于上述原因,本节主要针对 R4 核心网电路域规划展开分析。

3. WCDMA R4 核心网电路域承载方式分析

WCDMA R4 核心网电路域的承载可以采用 TDM、ATM 和 IP 三种方式,需要根据网络现状来分析。下面简单分析这三种承载方式。

话路采用 TDM 承载方式,组大网时需要设置 TMGW 来汇聚 MGW 的话务量,不能完全扁平化组网,不能应用 TrFO 等关键技术。信令网基于 TDM 承载时,可充分利用 No.7 信令网的稳定可靠性,缺点是不利于网络向全 IP 方式演进。

话路网基于 IP 方式承载,MGW 直接基于 IP 寻址,可实现扁平化组网,可利用 TrFO 技术节省传输带宽。信令网基于 IP 承载,规模较小时可扁平化组网;组大网时,为避免节点间 SCTP 链路配置的复杂性,需要引入基于 IP 的 STP 设备实现分级汇接。由于 IP 网络的 QoS 及安全性问题,目前基于 IP 承载的信令网在国外没有大规模商用,各厂商设备成熟情况不一,信令互通仍需测试和完善。

基于 ATM 的话路或信令承载方式理论上可以实现扁平化组网;但组大网时,MGW 间需要大量的 PVC 连接,对设备要求高。目前 ATM 承载实现的网络在欧洲一些国家有商用,但从国内各运营商现有网络状况及长远发展来看,不适合在中国大规模应用。

总体看来,目前话路基于 IP 承载的方式优势明显,信令网基于 IP 承载的方式对 IP 承载网络的要求比较高。移动网的最终发展目标是话路和信令全 IP 承载;但实际组网时,各运营商要根据自身网络情况及设备能力确定网络的承载方式。

4. WCDMA 核心网电路域网络架构特性简析

R4 核心网网络架构与 R99 截然不同,规划时须重点考虑以下问题。

1) 承载层面分级

基于 IP 组网可实现承载面 MGW 的完全扁平化,不需要分级。话音传送时,直接进行 MGW 的端到端寻址和数据包发送,同时可应用 TrFO 技术减少话音编解码次数,提高质量。

2) 控制层面分级

R4 网络中通过 MSC Server 间 BICC 信令的交互实现呼叫控制。MSC Server 相对于 R99 MSC,具有更大容量。组小网时,可通过 MSC Server 间直连实现扁平化。组大网时,如果大量 MSC Server 完全扁平化连接,将浪费大量长途链路(TDM 承载)或需建立大量 SCTP 连接(IP 承载),影响网络的可扩展性和易维护性。可以采用分级形式,通过引入 TMSC Server 实现 MSC Server 间的被叫号码分析及 BICC 信令转接。

3) 信令网分级

除 BICC 信令外,移动网的 MAP/CAP 等与移动性相关的信令需要在 MSC Server、HLR、SMSC、SCP 等核心网设备间交互,数量大、方向多。信令网基于 TDM 或 IP 承载时,跨省的 MAP/CAP 信令交互需要引入 STP 设备实现分级化组网,省内将根据信令点设备的数量和分布情况决定是否引入 STP。

5. WCDMA 核心网电路域网元设置方式分析

网元设置应考虑门限、地点、扩容方案、安全备份等因素。R4 核心网电路域主要设备为 MSC Server、MGW 及 HLR。

1) 网元设置地点、规模与扩容

R4 中，MSC Server 与 HLR 的设置方式应该是大容量、少局所，省内集中设置于几个城市；MGW 分散在各本地网，设置地点尽量靠近无线侧 RNC 网元。目前，MSC Server 与 HLR 都可以达到 100 万以上的用户容量，MGW 支持的最大用户容量可达 40 万~60 万。实际组网时，应根据当地的传输资源、运维力量、用户数及业务发展预测情况等多方面因素，确定各网元的起设及扩容门限。

2) 网元备份实现方案

在 R4 核心网元可支持的容量逐步增大的同时，其故障影响范围也在扩大，安全隐患也就越大，网元的安全备份方案显得尤为重要。一般核心网设备都支持设备本身板卡级的双备份，设备本身主、备板卡之间故障时可以互相切换。为充分保证网元的安全性，在组网时，通常对 MSC Server 及 HLR 实行网元级备份。MSC Server 在组网中通常采用 MGW 的双归属备份方案。MGW 同时归属于两个 MSC，两个 MSC 间互为备份。当主用 MSC 故障后，备用 MSC 接管其工作，保证将网络中断服务的时间减到最短，提高用户的满意度。

下面简单描述采用双归属组网的整个网络状况，如图 4-4 所示。从图 4-4 可以看出双归属组网同普通组网的区别：对于双归属组网来说，每个主用 MSC 配置有一个备用 MSC，二者互为主备，因此所有的邻接网元必须同时与两个主、备用 MSC 建立相同的信令连接，当 MSC2 接管 MSC1 后，保证网络正常工作。

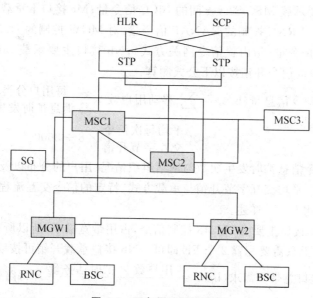

图 4-4　双归属组网示意图

由于在 R4 组网中，MSC 通常承担多种角色，例如在 MTP 信令网中，是一个 SP 的角色，需要配置一个 SPC；在 IP 信令网中，是一个 IPSP 或 AS 的角色，需要配置 IP 地址或 SPC；同样，在 MAP 中，是一个 MSC 和 VLR 的角色，需要配置 GT 和 MSC Number 及

VLR Number。

因此,除了 IP 地址外(SCTP 支持一个偶联多地址的特性),其他角色的两个 MSC 必须相同。这样,当备用 MSC 接管主用 MSC 时,对其他网元做到无影响。

基于这种设计思想,由于主、备 MSC 与外围的邻接局向都配置有 MTP 信令链路或 SCTP 偶联,为了保证信令的正确路由,处于备用状态下的 MSC 必须将 MTP 信令链路和 SCTP 偶联闭塞。这样,MGW 只会向主用 MSC 注册,所有外围网元只会将信令发送给主用 MSC。当主用 MSC 故障后,备用 MSC 将 MTP 信令链路和 SCTP 偶联激活,于是 MGW 向备用 MSC 注册,外围网元将信令发送给备用 MSC,实现业务接管。为了保证 MSC 可靠倒换,MSC 之间建立了心跳线,互相监视对方的状态。

HLR 的备份方案主要有 $N+1(N \geqslant 1)$ 冗余备份和 $1+1$ 互为主、备用两种方式。$N+1$ 的方式是指 N 个主用 HLR 通过,1 个备用 HLR 统一备份,主用 HLR 的数据定期备份到备用 HLR 处;当主用 HLR 故障时,启用备用 HLR。$N=1$ 时,就是完全的双倍冗余备份方式。

假设单个 HLR 支持 120 万容量,网上运行的两个 HLR 各分出一半容量(60 万)用于备份对方的用户数据。当主用 HLR 故障时,备用 HLR 节点自动实时地承担起 120 万用户的处理功能。

6. WCDMA R4 规划中电路域各接口带宽的测算方法

在核心网规划中,媒体流及信令带宽需求的测算占很大工作量。以下重点说明 R4 网络中新增的 Nc、Mc 及 Nb 接口的带宽测算方法。

Nc 接口上主要承载 MSC Server 间的 BICC 信令量;Mc 接口上承载的信令量分为三部分:MSCServer 对 RNC 控制的 RANAP 信令量、对 MGW 控制的 H.248 信令量、与外网互通时的 ISUP 信令量(指内置信令网关方式);Nb 接口主要承载 MGW 之间的媒体流。Nc 或 Mc 接口的信令开销按以下公式测算:

$$两点间信令信息量(b/s) = \sum 移动用户数 \times \begin{matrix}每用户分类信\\令消息忙时发生次数\end{matrix}$$

$$\times \begin{matrix}平均每次信令\\交互字节开销\end{matrix} \times 8 \div 3600$$

其中,分类信令消息忙时发生次数与网络组织情况、用户的分布以及相互间的话务流量流向等因素相关;平均交互字节开销与承载方式、特定的信令交互流程相关。对信令的分析比较复杂,在此不一一详述。

同样,由于 Mc 接口主要为 H.248 控制信令,占用带宽极小,所以所有 MGW 和 MSC Server 在 Mc 接口上只需要配置 2 个 FE 即可。Nb 接口承载开销可按以下公式测算:

$$Nb\ 接口总带宽需求(b/s) = \frac{用户数 \times 忙时话务量}{0.7} \times 每路带宽$$

其中,用户数和话务量与具体的业务类型相关,比如话音或电路域数据业务、每路带宽与业务类型、承载方式(ATM/TDM、IP)、编码形式、传输技术等。

4.3.2 3G 核心网规划关键性能指标

本节主要列出 WCDMA 核心网中与 CS、PS、HLR 系统有关的关键性能指标。

1. CS 系统关键性能指标

1）中继资源可用率

中继资源可用率用于衡量中继组中中继电路的可用情况，为中继组中可用中继数与中继组中中继总数的比例，便于运营商进行网络管理和优化。

$$中继资源可用率 = \frac{可用中继电路数}{中继电路总数} \times 100\%$$

其中，可用中继电路数指在统计时段内处于 Available 状态的电路数；中继电路总数为该中继组的中继容量。

2）MTP-3 信令链路可用率

MTP-3 信令链路可用率用于衡量信令链路组中信令链路的可用情况，为可用的信令链路数与信令链路总数的比例，便于运营商进行网络管理和优化。

$$MTP\text{-}3\ 信令链路可用率 = \frac{可用信令链路数}{信令链路总数} \times 100\%$$

其中，可用信令链路数为信令链路组中可用的信令链路数；信令链路总数为信令链路组中配置的链路总数。

3）位置更新成功率

位置更新成功率为忙时位置更新成功次数与位置更新尝试次数的比例，是衡量交换机运行质量的重要指标，便于运营商了解网络的运行情况，为网络的维护管理和规划提供重要的参考数据。

$$位置更新成功率 = \frac{位置更新成功次数}{位置更新尝试次数} \times 100\%$$

其中，位置更新尝试次数为从 MS 收到"位置更新请求（LOCATION UPDATINGRE QUEST）"消息的次数；位置更新成功次数为向 MS 发送"位置更新接受（LOCATION UPDATING ACCEPT）"消息的次数。

4）MSC Server 控制的切换成功率

MSC Server 控制的切换成功率为忙时 MSC Server 控制的切换成功次数与切换尝试次数的比例。按切换位置不同，分为局内和局间；按切换系统，细分为 3G 切换到 3G 和 3G 切换到 2G。MSC Server 控制的切换成功率是衡量交换机运行质量的重要指标，也是用户最直接的感受之一，便于运营商了解网络的运行情况，为网络的维护管理和规划提供重要的参考数据。MSC Server 控制的切换成功率公式如下所述。

$$局内切换成功率 = \frac{局内\ 3G\ 切换到\ 3G\ 成功次数 + 局内\ 3G\ 切换到\ 2G\ 成功次数}{局内\ 3G\ 切换到\ 3G\ 请求次数 + 局内\ 3G\ 切换到\ 2G\ 请求次数} \times 100\%$$

$$3G\ 切换\ 3G\ 成功率 = \frac{局内\ 3G\ 切换到\ 3G\ 成功次数 + 局间\ 3G\ 切换到\ 3G\ 成功次数}{局内\ 3G\ 切换到\ 3G\ 请求次数 + 局间\ 3G\ 切换到\ 3G\ 请求次数} \times 100\%$$

$$3G\ 切换\ 2G\ 成功率 = \frac{局内\ 3G\ 切换到\ 2G\ 成功次数 + 局间\ 3G\ 切换到\ 2G\ 成功次数}{局内\ 3G\ 切换到\ 2G\ 请求次数 + 局间\ 3G\ 切换到\ 2G\ 请求次数} \times 100\%$$

$$总的切换成功率 = \frac{局内切换成功率 + 局间切换成功率}{2}$$

5）系统寻呼成功率

系统寻呼成功率为忙时系统寻呼成功次数与系统寻呼尝试次数的比例，是衡量交换机运行质量的重要指标，便于运营商了解网络的运行情况，为网络的维护管理和规划提供重要的参考数据。

$$系统寻呼成功率 = \frac{\sum 每位置区系统寻呼成功次数}{\sum 每位置区系统寻呼尝试次数} \times 100\%$$

6）交换机网络接通率

交换机网络接通率为忙时交换机网络接通次数与交换机试呼次数的比值，是衡量交换机设备运行质量的重要指标，也是用户最直接的感受之一，便于运营商了解网络的运行情况，为网络的维护管理和规划提供重要的参考数据。

$$交换机网络接通率 = \frac{统计周期内交换机网络接通次数}{交换机试呼次数 - 用户原因引起的交换机接通失败次数} \times 100\%$$

7）MO-SMS 始发成功率

MO-SMS 始发成功率为 MO-SMS 发送成功次数与 MO-SMS 试发次数的比例，是反映系统短信业务运行质量的重要指标，也是用户最直接的感受之一，为网络的维护管理和规划提供重要的参考数据。

$$MO\text{-}SMS 始发成功率 = \frac{MO\text{-}SMS 发送成功次数}{MO\text{-}SMS 试发次数} \times 100\%$$

8）MT-SMS 下发成功率

MT-SMS 下发成功率为 MT-SMS 发送成功次数与 MT-SMS 试发次数的比例，是反映系统短信业务运行质量的重要指标，也是用户最直接的感受之一，为网络的维护管理和规划提供重要的参考数据。

$$MT\text{-}SMS 下发成功率 = \frac{MT\text{-}SMS 发送成功次数}{MT\text{-}SMS 试发次数} \times 100\%$$

2. HLR 系统关键性能指标

1）MTP-3 信令链路可用率

MTP-3 信令链路可用率用于衡量信令链路组中信令链路的可用情况，为可用的信令链路数与信令链路总数的比例，便于运营商进行网络管理和优化。

$$MTP\text{-}3 信令链路可用率 = \frac{可用信令链路数}{信令链路总数} \times 100\%$$

2）鉴权成功率

鉴权成功率为忙时鉴权成功次数与接收到的鉴权尝试次数的比例，包括 CS 和 PS，是衡量交换机运行质量的重要指标，便于运营商了解网络的运行情况。

$$鉴权成功率 = \frac{鉴权成功次数}{接收到的鉴权尝试次数} \times 100\%$$

3）取路由成功率

取路由成功率为忙时取路由成功次数与取路由尝试次数的比例,分为 CS 取路由操作、GPRS 取路由操作、短信取路由操作。该指标反映 HLR 执行各种业务操作时取路由成功率的情况,便于运营商了解网络的运行情况,为网络的维护管理和规划提供重要的参考数据。取路由成功率公式如下:

$$CS\ 取路由成功率 = \frac{CS\ 取路由成功次数}{收到的\ CS\ 取路由尝试次数} \times 100\%$$

$$GPRS\ 取路由成功率 = \frac{GPRS\ 取路由成功次数}{收到的\ GPRS\ 取路由尝试次数} \times 100\%$$

$$短信取路由成功率 = \frac{短信取路由成功次数}{收到的短信取路由尝试次数} \times 100\%$$

$$HLR\ 总的取路由成功率 = \frac{CS\ 取路由成功率 + GPRS\ 取路由成功率 + 短信取路由成功率}{3}$$

4）位置更新成功率

位置更新成功率为忙时位置更新成功次数与位置更新尝试次数的比例,分为 CS 位置更新操作、GPRS 位置更新操作。该指标反映 HLR 执行各种业务操作时位置更新成功率的情况,便于运营商了解网络的运行情况,为网络的维护管理和规划提供重要的参考数据。位置更新成功率公式如下:

$$CS\ 位置更新成功率 = \frac{CS\ 位置更新成功次数}{收到的\ CS\ 位置更新尝试次数} \times 100\%$$

$$GPRS\ 位置更新成功率 = \frac{GPRS\ 位置更新成功次数}{收到的\ GPRS\ 位置更新尝试次数} \times 100\%$$

$$HLR\ 总的位置更新成功率 = \frac{CS\ 位置更新成功率 + GPRS\ 位置更新成功率}{2}$$

3. PS 系统关键性能指标

1）MTP-3 信令链路可用率

MTP-3 信令链路可用率用于衡量信令链路组中信令链路的可用情况,为可用的信令链路数与信令链路总数的比例,便于运营商进行网络管理和优化。

2）GPRS 附着成功率

GPRS 附着成功率为忙时 GPRS 附着成功次数与 GPRS 附着尝试次数的比例,是衡量 SGSN 设备运行质量的重要指标,便于运营商了解网络的运行情况,为网络的维护管理和规划提供重要的参考数据。

$$GPRS\ 附着成功率 = \frac{GPRS\ 附着成功次数}{GPRS\ 附着尝试次数} \times 100\%$$

3）SGSN 路由区更新成功率

SGSN 路由区更新成功率为忙时 SGSN 路由区更新成功次数与 SGSN 路由区更新尝试次数的比例,分为 SGSN 路由区内和 SGSN 路由区间,是衡量 SGSN 设备运行质量的重要指标,便于运营商了解网络的运行情况,为网络的维护管理和规划提供重要的参考数据。SGSN 路由区更新成功率公式如下:

$$SGSN\ 内路由区更新成功率 = \frac{SGSN\ 内路由区更新成功次数}{SGSN\ 内路由区更新尝试次数} \times 100\%$$

$$SGSN\ 间路由区更新成功率 = \frac{SGSN\ 间路由区更新成功次数}{SGSN\ 间路由区更新尝试次数} \times 100\%$$

$$总的\ SGSN\ 路由区更新成功率 = \frac{SGSN\ 间路由区更新成功率 + SGSN\ 内路由区更新成功率}{2}$$

4）SGSN 重定位更新成功率

SGSN 重定位更新成功率为忙时 SGSN 重定位成功次数与 SGSN 重定位尝试次数的比例，分为 SGSN 内重定位和 SGSN 间重定位，是衡量 SGSN 设备运行质量的重要指标，便于运营商了解网络的运行情况，为网络的维护管理和规划提供重要的参考数据。SGSN 重定位更新成功率公式如下：

$$SGSN\ 内重定位更新成功率 = \frac{SGSN\ 内重定位成功次数}{SGSN\ 内重定位尝试次数} \times 100\%$$

$$SGSN\ 间重定位更新成功率 = \frac{SGSN\ 间重定位成功次数}{SGSN\ 间重定位尝试次数} \times 100\%$$

$$SGSN\ 总的重定位更新成功率 = \frac{SGSN\ 间重定位成功率 + SGSN\ 内重定位成功率}{2}$$

5）SGSN 系统间切换成功率

SGSN 系统间切换成功率为忙时 SGSN 内系统间切换成功次数与 SGSN 内系统间切换尝试次数的比例，分为 3G 切换到 2G 和 2G 切换到 3G，是衡量 SGSN 设备运行质量的重要指标，便于运营商了解网络的运行情况，为网络的维护管理和规划提供重要的参考数据。SGSN 系统间切换成功率公式如下：

$$SGSN\ 内\ 3G\ 切换到\ 2G\ 成功率 = \frac{SGSN\ 内\ 3G\ 切换到\ 2G\ 成功次数}{SGSN\ 内\ 3G\ 切换到\ 2G\ 尝试次数} \times 100\%$$

$$SGSN\ 内\ 2G\ 切换到\ 3G\ 成功率 = \frac{SGSN\ 内\ 2G\ 切换到\ 3G\ 成功次数}{SGSN\ 内\ 2G\ 切换到\ 3G\ 尝试次数} \times 100\%$$

$$SGSN\ 系统间切换成功率 = \frac{SGSN\ 内\ 3G\ 切换到\ 2G\ 成功率 + SGSN\ 内\ 2G\ 切换到\ 3G\ 成功率}{2}$$

6）分组寻呼成功率

分组寻呼成功率为分组寻呼成功次数与分组寻呼尝试次数的比例，分为 3G 分组寻呼和 2G 分组寻呼，是衡量 SGSN 设备运行质量的重要指标，便于运营商了解网络的运行情况。分组寻呼成功率公式如下：

$$2G\ 分组寻呼成功率 = \frac{2G\ 分组寻呼成功次数}{2G\ 分组寻呼尝试次数} \times 100\%$$

$$3G\ 分组寻呼成功率 = \frac{3G\ 分组寻呼成功次数}{3G\ 分组寻呼尝试次数} \times 100\%$$

$$分组寻呼成功率 = \frac{2G\ 分组寻呼成功次数 + 3G\ 分组寻呼尝试次数}{2}$$

7）MS 会话激活成功率

MS 会话激活成功率为 MS 发起的会话激活成功次数与 MS 发起的会话激活尝试次数的比例，是衡量 SGSN 设备运行质量的重要指标，便于运营商了解网络的运行情况。

$$MS会话激活成功率 = \frac{MS发起的会话激活成功次数}{MS发起的会话激活尝试次数} \times 100\%$$

4.3.3　IP 承载网建设

IP 承载网是 3G 核心网络建设和规划过程中需要重点考虑的问题之一。本节重点从网络架构、IP 地址分配、QoS、安全四个方面来分析、比较物理专用 IP 承载网、逻辑专用 IP 承载网、公用 IP 承载网三种不同的承载网组网方案。

1. 物理专用 IP 承载网

分别针对 CS 和 PS 建设不同的专用网络，考虑到业务特征、业务关键性程度、QoS、安全等因素，推荐对 CS、PS 分别建网，即 CS 媒体面物理专网、PS Gn 域物理专网、PS Gi 域物理专用局域网、网管专网、计费专网。在部分情况下，可建设独立的 IP 信令网。

1）网络架构

组建物理专网时，网络规模小，并且根据业务种类进行了必要的功能划分，网络面向的业务功能相对较少，业务流量较小，同组建公用的逻辑专用 IP 承载网相比，对核心网络组网设备要求相对比较少。

但是，为特定功能组建专用的网络，不符合目前业务融合的 NGN 发展方向。专用网络利于承载特定业务，满足特定业务带宽、QoS、安全的需求，短期投资成本低；但在后续业务融合阶段，各网的运营维护费用都会比较高，不利于保护运营商的投资。

如果采用部署物理专用 IP 承载网的方式，承载网设备必须具有转变为逻辑专用承载网的能力，例如 MPLS VPN 功能，以适应网络未来的发展，在一定程度上保护运营商的投资。

2）IP 地址分配

（1）CS 域地址分配规划：业务地址可以采用私网 IP 地址（目前 CS 域设备通过关口局与 R919/GSM/PSTN 对接），所以业务地址没有互访要求。如果存在 R4 网络对接，或者与软交换网络对接，同样采用关口局方式，内部 IP 地址也不需要暴露。

（2）PS 域地址分配规划：信令、用户面业务地址可以采用公网 IP 地址（信令面负责 SGSN/GGSN 之间的信令连接，用户面负责 SGSN/GGSN 之间的用户 APN 连接）。

接口地址可以取自承载网地址空间，推荐使用私有 IP 地址。

移动终端可以分配私网 IP 地址，并预留部分公网 IP 地址，用于解决特殊用户的需求。

如果采用 I-GSN 方案，PS 业务地址（信令面、用户面地址）可以分配为私网 IP。

3）QoS

在物理专用 IP 承载网中，由于业务流种类单一，对 QoS 的要求比较低。

在 CS 媒体面承载网络中，处理的业务都是实时类数据流，不需要区分业务流，提供充足的带宽就能满足大部分业务的要求。在特定情况下，可以提供流量工程、策略路由等技术，对全网数据业务流量进行均衡调度。流量统计功能是必需的，能够及时反映带宽利用情况。

PS 域 Gn 网络中由于存在信令数据和用户数据的重叠，用户业务区分为实时视频业务和普通的网络浏览业务，都需要提供必要的 QoS 机制来保障。

PS 域 Gn 网络需要以下 QoS 功能。

- 支持优先队列。
- 支持队列管理机制。
- 支持流量监测。
- 支持流量整形。
- 支持流量工程。
- 支持策略路由。

业务流基本分类由接入网 SGSN 完成。Gi 口网络需要提供 Internet 接入和企业专线的接入功能。根据业务分类,对 Gi 口网络的 QoS 要求如下:

- 支持流分类。
- 支持客户队列、优先队列、WFQ 等多种队列方式,为专线用户提供高优先级的接入;同时在专线用户中,支持加权的流量共享。
- 支持流量监测。
- 支持流量整形。
- 支持流量工程。
- 支持策略路由。
- 支持流量监管。

4) 安全

安全主要针对专线业务;针对不同的业务流进行占用带宽限制。物理专用 IP 承载网天然地对核心业务提供了网络的物理隔离,具有比较高的安全性。物理专用 IP 承载网与外部网络连接,由于业务种类比较单一,所以安全策略比较简单,安全管理简便。

2. 逻辑专用 IP 承载网

采用逻辑专用 IP 承载网将节省投资。3G 业务接入承载网类似于大客户接入业务,承载网不需要对 3G 业务用户进行认证;当与 Internet 接入业务共网时,Internet 的安全问题延伸到 3G 网络,所以适合利用 VPN 实现网络覆盖;NGN 的发展趋势是业务承载网共用一个物理网络,业务接入网专用,逻辑专用网络符合 NGN 的发展趋势。

逻辑专用 IP 承载网的缺点是技术比较复杂,组网和运营维护要求比较高。建设逻辑专用 IP 承载网比较理想的方案是使用 MPL SVPN 技术。在公用物理网上,通过 VPN 技术隔离出不同的逻辑网,满足不同业务的应用需求。MPLS VPN 构建方便,传输效率高,支持厂商多,商用手段成熟,能够满足后续的业务发展需求。

1) MPLS VPN 及其优势

MPLS VPN 是指采用 MPLS 技术在骨干宽带 IP 网络上构建企业 IP 专网,实现跨地域、安全、高速、可靠的数据、语音、图像多业务通信,并结合差别服务、流量工程等相关技术,将公众网可靠的性能、良好的扩展性、丰富的功能与专用网的安全、灵活、高效结合在一起,为用户提供高质量的服务。

MPLS VPN 网络主要由 CE、PE 和 P 三部分组成,分述如下。

(1) CE(Customer Edge Router):用户网络边缘路由器设备,直接与服务提供商网络相连,它"感知"不到 VPN 的存在。

(2) PE(Provider Edge Router):服务提供商边缘路由器设备,与用户 CE 直接相连,负责 VPN 业务接入,处理 VPN IPv4 路由,是 MPLS 三层 VPN 的主要实现者。

(3) P(Provider Router):服务提供商核心路由器设备,负责快速转发数据,不与 CE 直接相连。

在整个 MPLS VPN 中,P、PE 设备需要支持 MPLS 的基本功能,CE 设备不必支持 MPLS。

MPLS VPN 网络采用标签交换,一个标签对应一个用户数据流,非常易于用户间数据的隔离。利用区分服务体系,可以轻易地解决困扰传统 IP 网络的 QoS/CoS 问题。MPLS 自身提供流量工程的能力,最大限度地优化配置网络资源,自动地快速修复网络故障,提供高可用性和高可靠性。MPLS 提供了电信、计算机、有线电视网络三网融合的基础,除了 ATM,是目前唯一提供高质量的数据、语音和视频相融合的多业务传送、分组交换的网络平台。因此,基于 MPLS 技术的 MPLS VPN,在灵活性、扩展性、安全性各个方面是当前技术最先进的 VPN。

此外,MPLS VPN 提供灵活的策略控制,满足不同用户的特殊要求,快速实现增值服务(VAS),在带宽价格比、性能价格比上,相比其他广域 VPN 具有较大的优势。

2) IP 地址分配

(1) CS 域地址分配:规划业务地址可以采用私网 IP 地址对接,所以业务地址没有互访要求。如果存在 R4 网络对接,或者与软交换网络对接,同样采用关口局方式,内部 IP 地址也不需要暴露。

(2) PS 域地址分配:规划信令、媒体面业务地址可以采用公网 IP 地址(信令面负责 SGSN/GGSN 之间的信令连接,用户面负责 SGSN/GGSN 之间的用户 APN 连接)。接口地址取自承载网地址空间,推荐使用私有 IP 地址。移动终端可以分配私网 IP 地址,并预留部分公网 IP 地址,满足特殊用户的需求。如果应用 I-GSN 方案,PS 业务地址(信令面、用户面地址)可以分配为私网 IP 地址。

3) QoS

在逻辑专用 IP 承载网中,对 QoS 的基本要求如下所述。

- 提供适当的带宽保证,争取一段特定时期内收益投资比最大化。
- 支持业务流分类。
- 支持多种队列方式,以满足实时业务、交互式业务、普通分组业务等不同业务的 QoS 需求。
- 支持队列管理机制。
- 支持流量整形,满足带宽、流量合理规划、利用。
- 支持流量工程,能够在不同的路径中进行流量均衡。
- 支持策略路由。
- 支持流量监测。
- 支持流量监管,限制特定业务流量占用的带宽。
- 支持 QoS 测量,对 QoS 的实际效果做出评价。

4) 安全

对于承载专用 IP 网络的组网方式,通过 MPLS VPN 机制,网络实现逻辑隔离,安全程度比较高。

CS 域通过关口局与其他网络相连,所以安全策略集中部署在关口局上。CS 业务流专一,安全风险小,目前考虑外联主要通过 SS7 over TDM 的方式,不用考虑太多的安全问题。PS 域 Gn 口网络处在专用 VPN 中,安全性比较好。在 BG 处,集中设置安全规则。由于 PS 网络与其他 PLMN 间数据交互比较少,流量较小,所以这样的设置是可以实现的。

3. 公用 IP 承载网

公用 IP 承载网的含义是:使用运营商的公用网络承载新业务。

1) 网络结构

在现有网络中接入 3G 设备,承载网结构方面无须介绍,应结合实际的网络来分析。承载网复用原有的业务网络时,3G 设备本身作为接入层设备,需要连接到原承载网的汇聚层。

2) IP 地址分配

接入点的承载传输地址使用公用 IP 网络当前的地址规划;CS 域的业务地址可以使用私网 IP 地址;PS 域的业务地址采用公网 IP 地址分配,或者私网 IP 地址＋NAT 转换方式。如果应用 I-GSN 方案,PS 域的业务地址可以分配为私网 IP 地址。

3) QoS

公用 IP 承载网对 QoS 的要求是:

- 支持业务流分类。
- 支持多种队列方式,以满足实时业务、交互式业务、普通分组业务等不同业务的 QoS 需求。
- 支持队列管理机制。
- 支持流量整形,满足带宽、流量合理规划、利用。
- 支持流量工程,能够在不同的路径中进行流量均衡。
- 支持策略路由。
- 支持流量监测。
- 支持流量监管,限制特定业务流量占用的带宽。
- 支持 QoS 测量,对 QoS 的实施效果做出评价。

4) 安全

在公共 IP 承载网模式下,安全问题比较严重,原有网络中存在的数据流以及安全风险都会引入到新的 3G 节点。这就要求 3G 接入节点处本身必须提供必要的安全防护功能,以保护设备不受攻击。若网络中传输信息的安全得不到保障,需要额外的隧道及加密机制来保护关键数据。

本 章 小 结

本章详细说明了 WCDMA、CDMA 2000 和 TD-SCDMA 的概念、技术体制和技术优势,讨论了 3G 无线网络规划方法与设计流程,从工程优化和运维优化两个方面介绍了无线网优化的方法,并且分电路域规划和分组域规划两个专题分别讨论了 3G 核心网规划。

第 5 章

Android 系统管理

在程序中经常使用各种资源,如图像、音频、视频、动画等多媒体内容,这些实际上就是 Android 中的资源。本章将讨论常用 Android 资源的创建、访问、存取以及资源本地化(国际化)问题,介绍 Android 资源的开发及使用方法;介绍 Android 的编译系统;分析、讨论 Android 的安全管理。

本章主要内容

- 介绍 Android 的资源类型及创建和访问方法;
- 讨论如何在代码中存取资源文件,以及资源的本地化策略;
- 讨论 Android 的安全管理策略。

5.1 资源类型及创建

概括地讲,Android 中的资源指非代码部分。例如,在 Android 程序中要使用一些图片来设置桌面,要使用一些音频文件来设置铃声等,这些图片、音频称为 Android 中的资源文件。

5.1.1 字符串资源

字符串资源位于/res/values 目录下,一般定义在/res/values/strings. xml 文件中(文件名随意,但目录是固定的),主要定义的是应用程序需要用到的字符串资源。这和 Symbian 的字符串资源规划类似,不过更加进步。当然,也可以在代码中使用字符串,但这种方式不推荐。字符串资源有 String、String Array 和 Quantity Strings (Plurals)三类,其语法和用例稍有区别。

1. String

使用<string>标签定义的是普通字符串,语法如下:

```xml
<?xml version="1.0"encoding="utf-8"?>
<resources>
<string name="string_name">text_string</string>
</resources>
```

上述 string_name 字符串资源可以通过如下两种方法调用。

（1）XML 资源定义中

```
@[package:]string/string_name
```

（2）Java 代码中

```
R.string.string_name
```

假设资源文件为 res/values/strings.xml，其内容如下：

```
<?xml version="1.0"encoding="utf-8"?>
<resources>
<string name="hello">Hello!</string>
</resources>
```

那么，该 hello 字符串资源在其他 XML 资源文件中的调用如下：

```
<TextView
  android:layout_width="fill_parent"
  android:layout_height="wrap_content"
  android:text="@string/hello"/>
```

在 Java 代码中的调用如下：

```
String string =getString(R.string.hello);
```

2. String Array

使用<string-array>标签定义的是字符串数组资源。在<string-array>标签中包含若干个<item>标签，表示字符串数组元素。例如，假设有个 String Array 资源在 /res/values/stringArray.xml 中，内容如下：

```
<?xml version="1.0"encoding="utf-8"?>
<resources>
<string-array name="planets_array">
<item>Mercury</item>
<item>Venus</item>
<item>Earth</item>
<item>Mars</item>
</string-array>
</resources>
```

那么，在其他资源 XML 文件中，假设有个下拉列表需要用到上述字符串数组资源，可以如下调用：

```
<Spinner android:id="@+id/spinner1"
    android:layout_width="fill_parent"
    android:layout_height="wrap_content"
    android:entries="@array/planets_array">
</Spinner>
```

在 Java 代码中的调用示例如下：

```
Resources res=getResources();
String[] planets=res.getStringArray(R.array.planets_array);
```

3. Plurals

使用＜plurals＞标签定义的是复数字符串资源。在某些自然语言中，不同的数字在使用方法上会有不同。例如，在英文中，如果说"一支笔"，会说"one pen"；如果说"两支笔"，会说"two pens"。当数量大于 1 时，在名词后面加"s"，或变成其他复数形式（不可数名词和专属名词除外）。在这种情况下，需要考虑不同数字的字符串资源。

复数字符串资源为这种情况提供了解决方案。首先，用＜plurals＞标签定义复数字符串，并使用＜item＞标签指定具体处理哪一类数字的复数字符串。

假设有个 Quantity Strings 资源定义在/res/values/stringQuantity.xml 中，内容如下：

```
<?xml version="1.0"encoding="utf-8"?><resources>
<plurals name="numberOfSongsAvailable">
<item quantity="one">One song found.</item>
<item quantity="other">%d songs found.</item>
</plurals>
</resources>
```

在 Java 代码中使用示例如下：

```
int count=getNumberOfsongsAvailable();
Resources res=getResources();
String songsFound=res.getQuantityString(R.plurals.numberOfSongsAvailable,
count,count);
```

5.1.2　布局资源

布局资源是放置于/res/layout/下面的用于定义 UI 界面的 XML 文件。该资源被用于 Activity 或者其他 UI 组件。布局文件必须有一个根节点（也称为标签）。根节点可以是一个 View，也可以是一个 ViewGroup。View 类的子类是"widget"，即类似文本框、编辑框等 UI 控件；ViewGroup 的子类是"Layout"，即 LinearLayout、RelativeLayout 等布局容器类。布局容器类里面可以布局 UI 控件和其他布局容器对象,如表 5-1 所示。

表 5-1　布局资源的类型及说明

布局类型	布局标签	说　明
线性布局	LinearLayout	按照垂直或水平方向布置控件,每行或每列只能放置一个控件
帧布局	FrameLayout	从屏幕左上角布置控件,不能控制位置,多个控件会叠加放置
相对布局	RelativeLayout	布局内的 View 组件元素按照依赖关系相对位置来放置,位置计算只执行一次,因此必须按依赖反向安排组件顺序
绝对布局	AbsoluteLayout	按照绝对坐标(即(x,y))来布局控件
表格布局	TableLayout	按照行列方式布局控件,类似于 HTML 里的 Table
切换卡	TabWidget	实现标签切换的功能,是一个派生自 LinearLayout 的布局方式

布局资源的语法如下:

```
<?xml version="1.0"encoding="utf-8"?>
<ViewGroup xmlns:android="http://schemas.android.com/apk/res/android"
    android:id="@[+][package:]id/resource_name"
    android:layout_height=["dimension" | "fill_parent" |"wrap_content"]
    android:layout_width=["dimension" | "fill_parent" |"wrap_content"]
    [ViewGroup-specific attributes] >
<View android:id="@[+][package:]id/resource_name"
    android:layout_height=["dimension" | "fill_parent" |"wrap_content"]
    android:layout_width=["dimension" | "fill_parent" |"wrap_content"]
    [View-specific attributes] >
<requestFocus/>
</View>
<ViewGroup >
<View />
</ViewGroup>
<include layout="@layout/layout_resource"/>
</ViewGroup>
```

上述布局资源文件名为 layoutEx. xml,通过如下两种方法调用。

(1) XML 资源定义中

```
@[package:]layout/layoutEx
```

(2) Java 代码中

```
R.layout.layoutEx
```

5.1.3　图像资源

图像资源涉及的资源类型比较多,详细内容如表 5-2 所示。

表 5-2　图像资源类型及描述

资 源 类 型	资 源 描 述
Bitmap File	图像文件(.png、.jpg 或.gif)
XML Bitmap	为图像文件增加了描述的 XML 文件
Nine-Patch File	一种可基于 Content 伸缩的 PNG 文件
Layer List	定义了一组按顺序绘制可绘制资源的 XML 文件
State List	定义了因不同状态而调用不同图像文件的 XML 文件
Level List	定义了不同 Level 图片的 XML 文件,主要用于电量、信号等情况
Transition Drawable	定义了两张图片,让其在规定时间内渐变的 XML 文件
Inset Drawable	定义一个内嵌图片的 XML(可设置四边距),通常给控件做内插背景用
Clip Drawable	定义一个图片的 XML,该图片资源可以根据 Level 等级来剪取需要显示比例的内容
Scale Drawable	定义一个图片的 XML,该图片可以根据 Level 等级进行缩放
Shape Drawable	定义了绘制颜色和渐变的几何形状的 XML 文件
Animation Drawable	定义了逐帧动画的 XML 文件
Color	定义了绘制颜色值的 XML

综合来说,可绘制资源大致分为以下三类。

(1) 直接图片资源类：该类都是图像文件,主要有 Bitmap File 和 Nine-Patch File。虽然 API 文档都支持.png、.jpg 或.gif 格式,但是有.png(最佳)、.jpg(可接受)、.gif(不要)的原则,考虑到 aapt 编译资源时会考虑优化,所以如果图像要绝对保真,还是将图像文件放置在 res/raw 目录下比较好。

(2) 图像描述类：该类涉及对一个或多个图像文件进行添加配置和重新定义,都是 XML 资源描述文件,包括 Layer List、State List、Level List、Transition Drawable、Inset Drawable、Clip Drawable、Scale Drawable、Animation Drawable。通常,这些资源或被用作控件 View 的填充图像,或被用作控件 View 的背景。

(3) 直接绘图类：该类也是资源定义 XML 文件,主要是 Shape Drawable 类和 Color 类。

由于资源细分类型众多,对于直接图片类资源就不展开介绍了。对于图像描述类资源,只选取 Clip Drawable 和 Scale Drawable 两类的用例来简单说明;对于直接绘图类,简单介绍 Shape Drawable 类的用例,其他内容请参阅 API 文档。

1. Clip Drawable 用例

首先有一个图像文件 15.jpg 被放置于 res/drawable 中,另有一个 Clip Drawable 资源定义文件 res/drawable/clip.xml,内容如下：

```
<?xml version="1.0"encoding="utf-8"?>
<clipxmlns:android="http://schemas.android.com/apk/res/android"
    android:drawable="@drawable/15"
    android:clipOrientation="vertical"
    android:gravity="left" />
```

该 XML 资源正好被 main. xml 中的控件 ImageView 调用,如下所示:

```
<ImageView
    android:id="@+id/clipimage"
    android:background="@drawable/clip"
    android:layout_height="wrap_content"
    android:layout_width="wrap_content" />
```

假如不在 Java 代码中控制,ImageView 将显示不出背景图像,对其进行如下调用:

```
ImageView clipview=(ImageView) findViewById(R.id.clipimage);
//这里控件用 android:background,调用就用 getBackgroud 函数
ClipDrawable drawable=(ClipDrawable) clipview.getBackground();
drawable.setLevel(drawable.getLevel() +2000);
```

结果会在 ImageView 上显示剪切过的小图。

2. Scale Drawable 用例

与上例一样,还是那个 15. jpg 图片,在 res/drawable 中定义一个 scale. xml 资源文件,具体内容如下:

```
<?xml version="1.0"encoding="utf-8"?>
<scalexmlns:android="http://schemas.android.com/apk/res/android"
    android:drawable="@drawable/15"
    android:scaleGravity="center_vertical|center_horizontal"
    android:scaleHeight="80%"
    android:scaleWidth="80%" />
```

上述图片在资源中就已经被缩放 80%。该资源被 main. xml 中的另一个 ImageView 控件使用:

```
<ImageView
    android:id="@+id/scaleimage"
    android:src="@drawable/scale"
    android:layout_height="wrap_content"
    android:layout_width="wrap_content" />
```

同样,该资源假如不通过代码,在用户界面上也显示不出来,具体调用代码如下:

```
ImageView scaleview=(ImageView) findViewById(R.id.scaleimage);
  //这里控件用 android:src,调用就用 getDrawable 函数
ScaleDrawable scaledrawable=(ScaleDrawable) scaleview.getDrawable();
  scaledrawable.setLevel(1000);
```

结果在 ImageView 上显示缩小的 15. jpg 图像。

3. Shape Drawable 资源用例

有一个 Shape Drawable 资源定义在 res/drawable/buttonstyle. xml 中,具体内容如下:

```xml
<?xml version="1.0"encoding="utf-8"?>
<selector
    xmlns:android="http://schemas.android.com/apk/res/android">
<item android:state_pressed="true" >
<shape>
<!--渐变 -->
<gradient
                android:startColor="#ff8c00"
                android:endColor="#FFFFFF"
                android:type="radial"
                android:gradientRadius="50" />
<!--描边 -->
<stroke
                android:width="2dp"
                android:color="#dcdcdc"
                android:dashWidth="5dp"
                android:dashGap="3dp"/>
<!--圆角 -->
<corners
                android:radius="2dp"/>
<padding
                android:left="10dp"
                android:top="10dp"
                android:right="10dp"
                android:bottom="10dp"/>
</shape>
</item>
<item android:state_focused="true" >
<shape>
<gradient
                android:startColor="#ffc2b7"
                android:endColor="#ffc2b7"
                android:angle="270"/>
<stroke
                android:width="2dp"
                android:color="#dcdcdc" />
<corners
                android:radius="2dp"/>
<padding
                android:left="10dp"
                android:top="10dp"
                android:right="10dp"
                android:bottom="10dp"/>
</shape>
</item>
<item>
<shape>
<solid android:color="#ff9d77"/>
```

```
<stroke
            android:width="2dp"
            android:color="#fad3cf" />
<corners
            android:topRightRadius="5dp"
            android:bottomLeftRadius="5dp"
            android:topLeftRadius="0dp"
            android:bottomRightRadius="0dp"/>
<padding
            android:left="10dp"
            android:top="10dp"
            android:right="10dp"
            android:bottom="10dp"/>
</shape>
</item>
</selector>
```

该 Shape 绘制资源,被 main. xml 中的两个 Button 调用,代码如下:

```
<ImageButton
    android:id="@+id/button"
    android:src="@drawable/buttonstyle"
    android:layout_width="136dp"
    android:layout_height="110dp"/>
<ImageButton
    android:id="@+id/button1"
    android:background="@drawable/buttonstyle"
    android:layout_width="136dp"
    android:layout_height="110dp"/>
```

5.1.4 菜单资源

菜单资源位于/res/menu/目录下。相较于其他资源而言,菜单在 Android 中很多时候是用代码直接生成的,直接用资源的情况较少。在 Android 中有三类菜单:选项菜单、上下文菜单和子菜单。选项菜单和子菜单的创建都遵循下列步骤。

① 覆盖 Activity 的 OnCreateOptionsMenu(Menu menu)方法,在其中添加弹出菜单的代码。

② 覆盖 Activity 的 OnOptionsItemSelected()方法,在其中添加选中不同菜单项后的处理流程。

如果通过资源创建菜单,两者的代码没有区别,只是资源编辑考虑了树形结构。假如代码创建,前者使用 Menu 的 add 方法,后者通过 SubMenu 的 Add 方法。

上下文菜单的创建步骤如下。

① 覆盖 Activity 的 OnCreateContextMenu()方法,在其中添加弹出菜单的代码。

② 覆盖 Activity 的 OnContextItemSelected()方法，在其中添加选中不同菜单项后的处理流程。

③ 一般在 Activity 的 OnCreate 函数中调用 registerForContextMenu()方法，为视图注册上下文菜单。

假如有个菜单资源文件 res/menu/menufile. xml，其菜单资源代码如下：

```xml
<?xml version="1.0"encoding="utf-8"?>
<menuxmlns:android="http://schemas.android.com/apk/res/android">
<item android:id="@[+][package:]id/resource_name"
    android:title="string"
    android:titleCondensed="string"
    android:icon="@[package:]drawable/drawable_resource_name"
    android:onClick="method name"
    android:showAsAction=["ifRoom" | "never" |"withText" | "always"]
    android:actionLayout="@[package:]layout/layout_resource_name"
    android:actionViewClass="class name"
    android:alphabeticShortcut="string"
    android:numericShortcut="string"
    android:checkable=["true" | "false"]
    android:visible=["true" | "false"]
    android:enabled=["true" | "false"]
    android:menuCategory=["container" | "system" |"secondary" | "alternative"]
    android:orderInCategory="integer" />
<group android:id="@[+][package:]id/resource name"
    android:checkableBehavior=["none" | "all" |"single"]
    android:visible=["true" | "false"]
    android:enabled=["true" |"false"]
    android:menuCategory=["container" | "system" |"secondary" | "alternative"]
    android:orderInCategory="integer" >
<item />
</group>
<item >
<menu>
<item />
</menu>
</item>
</menu>
```

该菜单资源通过如下渠道访问。

（1）XML 资源定义中

```
@[package:]menu/menufile
```

（2）Java 代码中

```
R.menu.menufile
```

由上述语法结构可知,<menu>是根元素。在<menu>根元素里面嵌套<item>和<group>子元素。<item>元素中也可嵌套<menu>,形成子菜单,下面简单分析语法中的标签。

① <menu>标签是根元素,没有属性,可包含<item>和<group>子元素。

② <group>标签表示一个菜单组,相同的菜单组可以一起设置其属性,例如visible、enabled 和 checkable 等属性,说明如下。

- id:唯一标识该菜单组的引用 ID。
- menuCategory:对菜单进行分类,定义菜单的优先级,有效值为 container、system、secondary 和 alternative。
- orderInCategory:一个分类排序整数。
- checkableBehavior:选择行为,单选、多选或其他。有效值为 none、all 和 single。
- visible:是否可见,true 或者 false。
- enabled:是否可用,true 或者 false。

③ <item>标签表示具体的菜单项,包含在<menu>或<group>中。<item>元素的属性说明如下。

- id:唯一标识菜单的 ID 引用。选中该菜单项,MenuItem::getItemId()返回的就是该 ID 值。
- menuCategory:菜单分类。
- orderInCategory:分类排序。
- title:菜单标题字符串。
- titleCondensed:浓缩标题,在标题太长的时候使用。
- icon:菜单的图标。
- alphabeticShortcut:字符快捷键。
- numericShortcut:数字快捷键。
- checkable:是否可选。
- checked:是否已经被选。
- visible:是否可见。
- enabled:是否可用。

5.1.5 动画资源

Android 3.0 SDK 发布后,动画提供了以下三种实现方案。

(1) 逐帧动画类型(Frame by Frame Animation):这种动画的效果跟电影和 GIF 动画的原理一样,即用一帧一帧的图片设定显示时间和顺序,然后顺序播放,调用资源的相关源码位于 \ drawable \ AnimationDrawable. java 中,具体类是 android. graphics. drawable. animationdrawable。

(2) 补间动画(Tween Animation):这种动画是针对 View 控件进行移动、缩放、旋转和 Alpha 渐变等操作来实现动画效果。调用资源的相关源码不像逐帧动画那么简单,具体有个源码包位于\ frameworks \ base \ core \ java \ android \ view \ animation(即 android.

view. animation 包）。

（3）属性动画（Property Animation）：这种动画是 Android 3.0 新引进的动画框架。和上述动画相比，它更专注于对象属性的变化，通过改变对象的属性实现动画，不论该对象是否可见。该动画使用的源码包为 android. animation。不过通过 SDK 自带的 APIDemo 程序提供的案例可以看出，实现的效果与补间动画类似，只不过不用通过 View 控件来实现。

1. 逐帧动画

逐帧动画的资源定义文件放置在/res/drawable/下面，也可以放置在/res/anim/文件夹下。由于放置的位置不同，导致调用时需要区分。语法文件 frameanim. xml 如下：

```
<?xml version="1.0"encoding="utf-8"?>
< animation - listxmlns: android =" http://schemas. android. com/apk/res/
android"
android:oneshot=["true" | "false"] >
<item
    android:drawable="@[package:]drawable/drawable_resource_name"
    android:duration="integer" />
</animation-list>
```

如果该文件被放置于 res/drawable 或 res/anim，调用时的情况分述如下。

（1）在 XML 中的调用

```
@[package:]drawable/frameanim
```

或

```
@[package:]anim/frameanim
```

（2）在 Java 代码中的调用

```
R.drawable.frameanim
```

或

```
R.anim.frameanim
```

2. 补间动画

该类资源定义必须在 res/anim 目录下。补间动画源自 Flash 动画制作，即给出两个关键帧，在中间需要做"补间动画"，才能实现图画的运动；插入补间动画后，两个关键帧之间的插补帧是由计算机自动运算得到的。所以相对补间动画，需要的参数有起始帧、结束帧、变化方式和变化速度。Android SDK 提供了四类基本变化方法，详见如下语法：

```
<?xml version="1.0"encoding="utf-8"?>
<setxmlns:android="http://schemas.android.com/apk/res/android"
    android:interpolator="@[package:]anim/interpolator_resource"
    android:shareInterpolator=["true" | "false"] >
<alpha
    android:fromAlpha="float"
    android:toAlpha="float"
    android:duration="int" />
<scale
    android:fromXScale="float"
    android:toXScale="float"
    android:fromYScale="float"
    android:toYScale="float"
    android:pivotX="float"
    android:pivotY="float" />
<translate
    android:fromXDelta="float"
    android:toXDelta="float"
    android:fromYDelta="float"
    android:toYDelta="float" />
<rotate
    android:fromDegrees="float"
    android:toDegrees="float"
    android:pivotX="float"
    android:pivotY="float" />
<set>
    ⋮
</set>
</set>
```

以上四种变化方法分别对应如下四个变化函数。

（1）AlphaAnimation(float fromAlpha,float toAlpha)。

功能：构建一个透明度渐变动画。

参数：fromAlpha 为动画起始帧的透明度，toAlpha 为动画结束帧的透明度（0.0 表示完全透明，1.0 表完全不透明）。

（2）RotateAnimation（float fromDegrees, float toDegrees, int pivotXType, float pivotXValue,int pivotYType,float pivotYValue）。

功能：构建一个旋转画面的动画。

参数：fromDegrees 为开始帧的角度，toDegrees 是结束帧的角度（负的度数表示逆时针角度，比如 fromDegrees＝180,toDegrees＝－360,则开始帧位置是图像绕圆心顺时针转 180°,逆时针旋转至 540°）；后面四个参数决定了旋转的圆心位置。pivotXType 和 pivotYType 确定了圆心位置的类型，pivotXValue 和 pivotYValue 是具体的位置坐标系数，类型参数有 Animation. ABSOLUTE、Animation. RELATIVE _ TO _ SELF 和 Animation. RELATIVE_TO_PARENT 三种。当 ABSOLUTE 时，表示绝对坐标，此时 pivotXValue 和 pivotYValue 就是屏幕上的绝对像素坐标位置，即（android：pivotX＝"20" android：pivotY＝

"20")表示圆心为(20,20)这个点;RELATIVE_TO_SELF 表示相对自身,即假设自身为(0,
0,20,20)的矩形控件,那么(android:pivotX="50%" android:pivotY="50%")表示圆心的位
置为控件的中心,即绝对坐标(10,10);RELATIVE_To_PARENT 显然就是对父窗口的比例
圆心,用(android:pivotX="50%p" android:pivotY="50%p")表示绕父窗口中心点旋转。

（3）ScaleAnimation(float fromX,float toX,float fromY,float toY,intpivotXType,
float pivotXValue,int pivotYType,float pivotYValue)。

功能:构建一个缩放动画。

参数:fromX、fromY、toX、toY 分别表示起始帧和结束帧相对于源图像在 X 和 Y 方
向的伸缩大小。0.0 表示缩小到无,小于 1.0 表示缩小;1.0 表示正常大小,大于 1.0 表示
放大。后面四个参数与旋转的参数等同,表示缩放时的参考点。

（4）TranslateAnimation(int fromXType,float fromXValue,int toXType,float
toXValue,int fromYType,float fromYValue,int toYType,float toYValue)。

功能:构建一个位移动画。

参数:前面四个参数确定一个起始坐标,后面四个参数确定一个结束坐标,这些坐标
位置采用了类似旋转圆心的算法。

3. 属性动画

属性动画使对象的属性值在一定时间间隔内变化到某一个值。属性动画一般要求资
源定义文件位于/res/animator/下;但是如果将其放置在 res/anim 下,也是允许的。比如
在 res/anim/propertyanimations.xml 文件中进行如下定义:

```
<set
android:ordering=["together" | "sequentially"]>
<objectAnimator android:propertyName="string"
    android:duration="int"
    android:valueFrom="float | int | color"
    android:valueTo="float | int | color"
    android:startOffset="int"
    android:repeatCount="int"
    android:repeatMode=["repeat" | "reverse"]
    android:valueType=["intType" | "floatType"]/>
<animator
    android:duration="int"
    android:valueFrom="float | int | color"
    android:valueTo="float | int | color"
    android:startOffset="int"
    android:repeatCount="int"
    android:repeatMode=["repeat" | "reverse"]
    android:valueType=["intType" | "floatType"]/>
<set>
    ⋮
</set>
</set>
```

在 XML 中可以对其进行如下调用:

```
@[package:]anim/propertyanimations
```

在 Java 代码中可以对其进行如下调用：

```
R.anim.propertyanimations
```

通过 3.0 SDK 自带的例子 API demo，对属性动画能做的事情，补间动画也能做，只不过属性动画直接针对图像或 Drawable 资源，也可以是 Widget 控件，而补间动画必须借助 Widget 控件来实现。

5.1.6　风格和主题资源

对于拥有多界面和多控件的 Android 程序来说，保持界面网络统一是一项挑战。利用 Android 提供的风格和主题资源，可以完美地解决这个问题。

风格和主题的语法其实是一样的，只是运用环境不同。Theme 是针对窗体级别的，改变窗体样式；Style 是针对窗体元素级别的，改变指定控件或者 Layout 的样式。

Android 系统的 themes.xml 和 style.xml（位于 /base/core/res/res/values/）包含很多系统定义好的 Style，一般使用系统的就可以。若需要扩展，建议在其中挑选合适的，再继承修改。

Style&Theme 资源定义文件放置在 res/values 下面，语法形式如下：

```
<?xml version="1.0"encoding="utf-8"?>
<resources>
<style name="style_name"
    parent="@[package:]style/style_to_inherit">
<itemname="[package:]style_property_name">style_value</item>
</style>
</resources>
```

通过 @[package:]style/style_nam 或者 R.style.style_name 调用。

5.1.7　创建资源

当创建好一个 Android 工程时，和 src 源文件并列有两个文件夹，分别是 res 和 assets。这两个文件都是用来放资源文件的。

res 中的资源可以直接通过 R 资源类访问，其中的资源经常用到。

assets 中的资源是保存的一些原生文件，不能直接读取，只能通过二进制流的形式读取（原生文件，如 MP3 文件，必须通过 AssetManager 类以二进制流的形式读取）。其中的资源用得比较少。

资源目录结构如图 5-1 所示。

图 5-1　Android 资源目录结构

从图 5-1 中可以看出，res 目录中包括上述各种资源目录，不同类型的资源文件放在相应的子目录中，如表 5-3 所示。

表 5-3　Android 资源布局类型表

目　录　结　构	资　源　类　型
res/anim/	XML 动画文件
res/drawable/	一些位图文件
res/layout	XML 布局文件
res/values/	各种 XML 资源文件 arrays. xml：XML 数组文件 colors. xml：XML 颜色文件 dimenss. xml：XML 尺寸文件 styless. xml：XML 样式文件
res/xml/	任意 XML 文件
res/raw/	直接复制到设备中的原生文件
res/menu/	XML 菜单文件

5.2　访 问 资 源

Android 程序需要的资源可以通过 key-value 的形式引用。也就是说，每一个资源（文件）都对应一个 key，value 就是资源（文件）本身。

访问资源有两种方法：从代码中访问资源和从 XML 文件中访问资源。

5.2.1　生成资源类文件

任何资源都需要通过一个简单的值（key）来获得，这个 key 存在 R 类（位于 R. java 文件中）中。R 类是一个普通的 Java 类，R. java 由系统自动生成（在 Android 工程的 gen 目录中）。当向 res 目录添加新的资源或修改某些资源名字时，ADT 使用 res 目录中的资源来同步 R 类。下面介绍一个简单的 R 类，代码如下：

```
package mobile.android.jx.shape;
public final class R {
    //数组资源
    public static final class attr {
    }
    //图像资源
    public static final class drawable {
        public static final int icon=0x7f020000;
        public static final int shape=0x7f020001;
    }
    //布局资源
    public static final class layout {
```

```
        public static final int main=0x7f030000;
    }
    //字符串资源
    public static final class string {
        public static final int app_name=0x7f040001;
        public static final int hello=0x7f040000;
    }
}
```

从上述代码可以看出,R 类中包含多个内嵌类,这几个内嵌类的类名分别与前述资源类型相同。根据这几个类得出一个结论:所有资源对应的索引(key)都被封装在 R 类的内嵌类中,而且大多数资源对应的内嵌类都是以资源目录名作为类名的,如 drawable、string 等。

R 类中的每一个内嵌类都定义了若干个 int 类型的常量,每一个常量都对应一个资源,所以,这些常量就相当于前述与资源对应的 key。在编译 Android 程序时,系统自动将这些常量与相应的资源一一对应。因此,可以直接使用这些常量来引用资源。

5.2.2 从代码中访问资源

在代码中访问资源文件,是通过使用 R 资源类中定义的资源文件类型和资源文件名称实现的,格式为:R. 资源文件类型. 资源文件名称。例如,Java 代码:

```
// 设置 Activity 显示的布局视图
setContentView(R.layout.login_system);
// 获得 Button 实例
cancelBtn=(Button)findViewById(R.id.cancelButton);
loginBtn=(Button)findViewById(R.id.loginButton);
// 获得 TextView 实例
userEditText=(EditText)findViewById(R.id.userEditText);
pwdEditText=(EditText)findViewById(R.id.pwdEditText);
```

另外,除了访问用户自己定义的资源文件,还可以访问系统中的资源文件。大部分资源文件被定义在 Android 包下的 R 类中。访问系统中的资源文件的格式为:android. R. 资源文件类型. 资源文件名称。例如,Java 代码:

```
int i ;
// 动画
i=android.R.anim.fade_in;
// 数组
i=android.R.array.emailAddressTypes;
// 颜色
i=android.R.color.darker_gray;
// 尺寸
i=android.R.dimen.app_icon_size;
```

```
// 可绘制图片
i=android.R.drawable.title_bar;
// 字符串
i=android.R.string.cancel;
```

从上述内容可知,在代码中引用资源实际上是引用 R 类中的某个 int 类型的常量。除了在当前应用程序中生成的 R 类外,系统还预定义了一个 R 类,其中定义了很多系统资源对应的资源 ID。也可以像引用当前工程的 R 类一样引用系统的 R 类。由于系统在 R 类的 Android 包中,因此,用下述代码使用系统的资源:

```
TextView textview=(TextView)findViewById(R.id.textview);
Textview.setText(android.R.string.copy);
```

5.2.3　从 XML 文件中访问资源

对于 XML 文件来说,可以在 XML 资源文件的某个标签的属性中引用资源,其属性中引用资源的语法如下:

```
@[<package_name>:]<resource_type>/<resource_name>
```

其中,<pachage_name>是 R 类的 package。如果 R 类的 package 与 AndroidManifest.xml 文件中定义的 package 相同,可以不指定 package。但如果引用系统资源,需要使用 package,例如@android:string/copy。

<resource_type>指的是 R 类的子类名称,如 drawable、string、id 等。

<resource_name>指的是资源文件名(不包含扩展名)或 XML 资源文件中标签的 android:name 属性值,也就是 R 类中相应子类的变量名。

某些属性必须引用资源 ID 才可以使用,但大多数属性可以使用属性值或资源 ID。在 res\values\strings.xml 文件中定义的资源如下:

```
<?xml version="1.0" encoding="utf-8"?>
<resources>
<string name="hello">Hello World,Clip!</string>
<string name="app_name">Clip</string>
</resources>
```

5.3　在代码中存取资源

由于很多资源都是在代码中动态产生的,需要在程序退出之前用代码来保存资源,在程序重新启动时恢复资源。通过 Android SDK 可以很好地完成资源存取。本节介绍如何存取简单资源和对象资源。

5.3.1 存取简单资源

在代码中存取简单资源的工程目录为 src\ch6\simple_resource。

系统经常在代码中使用 Bundle 对象，在不同 Android 组件之间传递数据。实际上，Bundle 相当于一个 Map 对象，可以存取 key-value 类型的值。其中，value 是简单类型的数据或可序列化的对象。相对于 Map，它提供了各种常用类型的 putXxx()/getXxx()方法，如 putString()/getString()和 putInt()/getInt()。putXxx()用于往 Bundle 对象放入数据，getXxx()方法用于从 Bundle 对象获取数据。Bundle 的内部实际上是使用 HashMap＜String，Object＞类型的变量来存放 putXxx()方法放入的值如下：

```
public final class Bundle implements Parcelable,Cloneable {
     ⋮
   Map<String,Object>mMap;
   public Bundle() {
      mMap=new HashMap<String,Object>();
        ⋮
   }
   public void putString(String key,String value) {
      mMap.put(key,value);
   }
   public String getString(String key) {
      Object o=mMap.get(key);
      return (String) o;
      ……//类型转换失败后返回 null,这里省略了类型转换失败后的处理代码
   }
}
```

在调用 Bundle 对象的 getXxx()方法时，方法内部从该变量中获取数据，然后对数据进行类型转换。转换成什么类型，由方法的 Xxx 决定。getXxx()方法把转换后的值返回。

1. 使用 Bundle 在 Activity 间传递数据(实例一)

从源 Activity 中传递数据：

```
//数据写入 Intent
Intent openWelcomeActivityIntent=new Intent();
Bundle myBundelForName=new Bundle();
myBundelForName.putString("Key_Name",inName.getText().toString());
myBundelForName.putString("Key_Age",inAge.getText().toString());
openWelcomeActivityIntent.putExtras(myBundelForName);
openWelcomeActivityIntent.setClass(AndroidBundel.this,Welcome.class);
startActivity(openWelcomeActivityIntent);
```

从目标 Activity 中获取数据：

```
//从 Intent 中获取数据
Bundle myBundelForGetName=this.getIntent().getExtras();
String name=myBundelForGetName.getString("Key_Name");
myTextView_showName.setText("欢迎您进入："+name);
```

2. 使用 Bundle 在 Activity 间传递数据(实例二)

从源请求 Activity 中,通过一个 Intent 把一个服务请求传到目标 Activity 中:

```
private Intent toNextIntent;    //Intent 成员声明
toNextIntent=new Intent();      //Intent 定义
toNextIntent.setClass(TwoActivityME3.this,SecondActivity3.class);
                                //设定开启的下一个 Activity
startActivityForResult(toNextIntent,REQUEST_ASK);
                                //开启 Intent 时,同时传递请求码
```

在源请求 Activity 中等待 Intent 返回应答结果,通过重载 onActivityResult()方法实现:

```
@Override
protected void onActivityResult(int requestCode,int resultCode, Intent data)
{
    //TODO Auto-generated method stub
    super.onActivityResult(requestCode, resultCode, data);
    if(requestCode==REQUEST_ASK)
    {
        if(resultCode==RESULT_CANCELED)
        {
            setTitle("Cancel****");
        }
        else if(resultCode==RESULT_OK)
        {
            showBundle=data.getExtras();              //从返回的 Intent 中获得 Bundle
            Name=showBundle.getString("myName");   //从 bundle 中获得相应数据
            text.setText("the name get from the second layout:\n"+Name);
        }
    }
}
```

第一个参数是开启请求 Intent 时的对应请求码,可以自定义。

第二个参数是目标 Activity 返回的验证结果码。

第三个参数是目标 Activity 返回的 Intent。

目标 Activity 中发送请求结果代码,连同源 Activity 请求的数据一同绑定到 Bundle 中,通过 Intent 传回源请求 Activity。

```
backIntent=new Intent();
stringBundle=new Bundle();
stringBundle.putString("myName",Name);
backIntent.putExtras(stringBundle);
setResult(RESULT_OK,backIntent);      //返回 Activity 结果码
finish();
```

5.3.2　存取对象资源

在代码中存取对象资源的工程目录为 src\ch6\auto_object_resource。

Bundle 可以保存的对象必须是可序列化的。如果对象非常大,将大量消耗系统资源,也会使系统运行效率大大降低,而且不是每一个对象都可以序列化,因此需要一种机制来保存对象,这就是 Android SDK 提供的 Activity.onRetainNonConfiguarationInstance 方法。其语法格式如下:

```
public Object onRetainNonConfigurationInstance()
```

onRetainNonConfigurationInstance 方法没有参数,但需要返回一个 Object 类型的值。该方法的返回值实际上就是要保存的对象,可以通过 getLastNonConfigurationInstance 方法获得被保存的对象。ObjectResource.java 的源代码如下:

```
package mobile.android.jx.auto.object.resource;
import android.app.Activity;
import android.os.Bundle;
import android.util.Log;
import android.view.View;
import android.widget.Toast;
public class ObjectResource extends Activity
{
    private MyObject myObject;
    @Override
    public void onCreate(Bundle savedInstanceState)
    {
        super.onCreate(savedInstanceState);
        setContentView(R.layout.main);
        //获取被保存的对象
        myObject=(MyObject) getLastNonConfigurationInstance();
        //如果未保存对象,则创建一个新的对象
        if (myObject==null)
            myObject=new MyObject();
    }
    @Override
```

```
public Object onRetainNonConfigurationInstance()
{
    //在 LogCat 视图中输出信息
    Log.d("method","onRetainNonConfigurationInstance");
    //返回要保存的对象
    return myObject;
}
//设置对象属性值的按钮单击事件
public void onClick_SetObjectValue(View view)
{
    myObject.id=1;
    myObject.name="张三";
}
//显示对象属性值的按钮单击事件
public void onClick_ShowObjectValue(View view)
{
    if (myObject !=null)
    {
        Toast.makeText(this,
            "id: " +myObject.id +"\n name:" +myObject.name,
            Toast.LENGTH_LONG).show();
    }
}
```

在 ObjectResource 类中使用一个 MyObject 类,该类的代码如下:

```
package mobile.android.jx.auto.object.resource;
public class MyObject
{
    public int id=20;
    public String name="John";
}
```

运行程序后,单击"设置对象属性值"按钮,再单击"显示对象属性值"按钮,将显示相应的 Toast 信息框。

5.4　资源本地化

　　Android 运行在不同地区的各种设备上。为满足大多数用户的需要,应用程序应该使用与应用所在地区相适应的文本、音频文件、数字、货币符号以及图形等。这就要求应用程序可以根据手机上的不同设置调整界面的语言、列表项的显示顺序、图像的显示等。这种根据手机的设置(主要指与地域有关的设置)对程序进行的调整称为本地化,也称为国际化。

1. 默认资源的重要性

当应用程序运行在一个没有提供特定语言文本的语言环境中时，Android 从 res/values/strings.xml 中加载默认的字符串。如果默认的文件不存在，或者是缺少应用程序需要的字符串，应用程序就不会运行，并且显示一个错误。下面的情况演示了当默认文本文件不完整时发生的问题。

应用程序的 Java 代码只引用了两个字符串：text_a 和 text_b。该应用程序包含用英语定义的 text_a 和 text_b 的本地资源文件（res/values-en/strings.xml）。应用程序还包含一个默认的资源文件（res/values/strings.xml），文件中包含 text_a 的定义，但没有定义 text_b。接下来将发生以下三种情况。

（1）应用程序编译时可能没有问题。像 Eclipse 这样的 IDE，如果资源有错误，它是不会报告的。

（2）当应用程序在设置了英语语言环境的设备上启动时，应用程序能够正确运行，因为 res/values-en/strings.xml 中包含它所需要的文本字符串。

（3）当应用程序在设置了英语以外的其他语言环境的设备上启动时，用户会看到一个错误信息和强制关闭按钮。

要防止这种情况发生，必须确保 res/values/strings.xml 文件存在，并且定义了每个需要的字符串。这适用于所有类型的资源，不只是字符串。因此，要给应用程序需要的所有类型的资源创建默认资源文件，包括布局资源、可描画资源、动画资源等。

2. 如何创建默认资源

把应用程序的默认文本放到下述位置和名称的一个文件中：

```
res/values/strings.xml
```

在 res/values/strings.xml 中的文本字符串应该使用默认语言，这是期望大多数应用程序用户会说的语言。

必须设置的默认资源还包括其他任何可描画资源、布局资源以及动画资源。

（1）res/drawable/：该目录中至少包含一个图形文件，用于 Android 启动应用的图标。

（2）res/layout/：该目录存放定义默认布局的 XML 文件。

（3）res/anim/：如果需要，可以有任意个 res/anim-<qualifiers>文件夹。

（4）res/xml/：如果需要，可以有任意个 res/xml-<qualifiers>文件夹。

（5）res/raw/：如果需要，可以有任意个 res/raw-<qualifiers>文件夹。

提示：在代码中，检查每个引用的 Android 资源，确保每个资源都有默认的资源定义，还要确保默认字符串文件的完整性。本地化字符串文件可以是全部字符串的一个子集，但默认字符串文件必须包含全部字符串。

3. 如何创建可选资源

本地化应用程序的大部分工作是给不同的语言提供可选的文本。在某些情况下，还需要提供可选的图形、声音、布局以及其他特定环境的资源。

应用程序能够用不同的限定符指定许多 res/<qualifiers>/目录。使用特定语言或语言加地区的组合限定符,能够给不同的语言环境创建可选资源(资源目录的名称必须是在"提供可选资源"文档中介绍的命名方案,否则不会被编译)。

例如,假设应用程序的默认语言是英语,要把应用程序中的文本本地化为法语,并且想要应用程序适用于日语环境(除了应用程序的标题以外)。这时需要创建三个可替代的 strings. xml 文件,每个文件被保存在指定的资源目录中。

(1) res/values/strings. xml:包含应用程序使用的所有英语文本,包括标题的命名文本。

(2) res/values-fr/strings. xml:包含字符串的所有法语文本,包含标题。

(3) res/values-ja/strings. xml:包含除了标题以外的所有字符串的日语文本。

如果 Java 代码中应用了 R. string. title 资源,在运行时发生下述情况。

(1) 如果设备被设置成法语以外的其他任意语言,Android 会从 res/values/strings. xml 文件加载标题。

(2) 如果设备被设置成法语语言环境,Android 从 res/values-fr/strings. xml 文件加载标题。

需要注意的是,如果设备是日语环境,Android 首先从 res/vaues-ja/strings. xml 文件中查找标题,但是因为该文件中没有包含标题字符串,所以 Android 在返回时使用默认的标题,即从 res/values/strings. xml 文件加载标题资源。

4. 本地化策略

本地化策略采用下述两种策略来完成。

1) 设计可以在任何语言环境中工作的应用程序

不能假设应用程序运行的设备上的任何事情。设备可能有其他硬件,或者设置了计划外或没有测试过的语言环境。因此要设计程序,以便无论在什么样的设备上,都能正常地运行。

注意:确保应用程序包含所有默认资源集;确保包括应用程序需要的所有图片和文本的 res/drawable/和 res/values/文件夹(在文件夹名称中不带有任何其他修饰)。

即使应用程序遇到一个默认资源错误,它也不会在不支持的设备环境中运行。例如,res/values/strings. xml 默认文件可能缺少一个应用程序需要的字符串,当应用程序运行在一个不支持的语言环境中,并且试图加载 res/values/strings. xml 文件时,用户会看到一个错误消息和一个强制关闭按钮。而 Eclipse 的 IDE 不会发现这类错误,在被支持的语言环境的设备或模拟器上测试时,不会发现此问题。

2) 避免创建多余的资源文件和文本字符串

在应用程序中,不可能给每种资源都创建特定语言环境的可选资源。例如,定义在 res/layout/main. xml 文件中的布局可以在任何语言环境中工作,因此没有必要给任何语言环境都创建可选的布局资源文件。

此外,下列情况可能不需要给每个字符串都创建可选的文本。

(1) 应用程序的默认语言是美式英语。应用程序使用的每个字符串都使用美式英语的拼写,它们被保存在 res/values/strings. xml 文件中。

（2）对于一些重要的短语，想要提供英式英语拼写，以便应用程序运行在英国的设备上时使用这些可选资源。

要做这件事情，需要创建一个称为 res/values-en-rGB/strings.xml 的小文件，其中只包含与在美国运行时不同的字符串。对于其余所有的字符串，应用程序都会使用定义在 res/values/strings.xml 文件中的默认字符串。

可以使用 Android 提供的 Context 对象手动地查找设备的语言环境：

```
String locale=context.getResources().getConfiguration().locale.getDisplayName();
```

5.5 编译在 Android 中的应用

目前一些主流编程语言（如 Java、C♯、C++ 等）都有各自的编译器。业务开发过程中使用编程语言，主要是使用其编译器，一般不涉及底层编译技术。然而，编译技术不仅被用在这些编程语言中，在开发过程中，编译技术几乎无处不在。例如，解析 XML 文档、分析某些带结构的文本、计算一个表达式等，都会用到编译技术。

1. Android 编译系统概述

Android 使用定制的编译系统来生成工具、二进制文件和文档。Android 的编译系统基于最新版本的 GNU Make（注：Android 使用 GNU Make 的一些高级特性，这些特性可能并不一定在 GNU Make 官网上出现）。在继续下面的步骤前，先用 make -v 检测 Make 版本。如果版本在 3.80 以下，需要更新 Make。

2. 理解 Makefile

Makefile 定义了如何编译一个特定的应用程序。典型的 Makefile 一般包括下面几个元素。

（1）名字：给出要编译目标的名字（LOCAL_MOUDLE :=<build_name>）。

（2）本地变量：用 CLEAR_VAR 清除本地变量（include $(CLEAR_CARS)）。

（3）文件：决定应用依赖的源文件（LOCAL_SRC_FILES := main.c）。

（4）标签：必要时，定义标签（LOCAL_MODULE_TAGS :=ENG development）。

（5）库文件：定义应用程序需要链接的库文件（LOCAL_SHARED_LIBRARIES := cutils）。

（6）模板文件：针对特定目标，包含一个模板文件（include $(BUILD_EXECUTABLE)）。

下面的代码片段介绍了一个典型的 Makefile：

```
LOCAL_PATH :=$ (my-dir)
include $ (CLEAR_VARS)
LOCAL_MODULE :=<buil_name>
LOCAL_SRC_FILES :=main.c
LOCAL_MODULE_TAGS :=eng development
LOCAL_SHARED_LIBRARIES :=cutils
include $ (BUILD_EXECUTABLE)
```

```
(HOST_)EXECUTABLE,
(HOST_)JAVA_LIBRARY,
(HOST_)PREBUILT,
(HOST_)SHARED_LIBRARY,
(HOST_)STATIC_LIBRARY,PACKAGE,JAVADOC,RAW_EXECUTABLE,RAW_STATIC_LIBRARY,
    COPY_HEADERS,KEY_CHAR_MAP
```

3. 图层

表 5-4 所示为 Android 编译系统的图层描述。

每一层都涉及其上的一个一对多关系。例如，Arch 可以有超过一个 Board，每块 Borad 可以有一个以上的 Device。可以在一个给定的图层中定义一个与其他元素相似的元素，从而简化维护。

表 5-4　图层描述

图层	例子	描述
Product	myProduct	该图层定义了一个规格完整的产品，定义了编译哪些模块和怎样配置它们
Device	myDevice	该层代表设备的物理层。例如，北美设备可能包括 QWERTY 键盘，而在法国出售的设备可能包括 AZERTY 键盘。外设通常链接到该层
Borad	goldfish trout	该层描述了一个产品的基本最小核心架构，可以通过该层连接到外围设备
Arch	arm x86	该层描述板子上的处理器

4. 编译 Android 平台

这部分描述如何编译 Android 的默认版本。

1）设备源码

编译通用版本的 Android。首先，source build/envsetup. sh 文件包含必要的变量和函数定义，如下：

```
$cd $TOP
$.build/envsetup.sh
$choosecombo
$make -j4 PROUDUCT-generic-user
```

也可以用 eng 代替 user 进行编译，方便调试：

```
$make -j4 PRODUCT-generic-eng
```

这些选项（如 eng、user）不同于调试选项和安装的包。

2）清除

执行 $ m clean 清除刚刚编译的二进制文件。另外，执行 $ m clobber 来清除所有组合下的二进制文件；不同的是，$ m clobber 把存储目标文件的 out 目录删除。

3）快速重新编译

每一个组合存储在 out 子目录下。如果可以在编译组合间切换，而不是每次编译所有的源码,就可以更快地编译。然而,如果编译系统没有捕获到环境变量或 Makefile 的改变,执行纯净的重新编译还是有必要的。

5.6 Android 安全管理

Android 是一个多进程系统。在此系统中,应用程序(或者系统的部分)在自己的进程中运行。系统和应用之间的安全性通过 Linux 的 Facilities(工具)在进程级别强制实现,比如,给应用程序分配 user ID 和 Group ID。更细化的安全特性是通过 Permission 机制对特定进程的特定操作来限制,per-URI Permissions 对获取特定数据的 Access 专门权限进行限制。所以,应用程序之间一般不可以互相访问;但是 Anroid 提供了一种 Permission 机制,用于应用程序之间数据和功能的安全访问。

5.6.1 安全架构

Android 安全架构中的中心思想是:应用程序在默认情况下不可以执行任何对其他应用程序、系统或者用户带来负面影响的操作,包括读或写用户的私有数据(如联系人数据或 E-mail 数据)、读或写另一个应用程序的文件、网络连接、保持设备处于非睡眠状态。

一个应用程序的进程就是一个安全的沙盒。它不能干扰其他应用程序,除非显式地声明了 Permissions,以便获取基本沙盒不具备的额外的能力。它请求的这些权限 Permissions 可以被各种各样的操作处理,如自动允许该权限,或者通过用户提示或证书来禁止该权限。应用程序需要的那些 Permissions 静态地在程序中声明,所以会在程序安装时被知晓,并不会再改变。

所有的 Android 应用程序(.apk 文件)必须用证书进行签名认证,该证书的私钥是由开发者保存的,用于识别应用程序的作者。该证书也不需要 CA 签名认证(注:CA 是一个第三方的证书认证机构,如 Verisign 等)。Android 应用程序允许而且一般都使用 Self-Signed 证书(即自签名证书)。证书用于在应用程序之间建立信任关系,而不用于控制程序是否可以安装。签名影响安全性的最重要方式是通过决定谁可以进入基于签名的 Permissions,以及谁可以分享用户 ID。

5.6.2 权限

权限用来描述是否拥有做某件事的权力。Android 系统中的权限分为普通级别(Normal)、危险级别(Dangerous)、签名级别(Signature)和系统/签名级别(Signature or System)。系统中所有预定义的权限根据作用的不同,分别属于不同的级别。

对于普通和危险级别的权限,称为低级权限,应用申请即授予。其他两级权限,称为高级权限或系统权限,应用拥有 Platform 级别的认证才能申请。当应用试图在没有权限的情况下做受限操作,应用将被系统删掉以警示。

系统应用可以使用任何权限。权限的声明者可无条件地使用该权限。

目前 Android 系统定义了许多权限,通过 SDK 文档用户可以查询到哪些操作需要哪些权限,然后按需申请。

为了执行相应的权限，必须首先在 AndroidManifest. xml 中使用一个或多个 <permission> 标签声明。例如，一个应用程序想控制谁能启动一个 Activity，它可以声明一个执行该操作的许可，如下：

```
< manifest xmlns: android = " http://schemas. android. com/apk/res/android"
package="com.me.app.myapp" >
<permission android:name="com.me.app.myapp.permission.DEADLY_ACTIVITY"
android:label="@string/permlab_deadlyActivity"
android:description="@string/permdesc_deadlyActivity"
android:permissionGroup="android.permission-group.COST_MONEY"
android:protectionLevel="dangerous" />
</manifest>
```

5.6.3　使用权限

应用需要的权限应当在 Users-Permission 属性中申请，所申请的权限应当被系统或某个应用所定义，否则视为无效申请。同时，使用权限的申请需要遵循权限授予条件，非 Platform 认证的应用无法申请高级权限。

所以，程序间访问权限大致分为以下两种。

第一种：低级点的（Permission 的 Protectlevel 属性为 Normal 或者 Dangerous），其调用者 APK 只需声明 <uses-permission>，即可拥有其 Permission。

第二种：高级点的（Permission 的 Protectlevel 属性为 Signature 或者 Signature or System），其调用者 APK 需要和被调用的 APK 一样拥有相同的 Signature。

若想拥有使用权限，必须在 AndroidManifest. xml 文件中包含一个或更多的 <uses-permission> 标签来声明此权限。

例如，低级权限需要监听来自 SMS 消息的应用程序，需要指定如下内容：

```
<manifest xmlns:android="http://schemas.android.com/apk/res/android"
package="com.android.app.myapp" >
<uses-permission android:name="android.permission.RECEIVE_SMS" />
</manifest>
```

安装应用程序的时候，应用程序请求的 Permissions 通过 Package Installer 来批准获取。Package Installer 通过检查该应用程序的签名来确定是否给予该程序 Request 的权限。在用户使用过程中不会检查权限，也就是说，要么在安装的时候就批准该权限，使其按照设计使用该权限；要么不批准，用户也就根本无法使用该 Feature，也不会有任何提示告知用户尝试失败。

例如，高级权限用有 System 级别权限设定的 API 时，需要使其 APK 拥有 System 权限。比如，在 Android 的 API 中用 SystemClock. setCurrentTimeMillis() 函数修改系统时间，有以下两个方法。

第一个方法较简单，但需要在 Android 系统源码的情况下用 Make 来编译。

- 在应用程序 AndroidManifest. xml 中的 Manifest 节点插入 android:sharedUserId=

"android. uid. system"属性。

- 修改 Android. mk 文件,插入 LOCAL_CERTIFICATE := platform 这一行。
- 使用 mm 命令编译,生成的 APK 就有修改系统时间的权限了。

第二个方法相对复杂,开虚拟机跑到源码情况下用 Make 来编译。

- 同上,在应用程序 AndroidManifest. xml 中的 Manifest 节点插入 android: sharedUserId= "android. uid. system"属性。
- 使用 Eclipse 编译出 APK 文件,但是该 APK 文件暂不能用。
- 使用系统的 Platform 密钥给 APK 文件签名。

5.6.4 组件权限

通过 AndroidManifest. xml 文件可以设置高级权限,限制访问系统的所有组件,或者使用应用程序。所有请求都包含在需要的组件中的 Android:Permission 属性。命名该权限,可以控制访问此组件。

1. Activity 权限(使用< activity> 标签)

限制能够启动与 Activity 权限相关联的组件或应用程序。在 Context. startActivity ()和 Activity. startActivityForResult()期间检查。

2. Service 权限(应用< service> 标签)

限制启动、绑定或启动和绑定关联服务的组件或应用程序。此权限在 Context. startService()、Context. stopService()和 Context. bindService()期间要检查。

3. BroadcastReceiver 权限(应用< receiver> 标签)

限制能够为相关联的接收者发送广播的组件或应用程序。在 Context. sendBroadcast()返回后,此权限将被检查,同时系统设法将广播递送至相关接收者。因此,权限失败将导致抛回给调用者一个异常,它将不能递送到目的地。在相同方式下,可以使 Context. registerReceiver()支持一个权限,使其控制能够递送广播至已登记节目接收者的组件或应用程序。

4. ContentProvider 权限(使用< provider> 标签)

用于限制能够访问 ContentProvider 中的数据的组件或应用程序。

如果调用者没有请求权限,为调用抛出一个安全异常(SecurityException)。在所有这些情况下,SecurityException 异常从调用者那里抛出时,不会存储请求权限结果。

5.6.5 其他权限支持

在调用 Service 的过程中可以设置任意 Fine-Grained Permissions(更为细化的权限),这通过 Context. checkCallingPermission ( )方法完成。使用一个想得到的 Permission String 来进行呼叫,当该权限获批的时候,返回给呼叫方一个 Integer(没有获批,也会返回一个 Integer)。需要注意的是,这种情况只能发生在来自另一个进程的呼叫,通常是一个 Service 发布的 IDL 接口,或者是其他方式提供给其他的进程。

Android 提供了很多方式用于检查 Permissions。如果有另一个进程的 PID,可以通过 Context 方法 Context. checkPermission(String,int,int)针对该 PID 检查 Permission。如果有另一个应用程序的 Package Name，可以直接用 PackageManager 的方法 PackageManager. checkPermission(String,String)确定该 Package 是否拥有相应的权限。

本 章 小 结

本章介绍 Android 支持的主要资源，这些资源都保存在 res 目录的相应子目录中。其中，动画资源有两个资源目录：anim 和 animator。animator 目录是从 Android 3.0 才开始支持的，用于保存属性动画文件。除了 res/values 目录中的资源名，其他目录的资源都以文件名在相应子类中生成变量。Android 中的资源可以在某种程度上简化 Android 应用程序的开发过程，提高程序的可维护性。本章还简要介绍了 Android 的编译系统，并分析、讨论了 Android 的安全管理。

第 6 章

Android NDK 开发

Android NDK 是一系列工具的集合。NDK 提供的一系列工具帮助开发者快速开发 C(或 C++)的动态库,并能自动将 SO 和 Java 应用一起打包成 APK。这些工具对开发者的帮助是巨大的。

本章主要内容

- Android NDK 简介;
- NDK 编译环境。

6.1　Android NDK 简介

1. 什么是 NDK

NDK 是一套交叉编译工具,帮助程序员将用 C 或 C++ 书写的代码编译为 .so(类似于 Windows 下的 .dll)格式的文件,使程序员可以在 Android 程序中用 Java 语言(JNI)调用这些代码。

当程序员想在 Java 中调用 C 或 C++ 代码时,就可以使用 NDK。什么时候考虑使用 C 或 C++ 代码呢? 比如,某程序员曾经用 C 或 C++ 写过一个游戏程序,里边有大量封装好的游戏业务逻辑、算法等代码,现在想把这个游戏移植到 Android,如果这些业务逻辑、算法全部用 Java 重写一遍,工作量太大。有了 NDK,可以直接编译、移植代码。

再举一个例子。用 Android 手机的摄像头采集图片信息,然后用 Java 编写一个压缩算法对采集后的图片进行压缩操作。这个算法非常耗时,且耗费 CPU,效果很不理想。这时可以尝试用 C 来编写此压缩算法。改用 C 代码执行后,效率提高几倍,乃至十几倍。当客户对程序的性能、速度要求比较高的时候,也可以考虑用 C 或 C++ 编写部分代码。

如果没有 NDK 编译,这些代码在 Android 上无法运行。

2. Android NDK 的优点与不足

Android NDK 的优点如下。

(1) 运行效率高;

(2) 利于充分发挥软、硬件优势;

(3) 利于代码复用;

(4) 降低版本,控制成本;

（5）降低开发成本。

Android NDK 的缺点如下。

（1）开发难度较高；

（2）调试难度较高（以库的形式存在）；

（3）增加开发团队规模。

6.2 NDK 编译环境

Android NDK 发展到了 1.8 版，集成交叉编译器，支持 ARMv5TE 处理器指令集、JNI 接口和一些稳定的库文件。从 NDK r7 开始，Google 提供了一个 ndk-build. cmd 脚本，可以直接用它编译。通过配置 Path 变量，直接在 CMD 下面运行 ndk-build 命令，即可对 Android 工程中的项目进行编译，降低了编程难度。从 NDK r9 开始，支持“opengl 3”TTS(Text To Sound)转换功能，并修改了一些接口的 Bug。本章的代码示例以 NDK 1.5 为编译环境来编写。

Android NDK 仅支持 Android SDK 1.5 及后续版本，因此 1.0 和 1.1 版本的应用程序不能够使用 Android NDK。

Android NDK 提供一系列说明文档、示例代码和开发工具，指导程序开发人员使用 C/C++ 语言开发库文件，并提供便捷的工具，将库文件打包到 APK 文件中。

Android NDK 编译环境支持 Windows XP、Linux 和 Mac OS，本章仅介绍 Windows 系统的编译环境配置方法，如下所述。

- 下载 Android NDK 的安装包；
- 下载并安装 Cygwin；
- 配置 Cygwin 的 NDK 开发环境；
- 测试开发环境是否可以正常工作。

6.2.1 Android NDK 安装包的下载、解压

将下载的 ZIP 文件解压缩到用户的 Android 开发目录中，将 Android NDK 解压缩到 E:\Android 目录中。ZIP 文件中包含一层目录，因此 Android NDK 的最终路径为 E:\Android\android-ndk-1.5_r1。

6.2.2 Cygwin 下载、安装

由于 NDK 编译代码时必须用到 Make 和 GCC，所以需要先安装 Linux 环境。如果只有 Windows，又不想安装 Linux 环境，Cygwin 派上用场。Cygwin 是一个在 Windows 平台上运行的 Unix 模拟环境，它对于学习 Unix/Linux 操作环境，或者从 Unix 到 Windows 的应用程序移植，非常有用。通过它，开发者可以在不安装 Linux 的情况下使用 NDK 来编译 C 或 C++ 代码。

首先，到 http://www.cygwin.com 下载安装包。下载后，解压到一个目录中。注意，为保险起见，不要解压到带空格和中文目录里，否则会造成下载后解压失败的情况。

解压后，看到以下图标：![setup.exe]双击图标运行，将弹出安装向导界面，如图 6-1 所示。

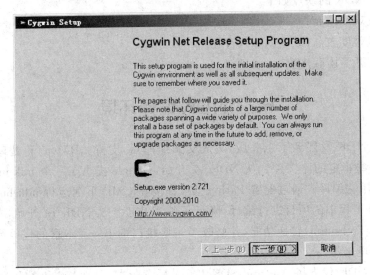

图 6-1　安装向导界面

单击"下一步"按钮，如图 6-2 所示。

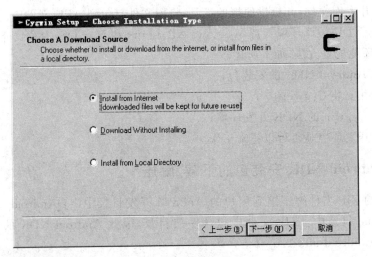

图 6-2　安装方式

安装方式有以下三种。

① Install from Internet：直接从 Internet 下载，并立即安装（安装完成后，下载的安装文件不会被删除，而是仍然被保留，以便下次再安装）。

② Download Without Installing：只是将安装文件下载到本地，但暂时不安装。

③ Install from Local Directory：不下载安装文件，直接从本地某个含有安装文件的目录进行安装。

选择第一项，然后单击"下一步"按钮，如图 6-3 所示。

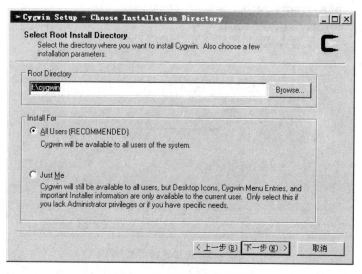

图 6-3　选择要安装的目录

　　选择要安装的目录。注意,最好不要放到有中文和空格的目录里,否则会造成安装出问题。其他选项不变。单击"下一步"按钮,如图 6-4 所示。

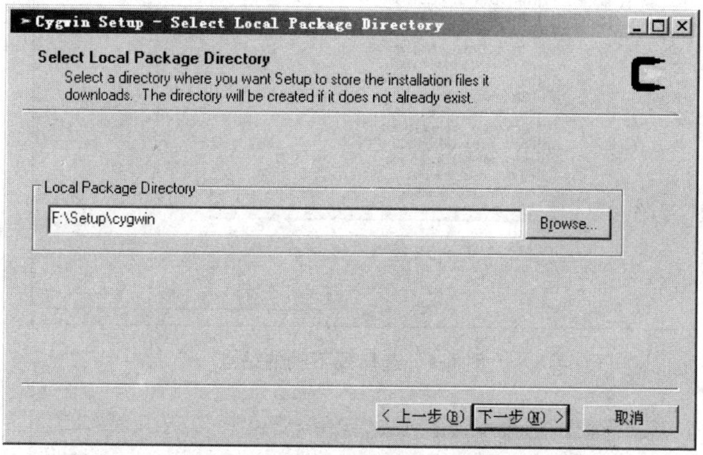

图 6-4　选择安装 Cygwin 的目录

　　上一步选择安装 Cygwin 的目录,这一步选择下载的安装包所在的目录。默认是运行 setup.exe 的目录。直接单击"下一步"按钮,如图 6-5 所示。

　　单击"下一步"按钮,如图 6-6 所示。

　　选择要下载的站点,建议选用第一个。然后单击"下一步"按钮,如图 6-7 所示。

　　下载加载安装包列表。安装包列表加载完毕,如图 6-8 所示。

　　选择 Devel 后,单击"下一步"按钮,开始下载,如图 6-9 所示。

　　下载完成后,自动开始安装,界面如图 6-10 所示。

　　下载完成并安装完毕,如图 6-11 所示。

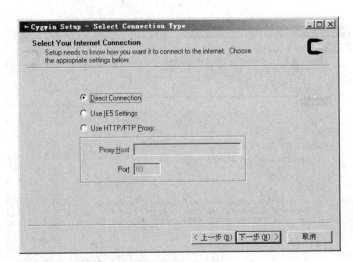

图 6-5　选择连接类型

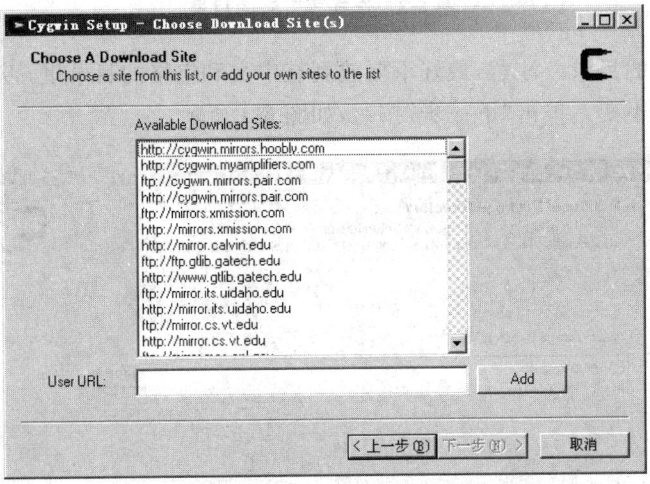

图 6-6　选择要下载的站点

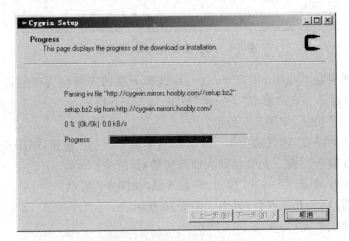

图 6-7　显示下载或安装进程

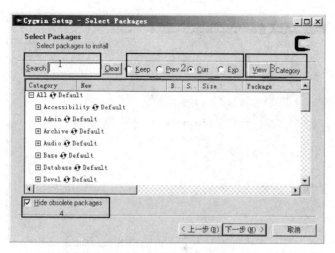

图 6-8　加载完安装包列表

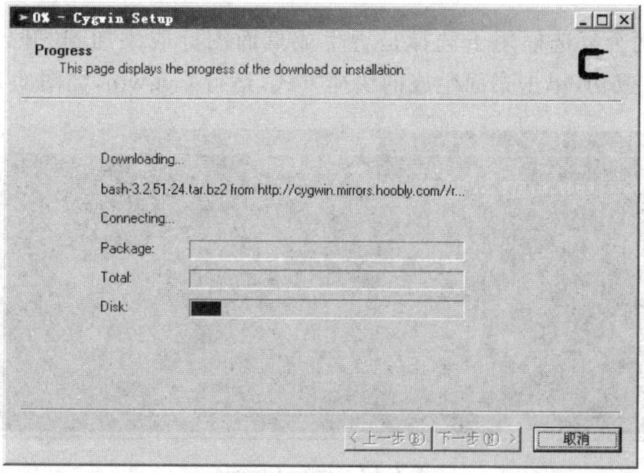

图 6-9　开始下载

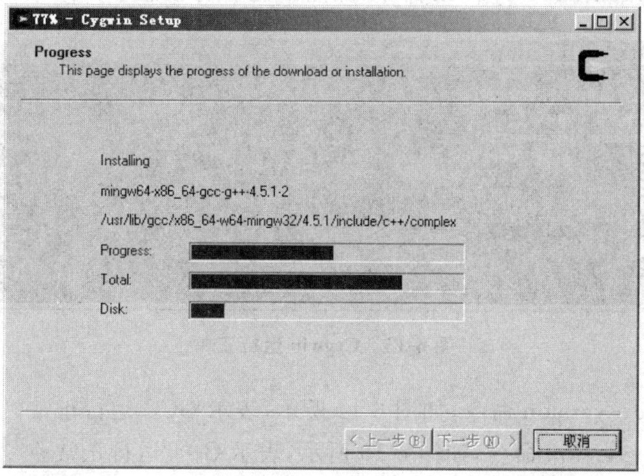

图 6-10　自动开始安装

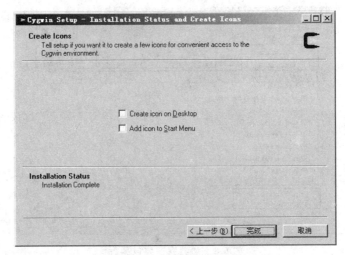

图 6-11　下载完成并安装完毕

图 6-11 中,两个复选框用于选择是否生成桌面图标或添加到"开始"菜单。要测试 Cygwin 是否安装成功,单击桌面生成的快捷方式,运行 Cygwin,如图 6-12 所示。

图 6-12　运行 Cygwin

首先,运行 cygcheck -c cygwin 命令,如图 6-13 所示,说明 Cygwin 运行正常。

图 6-13　Cygwin 运行正常

然后运行 gcc --version 命令,如图 6-14 所示,表示 GCC 运行正常。

运行 g＋＋ --version 命令,如图 6-15 所示,表示 G++ 运行正常。

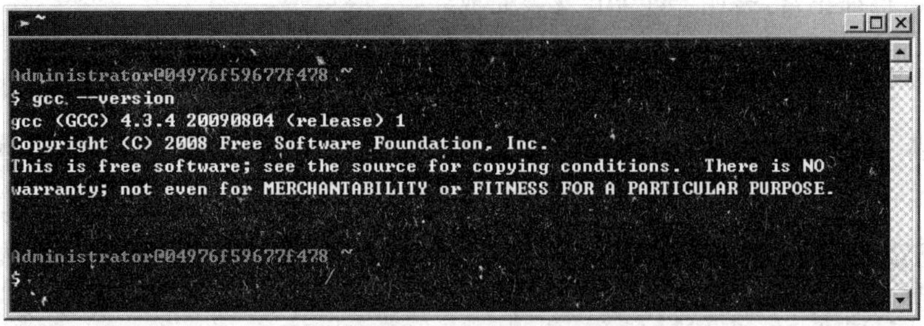

图 6-14　GCC 运行正常

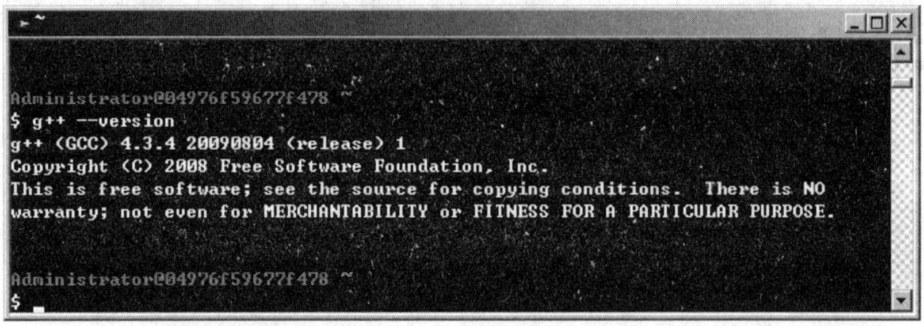

图 6-15　G++ 运行正常

运行 make --version 命令,如图 6-16 所示,表示 Make 运行正常。

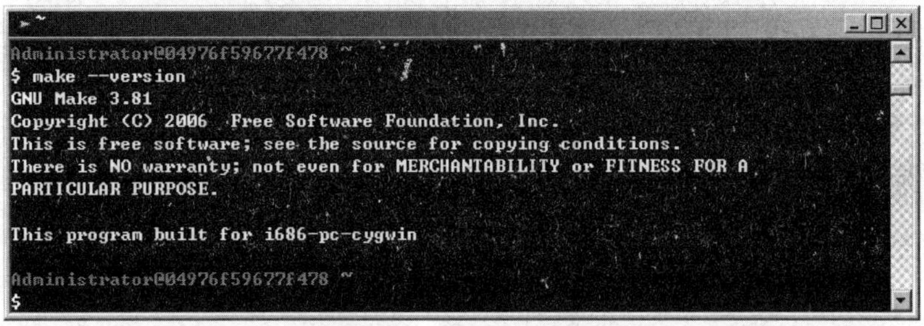

图 6-16　Make 运行正常

运行 gdb --version 命令,如图 6-17 所示,表示 GDB 运行正常。

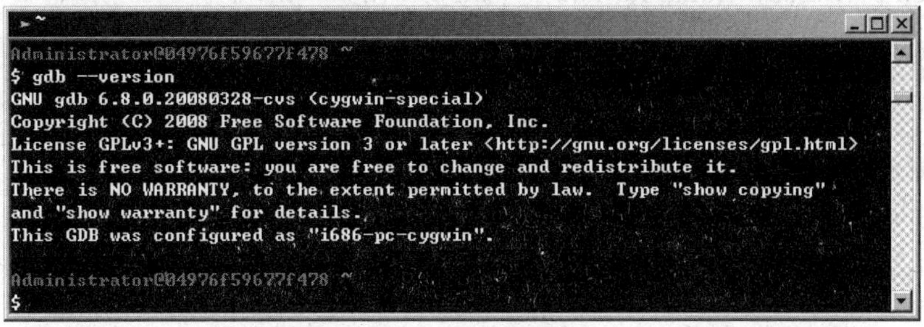

图 6-17　GDB 运行正常

如果运行都正常,表明 Cygwin 安装完成。

6.2.3 用 NDK 编译程序

第 1 步:找到 Cygwin 的安装目录,然后找到 home\<用户名>\. bash_profile 文件,如图 6-18 所示。

图 6-18 找到. bash_profile 文件

第 2 步:打开文件后,添加 ndk=/cygdrive/<盘符>/<android ndk 目录>。例如,

```
ndk=/cygdrive/f/android/android-ndk-r4-windows/android-ndk-r4
```

然后添加 export ndk。其中,ndk 这个名字是任意起的,后面要经常使用,建议不要太长。添加后,需要保存。

第 3 步:打开 Cygwin,输入 cd $ndk,如图 6-19 所示,表明环境变量设置成功。

图 6-19 环境变量设置成功

第 4 步:若要用 NDK 编译程序,就用 NDK 自带的 hello-jni 样例程序包来测试,其样例程序在<盘符>/<android ndk 目录>/samples/hello-jni 中。例如,F:\android\android-ndk-r4-windows\android-ndk-r4\samples\hello-jni,如图 6-20 所示。

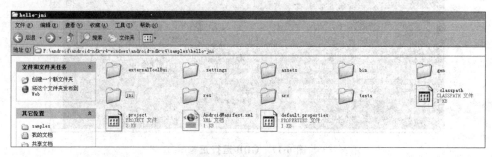

图 6-20 样例目录

第 5 步：打开 Cygwin，进入目录，然后输入命令：

```
cd /cygdrive/<盘符>/<android ndk 目录>/samples/hello-jni
```

例如：

```
cd /cygdrive/f/android/android-ndk-r4-windows/android-ndk-r4/samples/
hello-jni
```

进入成功后，如图 6-21 所示。

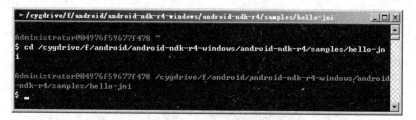

图 6-21　进入目录

第 6 步：输入 $ ndk/ndk-build 命令，执行成功后如图 6-22 所示。它自动生成一个 libs 目录，把编译生成的 .so 文件放在里面。

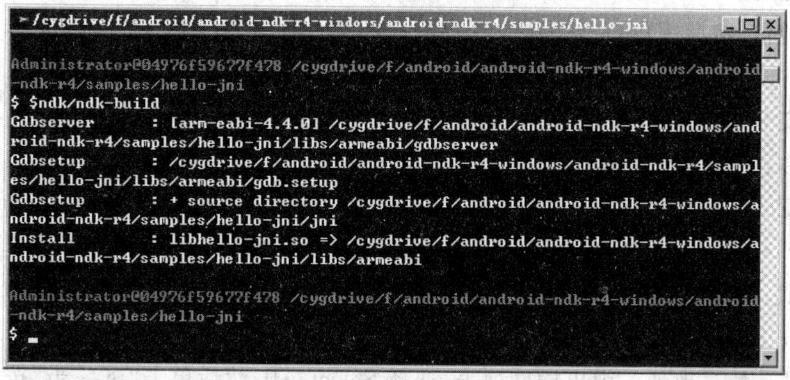

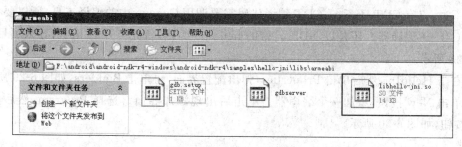

图 6-22　$ ndk/ndk-build 命令执行成功

第 7 步：进入 hello-jni 的 libs 目录看它生成的 .so 文件。如果看到了这些文件，表明 NDK 运行正常，如图 6-23 所示。

图 6-23　验证 NDK 正常

总结一下，$ndk 是调用之前设置的环境变量，ndk-build 是调用 NDK 的编译程序，通过环境变量的方式来减少程序员每次都要输入一大串目录路径字符的麻烦。在编译程序时，进入程序目录，然后直接输入 $ ndk/ndk-build 就可以编译。至于编译的程序，准备好目录和文件，如图 6-24 所示。

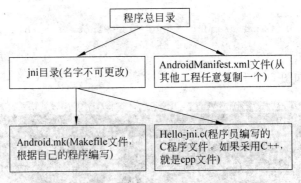

图 6-24　准备好相关目录和文件就可以编译

6.2.4　集成编译环境

第 1 步：安装插件 CDT，这是 Eclipse 的 C/C++ 环境插件。装上后，就可以在 Eclipse 里创建 C/C++ 项目和代码文件了。插件安装有两种方式：一种是在线安装；一种是下载安装包，然后用户自己安装。这里只介绍第一种方式。

登录 http://www.eclipse.org/cdt/downloads.php，找到对应 Eclipse 版本 CDT 插件的在线安装地址。

第 2 步：打开 Eclipse，选择 Help 菜单，找到 Install New Software 菜单。注意，一些老版本的 Eclipse 菜单不太一样，比如 Europa 版本，是 Help→Software Updates→Find and Install→Search for new features to install→New Remote Site。除了菜单不同外，安装方式类似，如图 6-25 所示。以最新的 Helios 版本为准：http://download.eclipse.org/tools/cdt/releases/galileo。

第 3 步：填写地址。弹出插件列表，选择 Select All，然后单击"下一步"按钮，完成安装，如图 6-26 所示。

第 4 步：安装完成后，单击菜单 File→New→Project，弹出新建项目界面。出现 C/C++ 项目，表明 CDT 安装完成，如图 6-27 所示。

不过，仅有 CDT 还不行，CDT 编译代码需要调用 Cygwin 中的编译工具，所以要手动配置 C/C++ 编译器。还是以 NDK 自带的 hello-jni 为例，首先打开 Eclipse，导入项目，如图 6-28 所示。

右击 HelloJni，然后单击 Properties，弹出配置界面，再单击 Builders，如图 6-29 所示。

单击 New 按钮，添加一个编译器。单击后出现添加界面。选择 Program，然后单击 OK 按钮，如图 6-30 所示。

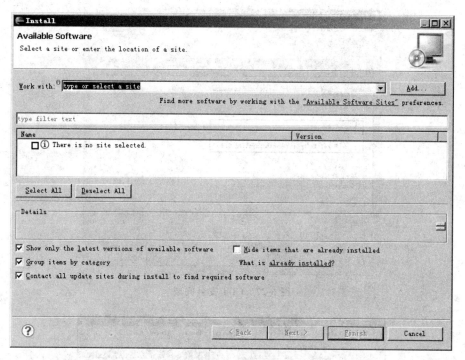

图 6-25　安装界面

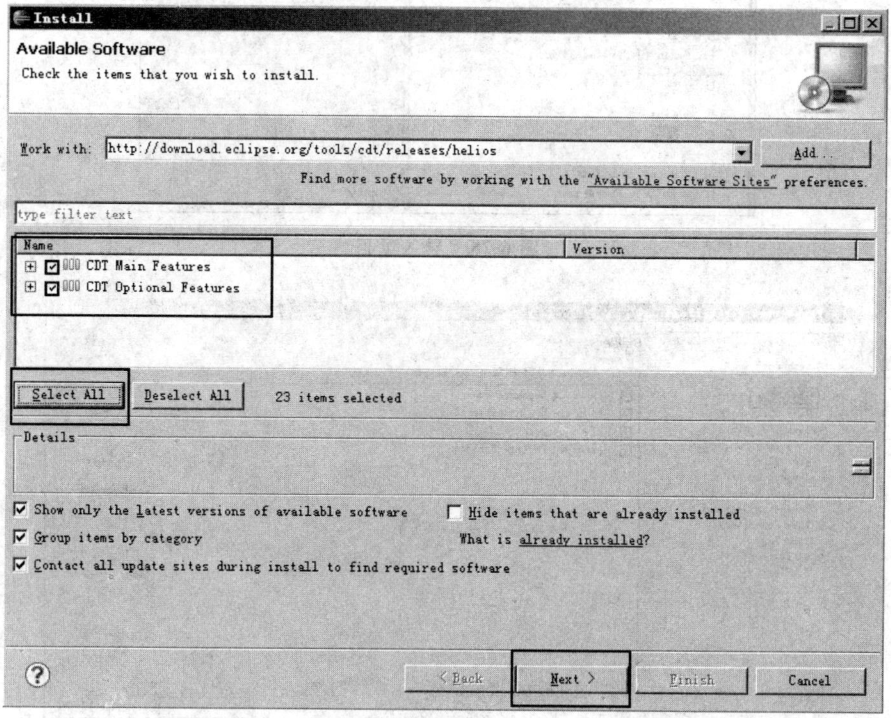

图 6-26　选择"Select All"

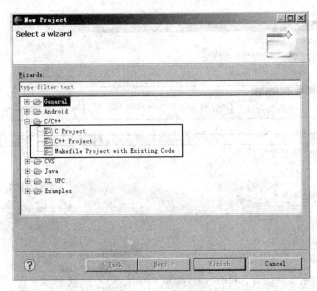

图 6-27　CDT 安装完成

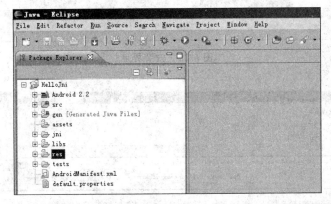

图 6-28　导入项目

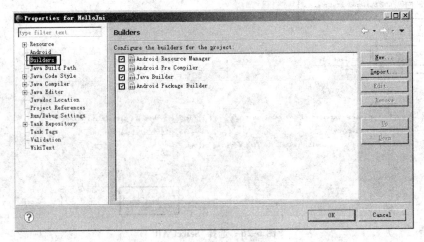

图 6-29　单击 Builders

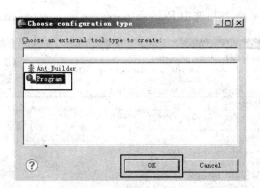

图 6-30　选择 Program

给编译配置命名,如 C_Builder。然后设置 Location 为<cygwin 安装路径>\bin\bash. exe 程序,例如 F:\cygwin\bin\bash. exe;设置 Working Directory 为<cygwin 安装路径>\bin 目录,例如 F:\cygwin\bin;设置 Arguments 为--login -c "cd/cygdrive/f/android/android-ndk-r4-windows/android-ndk-r4/samples/hello-jni && $ ndk/ndk-build"。

其中,f/android/android-ndk-r4-windows/android-ndk-r4/samples/hello-jni 就是当前要编译程序的目录,根据实际目录情况替换;$ ndk 就是先前设置的 NDK 编译器的目录环境变量,也根据实际设置的名称替换;红色字符部分都是根据实际情况替换的,其他的不变。这串参数实际是给 bash. exe 命令行程序传递参数。进入要编译的程序目录,然后运行 ndk-build 编译程序。填写完成后,如图 6-31 所示。

图 6-31　运行 ndk-build 编译程序

切换到 Refresh 选项卡，然后选中 Refresh resources upon completion，如图 6-32 所示。

图 6-32　选中 Refresh resources upon completion

切换到 Build Options 选项卡，然后选中 During auto builds、During a "Clean" 和 Specify working set of relevant resources 三项，如图 6-33 所示。

图 6-33　选中 Build Options 选项卡中的后三项

单击 Specify Resources 按钮，选择资源目录。选中项目目录即可，如图 6-34 所示。

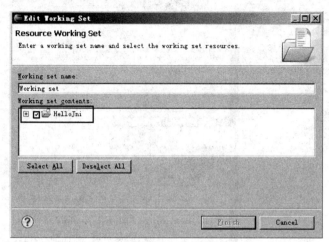

图 6-34　勾选项目目录

单击 Finish 按钮，再单击 OK 按钮保存之前的所有配置。注意，如果编译器配置在其他编译配置下边，一定要单击 Up 按钮，把它排到第一位，否则 C 代码的编译晚于 Java 代码的编译，造成 C 代码要编译两次才能看到最新的修改。排到第一位后如图 6-35 所示。

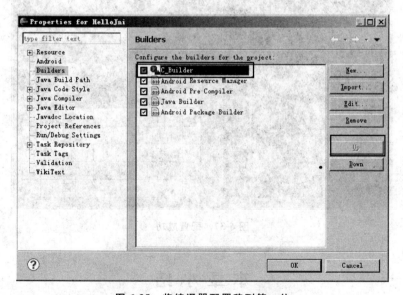

图 6-35　将编译器配置移到第一位

编译配置完成后，测试是否可以自动编译。打开左侧 jni 目录里的 hello-jni.c 文件，然后修改提示 Hello from JNI，如图 6-36 所示。

然后单击 Run 按钮。如果模拟器中出现了新修改的提示信息，表明配置成功，效果如图 6-37 所示。

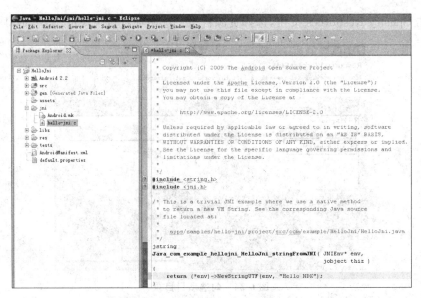

图 6-36　修改提示 Hello from JNI

图 6-37　配置成功

本 章 小 结

　　Android NDK 提供了一系列工具,帮助开发者快速开发 C 或 C++ 的动态库,并能自动将 SO 和 Java 应用打包成 APK。这些工具对开发者的帮助是巨大的。本章介绍什么是 NDK、Android NDK 的优势、Android NDK 的不足、NDK 编译环境、下载并解压 Android NDK 的安装包、下载并安装 Cygwin、用 NDK 编译程序以及集成编译环境。

第三篇

实 例 篇

- ■ 移动终端存储技术
- ■ 多媒体应用与游戏开发基础
- ■ 3G 与物联网技术
- ■ 3G 与云计算技术

第7章

移动终端存储技术

作为一个完整的应用开发，数据存储操作是必不可少的。本章以 Android 系统为例，讲解移动终端数据存储技术。和传统的应用程序不同，Android 的存储方式较多，大体上分为本地存储数据和网络存储。在 Android 本地存储中，可以用文件存储数据，也可以用资源文件存储数据，还可以用小型数据库存储数据。另外，由于 Android 基于 Linux 系统，每个用户有独立的进程，进程之间不能互相访问，如果要在用户之间共享数据，需要使用 ContentProvider。

本章主要内容

- 使用 SharedPreferences 存储技术；
- 文件存储技术；
- SQLite 数据库存储技术；
- 使用 ContentProvider 存储技术；
- 网络存储技术。

7.1 智能终端本地存储技术

7.1.1 文件存储

利用 Android 的文件存储功能，可以把数据文件存放在两个地方：一是放到 /data/data/<package name>/files 目录下；二是放到 SD 卡上。Android 文件的读取和 J2SE 原理相同。本节通过两个实例解释这两种方式。

1. Android 私有文件目录

Activity 提供了 openFileOutput()方法，用于把数据输出到文件中，具体的实现过程与在 J2SE 环境中保存数据到文件中是一样的。

```
try {
    FileOutputStream outStream=this.openFileOutput(
        "a.txt",Context.MODE_WORLD_READABLE);
    outStream.write(text.getText().toString().getBytes());
    outStream.close();
    Toast.makeText(MyActivity.this,"Saved",Toast.LENGTH_LONG).show();
} catch (IOException e) {
    ⋮
}
```

openFileOutput()方法的第一个参数用于指定文件名称。如果文件不存在,Android 会自动创建。创建的文件保存在/data/data/<package name>/files 目录,如/data/data/cn.itcast.action/files/itcast.txt。单击 Eclipse 菜单,执行 Window→Show View→Other 命令,在对话框中展开 android 文件夹,再选择下面的 File Explorer 视图,在其中展开/data/data/<package name>/files 目录,就可以看到该文件。

openFileOutput()方法的第二个参数用于指定操作模式,有四种模式,分别为

```
Context.MODE_PRIVATE=0
Context.MODE_APPEND=32768
Context.MODE_WORLD_READABLE=1
Context.MODE_WORLD_WRITEABLE=2
```

(1) Context.MODE_PRIVATE:为默认操作模式,代表该文件是私有数据,只能被应用于本身访问。在该模式下,写入的内容覆盖原文件内容。如果想把新写入的内容追加到原文件中,使用 Context.MODE_APPEND。

(2) Context.MODE_APPEND:该模式检查文件是否存在。存在,向文件追加内容,否则创建新文件。

(3) Context.MODE_WORLD_READABLE 和 Context.MODE_WORLD_WRITEABLE:用来控制其他应用是否有权限读写该文件。

MODE_WORLD_READABLE 表示当前文件可以被其他应用读取;MODE_WORLD_WRITEABLE 表示当前文件可以被其他应用写入。

如果希望文件被其他应用读和写,代码为

```
openFileOutput("itcast.txt",Context.MODE_WORLD_READABLE + Context.MODE_WORLD_WRITEABLE);
```

Android 有一套自己的安全模型,在安装应用程序(.apk)时,系统分配一个 userid。当该应用要访问其他资源,比如文件时,需要 userid 匹配。默认情况下,任何应用创建的文件、sharedpreferences、数据库都应该是私有的(位于/data/data/<package name>/files),其他程序无法访问。若在创建时指定了 Context.MODE_WORLD_READABLE 或者 Context.MODE_WORLD_WRITEABLE,其他应用才能正确访问。

Context 类中的文件操作方法如下所所述。
- openFileInput(String name):打开文件,获得 InputStream。
- openFileOutput(String name,int mode):打开文件,获得 OutputStream。
- fileList():获得文件列表,返回 String[]。
- deleteFile(String name):删除指定文件。成功,则返回 true。
- getFilesDir():获得/data/data/<package name>/files 目录。

Sample 7_1 演示了如何读写私有目录中的文件,功能是应用程序在私有数据文件夹下创建一个文件 test.txt,并向其写入数据"Android 数据存储 I/O 例子",然后读取其中

的数据显示在 TextView 上。

[Sample 7_1(TestfileinoutActivity)]

```
package com.test.file;

import java.io.FileInputStream;
import java.io.FileNotFoundException;
import java.io.FileOutputStream;
import java.io.IOException;
import org.apache.http.util.EncodingUtils;
import android.app.Activity;
import android.os.Bundle;
import android.widget.TextView;

public class TestfileinoutActivity extends Activity {
    public static final String ENCODING="UTF-8";
        String fileName="test.txt";
        String message="Android 数据存储 I/O 例子 ";
        TextView textView;

        public void onCreate(Bundle savedInstanceState) {
            super.onCreate(savedInstanceState);
            setContentView(R.layout.main);

            writeFileData(fileName,message);
            String result=readFileData(fileName);
            textView=(TextView)findViewById(R.id.tv);
            textView.setText(result);
        }

    public void writeFileData(String fileName,String message){
        try {
            FileOutputStream stream=
                openFileOutput(fileName,MODE_PRIVATE);
            byte[] bytes=message.getBytes();
            stream.write(bytes);
            stream.close();
        } catch (FileNotFoundException e) {
            // TODO Auto-generated catch block
            e.printStackTrace();
        } catch (IOException e) {
            // TODO Auto-generated catch block
            e.printStackTrace();
        }
    }
```

```
public String readFileData(String fileName){
    String result="";
    try {
        FileInputStream stream=openFileInput(fileName);
        int len=stream.available();
        byte[] bytes=new byte[len];
        stream.read(bytes);
        result=EncodingUtils.getString(bytes,ENCODING);
        stream.close();
    } catch (FileNotFoundException e) {
        e.printStackTrace();
    } catch (IOException e) {
        e.printStackTrace();
    }
    return result;
}

}
```

2. 用 SD 卡存放数据

使用 Activity 的 openFileOutput()方法保存文件时,文件存放在手机空间。一般手机的存储空间不是很大,存放些小文件还行,如果要存放像视频这样的大文件,是不可行的。于是,把它存放在 SD 卡。

此时,需要先创建一张 SD 卡(当然不是真的 SD 卡,只是镜像文件)。SD 卡可以在 Eclipse 创建模拟器时一起创建,也可以使用 DOS 命令创建,如下所述。

在 DOS 窗口中进入 Android SDK 安装路径的 tools 目录,然后输入以下命令,创建一张容量为 2GB 的 SD 卡,文件扩展名可以任意取,建议使用.img:

```
mksdcard 2048M D:\AndroidTool\sdcard.img
```

在程序中访问 SD 卡,需要申请权限。在 AndroidManifest.xml 中加入访问 SD 卡的权限的代码如下:

```
<!--在 SD 卡中创建与删除文件权限 -->
<uses-permission android:name=
    "android.permission.MOUNT_UNMOUNT_FILESYSTEMS"/>
<!--往 SD 卡写入数据权限 -->
<uses-permission android:name=
    "android.permission.WRITE_EXTERNAL_STORAGE"/>
```

要向 SD 卡存放文件,程序必须先判断手机是否装有 SD 卡,并且可以读写,代码如下所示:

```
if(Environment.getExternalStorageState().equals(Environment.MEDIA_MOUNTED)){
    File sdCardDir=Environment.getExternalStorageDirectory();
```

```
    //获取 SDCard 目录
    File saveFile=new File(sdCardDir,"a.txt");
    FileOutputStream outStream=new FileOutputStream(saveFile);
    outStream.write("test".getBytes());
    outStream.close();
}
```

Environment. getExternalStorageState()方法用于获取 SD 卡的状态。如果手机装有 SD 卡,并且可以读写,方法返回的状态是 Environment. MEDIA_MOUNTED。

Sample 7_2 演示了向 SD 卡写入文件和从 SD 卡读取文件。

[Sample 7_2(SDcardActivity)]

```java
package com.jiangqq.sdcard;

import java.io.File;
import java.io.FileInputStream;
import java.io.FileOutputStream;
import android.app.Activity;
import android.content.Context;
import android.os.Bundle;
import android.os.Environment;
import android.view.View;
import android.view.View.OnClickListener;
import android.widget.Button;
import android.widget.EditText;
import android.widget.Toast;

public class SDcardActivity extends Activity {
    private Button bt1,bt2;
    private EditText et1,et2;
    private static final String FILENAME="temp_file.txt";
    public void onCreate(Bundle savedInstanceState) {
        super.onCreate(savedInstanceState);
        setContentView(R.layout.main);
        bt1=(Button) this.findViewById(R.id.bt1);
        bt2=(Button) this.findViewById(R.id.bt2);
        et1=(EditText) this.findViewById(R.id.et1);
        et2=(EditText) this.findViewById(R.id.et2);
        bt1.setOnClickListener(new MySetOnClickListener());
        bt2.setOnClickListener(new MySetOnClickListener());
    }
    private class MySetOnClickListener implements OnClickListener {
        public void onClick(View v) {
            File file=new File(Environment.getExternalStorageDirectory(),
                        FILENAME);
            switch (v.getId()) {
```

```
            case R.id.bt1://使用 SD 卡写操作
            if (Environment.getExternalStorageState().equals(
                Environment.MEDIA_MOUNTED)) {
                try {
                    FileOutputStream fos=new FileOutputStream(file);
                    fos.write(et1.getText().toString().getBytes());
                    fos.close();
                    Toast.makeText(SDcardActivity.this,"写入文件成功",
                        Toast.LENGTH_LONG).show();
                } catch (Exception e) {
                    Toast.makeText(SDcardActivity.this,"写入文件失败",
                            Toast.LENGTH_SHORT).show();
                }
            } else {
                // 此时 SD 卡不存在或者不能进行读写操作
                Toast.makeText(SDcardActivity.this,
                        "此时 SD 卡不存在或者不能进行读写操作",
                    Toast.LENGTH_SHORT).show();
            }
            break;

            case R.id.bt2://使用 SD 卡读操作
            if (Environment.getExternalStorageState().equals(
                Environment.MEDIA_MOUNTED)) {
                try {
                    FileInputStream inputStream=
                        new FileInputStream(file);
                    byte[] b=new byte[inputStream.available()];
                    inputStream.read(b);
                    et2.setText(new String(b));
                    Toast.makeText(SDcardActivity.this,"读取文件成功",
                        Toast.LENGTH_LONG).show();
                } catch (Exception e) {
                    Toast.makeText(SDcardActivity.this,"读取失败",
                        Toast.LENGTH_SHORT).show();
                }
            } else {
                // 此时 SD 卡不存在或者不能进行读写操作
                Toast.makeText(SDcardActivity.this,
                    "此时 SD 卡不存在或者不能进行读写操作",

                    Toast.LENGTH_SHORT).show();
            }
            break;
        }
    }
}
```

7.1.2　SQLite 存储方式

1. SQLite 简介

Android 操作系统中集成了一个嵌入式关系型数据库 SQLite。在进行 Android 开发时，如需存储数据，SQLite 数据库是一个很好的选择。

由于嵌入式设备资源有限，所以大型数据库并不适用。SQLite 的设计目标是嵌入式产品，它占用的资源非常少，在嵌入式设备中可能只需要几百千字节(KB)的内存就够了。它是一款开源的、轻量级的、嵌入式的关系型数据库。它在 2000 年由 D. Richard Hipp 发布，支持 Java、Net、PHP、Ruby、Python、Perl、C 等几乎所有的现代编程语言。总体来说，它具有以下特点。

（1）轻量级：SQLite 和 C/S 模式的数据库软件不同，它是进程内的数据库引擎，因此不存在数据库的客户端和服务器。SQLite 大致 3 万行 C 代码，大小为 250KB 左右，但是它支持的数据库大小达到 2TB。

（2）无须"安装"：SQLite 的核心引擎本身不依赖第三方软件，使用时不需要"安装"。

（3）单一文件存储：数据库中所有的信息(比如表、视图等)都包含在一个文件内。该文件可以自由复制到其他目录或机器上。

（4）可移植性：支持 Windows、Linux、UNIX、Mac OS、Android、iOS 等几乎所有的主流操作系统平台。

（5）弱类型的字段：同一列中的数据可以是不同类型。

（6）支持多种开发语言：如 C、PHP、Perl、Java、ASP. NET、Python。

2. SQLite 管理工具

SQLite 虽然是小型数据库，但它提供了丰富的管理方式。一般来说，有两种方式：一是 SQLite 自带的 SQLite 3. exe 工具；二是第三方图形管理工具。第二种方式更直观、易操作，本书将详细讲解。

在管理数据库之前，需要使用 Eclipse 的 DDMS 工具将数据库导出，然后进行相关的数据库管理。本章以暴风影音程序为例，介绍数据库管理。该程序数据库文件所在的位置为/data/data/com. storm. smart/databases，具体操作步骤如下所述。

1）导出数据库

第 1 步：打开 DDMS 工具，如图 7-1 和图 7-2 所示。

第 2 步：找到/data/data/com. storm. smart/databases 目录下的数据库文件 webview. db，选择右上角工具 Pull a file from the device 将其导出，并存放在 C:/webview. db，如图 7-3 所示。

2）管理数据库

第 1 步：安装 SQLite Manager 工具。它是图形化管理 SQLite 的工具。

第 2 步：打开 SQLite Manager 后，选择 File 菜单，再选择 Open 子菜单，导入 C:/webview. db，如图 7-4 所示。

第 3 步：导入数据库后的界面如图 7-5 所示，左边有该数据库的表、索引等选项，上边有各种操作菜单。操作方法与其他数据库类似，这里不做详解。

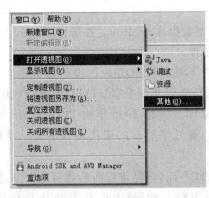

图 7-1　打开透视图

图 7-2　打开 DDMS

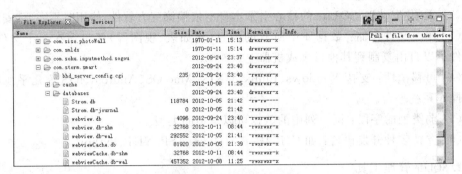

图 7-3　导出数据库文件

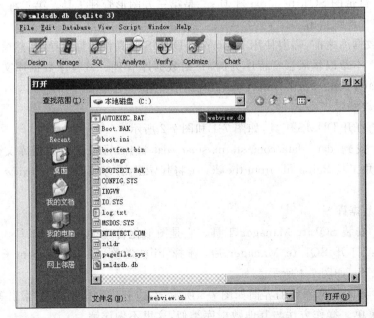

图 7-4　SQLite Manager 导入数据库

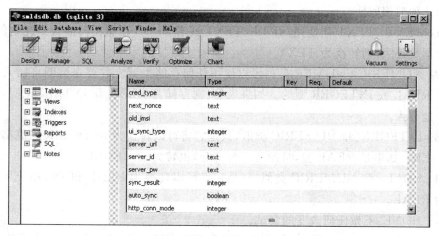

图 7-5 管理 SQLite 数据库

第 4 步：将修改的数据库导回 Android 设备。选择 DDMS 中 File explorer 右上角的 Push a file onto the device 选项，然后选择导入的数据库文件，这里是 C:/webview.db，如图 7-6 所示。

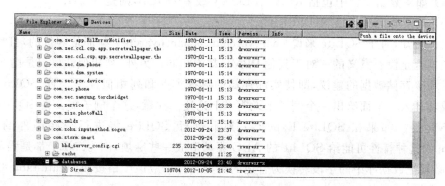

图 7-6 导入数据库到 Android 设备

3. SQLiteDatebase 数据库操作

一般数据采用固定的静态数据类型；SQLite 采用动态数据类型，会根据存入值自动判断。SQLite 具有以下五种常用的数据类型。

（1）NULL：表示一个 NULL 值。

（2）INTEGER：用来存储一个整数，根据大小，使用 1、2、3、4、6、8 位来存储。

（3）REAL：浮点数。

（4）TEXT：按照字符串来存储。

（5）BLOB：按照二进制值存储，不做任何改变。

注意，这些类型是值本身的属性，不是列的属性。

1）SQLite

为了和其他 DBMS（以及 SQL 标准）兼容，在 create table 语句中可以指定列的类型。为此，SQLite 有个"列相似性"概念（Column Affinity）。列相似性是列的属性。SQLite

有以下几种列相似性。

（1）TEXT：TEXT 列使用 NULL、TEXT 或者 BLOB 存储任何插入到此列的数据。如果数据是数字，则转换为 TEXT。

（2）NUMERIC：NUMERIC 列可以使用任何存储类型。它首先试图将插入的数据转换为 REAL 或 INTEGER 型的。如果成功，则存储为 REAL 和 INTEGER 型，否则不加改变地存入。

（3）INTEGER：和 NUMERIC 类似，只是它将可以转换为 INTEGER 的值都转换为 INTEGER。如果是 REAL 型，且没有小数部分，也转为 INTEGER。

（4）REAL：和 NUMERIC 类似，只是它将可以转换为 REAL 和 INTEGER 的值都转换为 REAL。

（5）NONE：不做任何改变的尝试。

SQLite 根据 create table 语句来决定每个列的列相似性，规则如下（大小写均忽略）。

（1）如果数据类型中包括 INT，则是 INTEGER。

（2）如果数据类型中包括 CHAR、CLOB、TEXT，则是 TEXT。

（3）如果数据类型中包括 BLOB，或者没有指定数据类型，则是 NONE。

（4）如果数据类型中包括 REAL、FLOAT 或者 DOUB，则是 REAL。

（5）其余的情况都是 NUMERIC。

由上可知，对于 SQLite 来说 char、varchar、nchar、nvarchar 等都是等价的，且后面的最大长度也是没有意义的。对于其他 DBMS 却不相同。另外，列相似性仅仅是向 SQLite 提出了一个存储数据的建议，即使实际存储的数据类型和列相似性不一致，SQLite 还是可以成功插入。下面给出一个例子来说明以上论述。注意，这个例子需要在 SQLite 的命令行下运行。如果在 SQLite Expert 工具下执行，SQLite 将进行一些额外的处理。SQLite 的这种特性可能给 SQLite 的 ADO 驱动造成一些麻烦，因为 .NET 都是强类型的语言，必须把数据库中的字段转换为合适的类型，所以，应该严格按照 create table 中的定义插入数据。

2）自增列

在 SQL Server 中，只需要指定 identity(1,1)，就可以设定自增列，但是在 SQLite 中不支持这样做。在 SQLite 中，任何一张表都有一个字段类型是 Integer，且是自增的，这个列作为 B 树的索引，名为 ROWID。

3）日期函数

SQLite 的日期函数比较有特色，其使用本质上是调用 C 的库函数 strftime()。基本使用方法如下所述。

4）不被支持的特性

用户自定义函数，存储过程，外键的约束（不过可以通过自定义触发器来替代）：

```
right out join,full out join
grant revoke
```

Android 提供了创建和使用 SQLite 数据库的 API。SQLiteDatabase 代表一个数据库对象,提供了操作数据库的一些方法。在 Android 的 SDK 目录下有 SQLite3 工具,可以利用它创建数据库、创建表和执行一些 SQL 语句。下面是 SQLiteDatabase 的常用方法。

```
SQLiteDatabase db=databaseHelper.getWritableDatabase();
db.execSQL("insert into person(name,age) values('test',4)");
db.close();
```

执行上述 SQL 语句,会往 person 表中添加一条记录。在实际应用中,语句中的"test"参数值由用户输入界面提供。如果把用户输入的内容原样组拼到上面的 insert 语句,当用户输入的内容含有单引号时,组拼出来的 SQL 语句就会存在语法错误。要解决这个问题需要对单引号转义,也就是把单引号转换成两个单引号。有些时候,用户会输入像"&"等特殊的 SQL 符号。为保证组拼好的 SQL 语句语法正确,必须对 SQL 语句中的这些特殊 SQL 符号都进行转义。显然,对每条 SQL 语句都做这样的处理工作是比较烦琐的。SQLiteDatabase 类提供了一个重载后的 execSQL(String sql,Object[] bindArgs)方法,使用它可以解决上述问题,因为它支持使用占位符参数(?),示例如下:

```
SQLiteDatabase db=databaseHelper.getWritableDatabase();;
db.execSQL("insert into person(name,age) values(?,?)",
            new Object[]{"test",4});
db.close();
```

execSQL(String sql,Object[] bindArgs)方法的第一个参数为 SQL 语句;第二个参数为 SQL 语句中占位符参数的值,参数值在数组中的顺序要和占位符的位置对应。

SQLiteDatabase 的 rawQuery() 用于执行 select 语句,示例如下:

```
SQLiteDatabase db=databaseHelper.getWritableDatabase();;
Cursor cursor=db.rawQuery("select * from person",null);
while (cursor.moveToNext()) {
    int personid=cursor.getInt(0);      //获取第一列的值,第一列的索引从 0 开始
    String name=cursor.getString(1);    //获取第二列的值
    int age=cursor.getInt(2);           //获取第三列的值
}
cursor.close();
db.close();
```

rawQuery()方法的第一个参数为 select 语句;第二个参数为 select 语句中占位符参数的值。如果 select 语句没有使用占位符,该参数可以设置为 null。带占位符参数的 select 语句示例如下:

```
Cursor cursor=db.rawQuery("select * from person where name like ?
                    and age=?",new String[]{"%谷歌%","4"});
```

Cursor 是结果集游标,用于对结果集进行随机访问。其实,Cursor 与 JDBC 中的 ResultSet 作用相似。使用 moveToNext()方法,可以将游标从当前行移动到下一行。如

果移过了结果集的最后一行,返回结果为 false,否则为 true。另外,Cursor 还有常用的 moveToPrevious()方法(用于将游标从当前行移动到上一行。如果移过了结果集的第一行,返回值为 false,否则为 true)、moveToFirst()方法(用于将游标移动到结果集的第一行。如果结果集为空,返回值为 false,否则为 true)和 moveToLast()方法(用于将游标移动到结果集的最后一行。如果结果集为空,返回值为 false,否则为 true)。

除了上述 execSQL()和 rawQuery()方法,SQLiteDatabase 还专门提供对应于添加、删除、更新、查询的操作方法:insert()、delete()、update()和 query()。这些方法实际上是给那些不太了解 SQL 语法的人使用的,对于熟悉 SQL 语法的程序员而言,直接使用 execSQL()和 rawQuery()方法执行 SQL 语句,就能完成数据添加、删除、更新、查询操作。

Insert()方法用于添加数据,各个字段的数据使用 ContentValues 进行存放。ContentValues 类似于 MAP。相对于 MAP,它提供存取数据对应的 put(String key,Xxx value)和 getAsXxx(String key)方法。其中,key 为字段名称,value 为字段值,Xxx 指的是各种常用的数据类型,如 String、Integer 等。

```
SQLiteDatabase db=databaseHelper.getWritableDatabase();
ContentValues values=new ContentValues();
values.put("name","test");
values.put("age",4);
long rowid=db.insert("person",null,values);
//返回新添记录的行号,与主键 id 无关
```

不管第三个参数是否包含数据,执行 Insert()方法必然会添加一条记录。如果第三个参数为空,会添加一条除主键之外其他字段值为 Null 的记录。insert()方法内部实际上通过构造 insert 语句完成数据的添加。Insert()方法的第二个参数用于指定空值字段的名称,其作用是:如果第三个参数 values 为 Null,或者元素个数为 0,Insert()方法必然添加一条除了主键之外其他字段为 Null 值的记录,为了满足这条 insert 语句的语法,insert 语句必须给定一个字段名,如 insert into person(name) values(NULL);倘若不给定字段名,insert 语句将成为 insert into person() values()。显然,这不满足标准 SQL 的语法。对于字段名,建议使用主键之外的字段。如果使用了 Integer 类型的主键字段,执行类似 insert into person(personid) values(NULL)的 insert 语句后,该主键字段值也不会为 null。如果第三个参数 values 不为 null,并且元素的个数大于 0,可以把第二个参数设置为 null。

delete()方法的使用示例为

```
SQLiteDatabase db=databaseHelper.getWritableDatabase();
db.delete("person","personid<?",new String[]{"2"});
db.close();
```

上述代码用于从 person 表中删除 personid 小于 2 的记录。

update()方法的使用示例为

```
SQLiteDatabase db=databaseHelper.getWritableDatabase();
ContentValues values=new ContentValues();
values.put("name","test");      //key为字段名,value为值
db.update("person",values,"personid=?",new String[]{"1"});
db.close();
```

上述代码用于把 person 表中 personid 等于 1 的记录的 name 字段值改为 test。

query()方法实际上是把 select 语句拆分成若干个组成部分,然后作为方法的输入参数,如下所示:

```
SQLiteDatabase db=databaseHelper.getWritableDatabase();
Cursor cursor=db.query("person",new String[]{"personid,name,age"},
                "name like ?",new String[]{"%谷歌%"},
                null,null,"personid desc","1,2");
while (cursor.moveToNext()) {
    int personid=cursor.getInt(0);      //获取第一列的值,第一列的索引从 0 开始
    String name=cursor.getString(1);   //获取第二列的值
    int age=cursor.getInt(2);           //获取第三列的值
}
cursor.close();
db.close();
```

上述代码用于从 person 表中查找 name 字段含有"谷歌"的记录,匹配的记录按 personid 降序排列。排序后的结果略过第一条记录,只获取两条记录。

query(table,columns,selection,selectionArgs,groupBy,having,orderBy,limit)方法各参数的含义如下所述。

(1) table:表名,相当于 select 语句 from 关键字后面的部分。如果是多表联合查询,用逗号将两个表名分开。

(2) columns:要查询的列名,相当于 select 语句 select 关键字后面的部分。

(3) selection:查询条件子句,相当于 select 语句 where 关键字后面的部分。在条件子句,允许使用占位符"?"。

(4) selectionArgs:对应于 selection 语句中占位符的值。值在数组中的位置与占位符在语句中的位置必须一致,否则会有异常。

(5) groupBy:相当于 select 语句 group by 关键字后面的部分。

(6) having:相当于 select 语句 having 关键字后面的部分。

(7) orderBy:相当于 select 语句 order by 关键字后面的部分,如 personid desc,age asc。

(8) limit:指定偏移量和获取的记录数,相当于 select 语句 limit 关键字后面的部分。

```
public class DatabaseHelper extends SQLiteOpenHelper {
    private static final String name="android";      //数据库名称
    private static final int version=1;              //数据库版本
```

```
    }
public class HelloActivity extends Activity {
    @Override
    public void onCreate(Bundle savedInstanceState) {
        Button button=(Button) this.findViewById(R.id.button);
        button.setOnClickListener(new View.OnClickListener(){
            public void onClick(View v) {
                DatabaseHelper    databaseHelper  =  new   DatabaseHelper
                (HelloActivity.this);
                SQLiteDatabase db=databaseHelper.getWritableDatabase();
                db.execSQL("insert into person(name,age) values(?,?)",
                        new Object[]{"test",4});
                db.close();
            });
        }
    }
}
```

第一次调用 getWritableDatabase（）或 getReadableDatabase（）方法后，SQLiteOpenHelper 缓存当前的 SQLiteDatabase 实例。SQLiteDatabase 实例在正常情况下维持数据库的打开状态，所以不再需要 SQLiteDatabase 实例时，要及时调用 close()方法释放资源。一旦 SQLiteDatabase 实例被缓存，多次调用 getWritableDatabase（）或 getReadableDatabase()方法，得到的都是同一个实例化对象。

4. SQLiteOpenHelper 数据库管理

SQLiteOpenHelper 是一个辅助类，用于管理数据库的创建和版本。通过继承这个类，实现它的一些方法，对数据库进行操作。

SQLiteOpenHelper 是一个抽象类，在该类中有如下两个抽象方法，因此 SQLiteOpenHelper 的子类必须实现这两个方法：

```
public abstract void onCreate(SQLiteDatabase db);
public abstract void onUpgrade(SQLiteDatabase db,
                        int oldVersion,int newVersion);
```

SQLiteOpenHelper 自动检测数据库文件是否存在。如果数据库文件存在，将打开这个数据库。在这种情况下，不会调用 onCreate()方法；如果数据库文件不存在，SQLiteOpenHelper 先创建一个数据库文件，然后打开这个数据库，最后调用 onCreate()方法。因此，onCreate()方法一般用来在新创建的数据库中建立表、视图等数据库组件。也就是说，onCreate()方法在数据库文件第一次被创建时调用。

什么时候 onUpgrade()方法会被调用呢？主要由其构造方法中的 version 参数决定。DatabaseHelper 的构造方法如下所示：

```
public DatabaseHelper(Context context,String name,CursorFactory factory,
int version)
```

① 第一个参数：Context 类型，上下文对象。

② 第二个参数：String 类型，数据库的名称。

③ 第三个参数：CursorFactory 类型。

④ 第四个参数：int 类型，数据库版本。

需要注意的是 version 参数表示数据库的版本号。如果当前传递的数据库版本号比上次创建或升级的数据库版本号高，SQLiteOpenHelper 将调用 onUpgrade()方法。也就是说，当数据库第一次创建时，有一个初始版本号。当需要对数据库中的表、视图等组件升级时可以增大版本号。这时，SQLiteOpenHelper 调用 onUpgrade()方法。调用完 onUpgrade()方法之后，系统会更新数据库的版本号。当前的版本号就是通过 SQLiteOpenHelper 类的最后一个参数 version 传入 SQLiteOpenHelper 对象的。因此，在 onUpgrade()方法中一般首先删除要升级的表、视图等组件，再重新创建它们。也就是说，可以从下面两方面来判断。

(1) 如果数据库文件不存在，SQLiteOpenHelper 在自动创建数据库后只会调用 onCreate()方法。在该方法中，一般需要创建数据库中的表、视图等组件。在创建之前，数据库是空的，因此，不需要先删除数据库中相关的组件。

(2) 如果数据库文件存在，并且当前的版本号高于上次创建或升级时的版本号，SQLiteOpenHelper 调用 onUpgrade()方法。调用该方法后，更新数据库版本号。在 onUpgrade()方法中，除了创建表、视图等组件外，需要首先删除这些相关的组件。因此，在调用 onUpgrade()方法之前，数据库是存在的，里面还有很多数据库组件。

Sample 7_3 示例将演示如何使用 SQLite 数据库。下面是主要的两段代码 SQLiteActivity. java 和 DatabaseHelper. java。

[**Sample 7_3(DatabaseHelper. java)**]

```
DatabaseHelper.java:

package grace.sqlite3.db;
import android.content.Context;
import android.database.sqlite.SQLiteDatabase;
import android.database.sqlite.SQLiteOpenHelper;
import android.database.sqlite.SQLiteDatabase.CursorFactory;

//DatabaseHelper 作为一个访问 SQLite 的助手类,提供两个方面的功能
//第一,getReadableDatabase(),getWritableDatabase()可以获得 SQLiteDatabse 对
//象,通过该对象可以对数据库进行操作
//第二,提供了 onCreate()和 onUpgrade()两个回调函数,允许在创建和升级数据库时,
//进行自己的操作

public class DatabaseHelper extends SQLiteOpenHelper {
    private static final int VERSION=1;
    //在 SQLiteOepnHelper 的子类当中,必须有该构造函数
    public DatabaseHelper(Context context,String name,CursorFactory
                            factory, int version) {
```

```java
        //必须通过 super 调用父类当中的构造函数
        super(context,name,factory,version);
        //TODO Auto-generated constructor stub
    }
    public DatabaseHelper(Context context,String name){
        this(context,name,VERSION);
    }
    public DatabaseHelper(Context context,String name,int version){
        this(context,name,null,version);
    }

    //该函数是在第一次创建数据库的时候执行,实际上是在第一次得到
    //SQLiteDatabse 对象的时候,才会调用这个方法
    @Override
    public void onCreate(SQLiteDatabase db) {
        //TODO Auto-generated method stub
        System.out.println("create a Database");
        //execSQL 函数用于执行 SQL 语句
        db.execSQL("create table user(id int,name varchar(20))");
    }

    @Override
    public void onUpgrade(SQLiteDatabase db,int oldVersion,int newVersion) {
        //TODO Auto-generated method stub
        System.out.println("update a Database");
    }

}

SQLiteActivity.java
package grace.sqlite3;

import grace.sqlite3.db.DatabaseHelper;
import android.app.Activity;
import android.content.ContentValues;
import android.database.Cursor;
import android.database.sqlite.SQLiteDatabase;
import android.os.Bundle;
import android.util.Log;
import android.view.View;
import android.view.View.OnClickListener;
import android.widget.Button;

public class SQLiteActivity extends Activity {
    /* * Called when the activity is first created. * /
    private Button createButton;
    private Button insertButton;
    private Button updateButton;
```

```
private Button updateRecordButton;
private Button queryButton;
@Override
public void onCreate(Bundle savedInstanceState) {
    super.onCreate(savedInstanceState);
    setContentView(R.layout.main);
    createButton=(Button)findViewById(R.id.createDatabase);
    updateButton=(Button)findViewById(R.id.updateDatabase);
    insertButton=(Button)findViewById(R.id.insert);
    updateRecordButton=(Button)findViewById(R.id.update);
    queryButton=(Button)findViewById(R.id.query);
    createButton.setOnClickListener(new CreateListener());
    updateButton.setOnClickListener(new UpdateListener());
    insertButton.setOnClickListener(new InsertListener());
    updateRecordButton.setOnClickListener(new UpdateRecordListener());
    queryButton.setOnClickListener(new QueryListener());
}
class CreateListener implements OnClickListener{
    @Override
    public void onClick(View v) {
        //创建一个 DatabaseHelper 对象
        DatabaseHelper dbHelper=new DatabaseHelper(
            SQLiteActivity.this,"test_grace_db");
        //只有调用了 DatabaseHelper 对象的 getReadableDatabase()方法,或者
        //是 getWritableDatabase()方法之后,才会创建,或打开一个数据库
        SQLiteDatabase db=dbHelper.getReadableDatabase();
    }
}
class UpdateListener implements OnClickListener{
    @Override
    public void onClick(View v) {
        DatabaseHelper dbHelper=new DatabaseHelper(
            SQLiteActivity.this,"test_grace_db",2);
        SQLiteDatabase db=dbHelper.getReadableDatabase();
    }
}
class InsertListener implements OnClickListener{
    @Override
    public void onClick(View v) {
        //生成 ContentValues 对象
        ContentValues values=new ContentValues();
        //向该对象当中插入键值对,其中键是列名,值是希望插入到这一列的值
        //值必须和数据库当中的数据类型一致
        //调用 Insert()方法,可以将数据插入到数据库当中
        //第一个参数:表名称
        //第二个参数: SQL 不允许一个空列。如果 ContentValues 是空的,那么
        //这一列被明确地指明为 NULL 值
```

```
                    //第三个参数：ContentValues 对象
                    values.put("id",1);
                    values.put("name","zhangsan");
                    DatabaseHelper dbHelper=new DatabaseHelper(
                                SQLiteActivity.this,"test_grace_db",2);
                    SQLiteDatabase db=dbHelper.getWritableDatabase();
                    db.insert("user",null,values);
            }
    }
    //更新操作相当于执行 SQL 语句当中的 update 语句
    //UPDATE table_name SET XXCOL=XXX WHERE XXCOL=XX...
    class UpdateRecordListener implements OnClickListener{
            @Override
            public void onClick(View arg0) {
                    //TODO Auto-generated method stub
                    //得到一个可写的 SQLiteDatabase 对象
                    DatabaseHelper dbHelper=new DatabaseHelper(
                                SQLiteActivity.this,"test_grace_db");
                    SQLiteDatabase db=dbHelper.getWritableDatabase();
                    ContentValues values=new ContentValues();
                    values.put("name","zhangsanfeng");
                    //第一个参数 String：表名
                    //第二个参数 ContentValues：ContentValues 对象
                    //第三个参数 String：where 子句,相当于 SQL 语句 where 后面的语句,"?"号
                    //是占位符
                    //第四个参数 String[]：占位符的值
                    //可以写成 db.update("user",values,"id=?
                    //and name=?",new String[]{"1","ad"});
                    db.update("user",values,"id=?",new String[]{"1"});
            }
    }
    class QueryListener implements OnClickListener{
            @Override
            public void onClick(View v) {
                    Log.d("myDebug","myFirstDebugMsg");

                    DatabaseHelper  dbHelper = new  DatabaseHelper (SQLiteActivity.
                    this,"test_grace_db");
                    SQLiteDatabase db=dbHelper.getReadableDatabase();
                    //第一个参数 String：表名
                    //第二个参数 String[]：要查询的列名
                    //第三个参数 String：查询条件,where 子句
                    //第四个参数 String[]：查询条件的参数
                    //第五个参数 String:对查询的结果进行分组,group 子句
                    //第六个参数 String：对分组的结果进行限制,having 子句
                    //第七个参数 String：对查询的结果进行排序,升序还是降序
                    Cursor cursor=db.query("user",new String[]{"id","name"},
                        "id=?",new String[]{"1"},null,null,null);
```

```
        while(cursor.moveToNext()){
            String name=cursor.getString
                (cursor.getColumnIndex("name"));
            System.out.println("query--->" +name);
        }
    }
}

}
```

7.1.3　SharedPreferences 存储

SharedPreferences 是一种轻型的数据存储方式,用于保存应用程序的配置信息,存储的数据一般只能供本应用程序调用,不对外共享。其本质是基于 XML 文件存储 key-value 键值对数据,通常用来存储简单的配置信息,其存储位置在/data/data/〈package name〉/shared_prefs 目录下。SharedPreferences 对象本身只能获取数据,而不支持存储和修改。存储修改通过 Editor 对象实现。

SharedPreferences 存储的写操作步骤如下所述。

第 1 步:根据 Context 获取 SharedPreferences 对象。

第 2 步:利用 edit()方法获取 Editor 对象。

第 3 步:通过 Editor 对象存储 key-value 键值对数据。

第 4 步:通过 commit()方法提交数据。

在 Sample 7_4 中,如果用户在文本框中输入数据 write,单击 submit 按钮后,首先在/data/data/org. ourunix. android. sharepreferencewrite 目录下创建一个目录 shared_prefs,并且在该目录中创建文件 PREF_NAME. xml。

[Sample 7_4]
```xml
<?xml version='1.0' encoding='utf-8' standalone='yes' ?>
<map>
<string name="TestValue">write</string>
</map>
```

Sample7_4 中的 SharePreferenceWriteActivity 代码如下:

```java
package org.ourunix.android.sharepreferencewrite;

import android.app.Activity;
import android.content.SharedPreferences;
import android.os.Bundle;
import android.view.View;
import android.view.View.OnClickListener;
import android.widget.Button;
import android.widget.EditText;
```

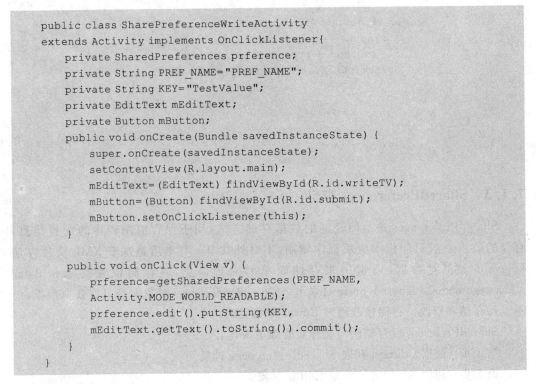

```
public class SharePreferenceWriteActivity
extends Activity implements OnClickListener{
    private SharedPreferences prference;
    private String PREF_NAME="PREF_NAME";
    private String KEY="TestValue";
    private EditText mEditText;
    private Button mButton;
    public void onCreate(Bundle savedInstanceState) {
        super.onCreate(savedInstanceState);
        setContentView(R.layout.main);
        mEditText=(EditText) findViewById(R.id.writeTV);
        mButton=(Button) findViewById(R.id.submit);
        mButton.setOnClickListener(this);
    }

    public void onClick(View v) {
        prference=getSharedPreferences(PREF_NAME,
        Activity.MODE_WORLD_READABLE);
        prference.edit().putString(KEY,
        mEditText.getText().toString()).commit();
    }
}
```

值得注意的是,getSharedPreferences(PREF_NAME,Activity. MODE_WORLD_READABLE)的第二个参数是 SharedPreferences 的使用属性。该参数可以是下述值。

(1) MODE_PRIVATE=0:只能是当前的应用才能操作文件。如果创建的文件已经存在,新内容覆盖原内容。

(2) MODE_APPEND=32768:新内容追加到原内容后,这个模式也是私有的。该文件只能被创建文件的应用访问。

(3) MODE_WORLD_READABLE=1:允许其他应用程序读取本应用创建的文件。

(4) MODE_WORLD_WRITEABLE=2:允许其他应用程序写入本应用程序创建的文件,并覆盖原数据。

所以,如果 SharedPreferences 能让外部程序读取,在写入时必须选择 MODE_WORLD_READABLE 或者 MODE_WORLD_READABLE + MODE_WORLD_WRITEABLE。

Sample 7_5 中将重新启动一个 activity(SharePreferenceReadActivity)。它和 Sample 7_4 中的 activity(SharePreferenceWriteActivity)不在同一个进程中。SharePreferenceReadActivity 的作用是读取 Sample 7_4 中写入的文件 REF_NAME. xml 中键名为 TestValue 的值 write。

读取的步骤如下所述。

第1步:获得被读取应用的 Context。

第2步:通过该 Context 和 XML 文件的名字获取 SharedPreferences 对象。

第3步:通过 SharedPreferences 对象的 getString(String key,String default)方法提

取数据指定的 key 对应的值。

```
［Sample 7_5（SharePreferenceReadActivity）］
package org.ourunix.sharepreferenceread;
import android.app.Activity;
import android.content.Context;
import android.content.SharedPreferences;
import android.content.pm.PackageManager.NameNotFoundException;
import android.os.Bundle;
import android.widget.TextView;

public class SharePreferenceReadActivity extends Activity {
    private SharedPreferences prference;
    private String NAME="PREF_NAME";
    private String KEY="TestValue";

    public void onCreate(Bundle savedInstanceState) {
        super.onCreate(savedInstanceState);
        TextView tv=new TextView(this);
        setContentView(tv);

        String tmp;
        Context c=null;

        try {
            c=this.createPackageContext(
              "org.ourunix.android.sharepreferencewrite",
              CONTEXT_IGNORE_SECURITY);

        } catch (NameNotFoundException e) {
              e.printStackTrace();
        }

        if (c !=null)
        prference=c.getSharedPreferences(NAME,0);
        tmp=prference.getString(KEY,"nothing");
        tv.setText(tmp);
    }
}
```

7.1.4　ContentProvider 简介

1. ContentProvider 概述

Android 的数据（包括 files、database 等）都属于应用程序私有，其他程序无法直接操作。因此，为了使其他程序能够操作数据，在 Android 中，要做成 ContentProvider 提供数据操作的接口。其实对本应用而言，也可以将底层数据封装成 ContentProvider，以便有效地屏蔽底层操作的细节，并且使程序保持良好的扩展性和开放性。

例如，Android 手机 Contacts 程序提供了联系人信息数据库，在 ContentProvider 中封装了对该数据库或文件的操作，并在 AndroidManifest.xml 中注册了这个 ContentProvider。如果开发的应用程序希望获得手机联系人的具体信息，使用 Contacts 程序提供的 ContentProvider，即可得到联系人信息。

ContentProvider 是如何为其他应用提供服务的呢？其实是希望获得联系人信息的程序传递一个 URI 给 Contacts 程序，如 content://com.android.contacts/contacts/5/data。Contacts 程序根据这个 URI 进行相应的查询，本例是查询联系人 id 为 5 的用户的所有联系信息。所以，在学习 ContentProvider 之前，应对 URI 有一定了解。

URI 主要包含两部分信息：需要操作的 ContentProvider；对 ContentProvider 中的什么数据进行操作。

一个 URI 由以下几部分组成。

(1) scheme：ContentProvider（内容提供者）的 scheme 已经由 Android 规定为 content://。

(2) 主机名（或 Authority）：用于唯一标识这个 ContentProvider，其他 Android 程序可以根据该标识找到它。

(3) 路径（path）：用来表示要操作的数据。路径的构建应根据业务而定，如下所述。

- 要操作 contact 表中 id 为 10 的记录，构建路径：/contact/10。
- 要操作 contact 表中 id 为 10 的记录的 name 字段：contact/10/name。
- 要操作 contact 表中的所有记录，构建路径：/contact。

要操作的数据不一定来自数据库，也可以是其他存储方式。例如，要操作 XML 文件中 contact 节点下的 name 子节点，构建路径：/contact/nam。

如果要把一个字符串转换成 URI，使用 URI 类中的 parse() 方法。例如，

```
Uri uri=Uri.parse(
"content://com.changcheng.provider.contactprovider/contact")
```

2. ContentProvider 的创建

当应用继承 ContentProvider 类，并重写该类用于提供数据和存储数据的方法，就可以向其他应用共享其数据。虽然使用其他方法也可以对外共享数据，但数据访问方式因数据存储的方式而不同。例如，采用文件方式对外共享数据，需要进行文件操作读写数据；采用 sharedpreferences 共享数据，需要使用 sharedpreferences API 读写数据。使用 ContentProvider 共享数据的好处是统一了数据访问方式。

在创建 ContentProvider 前，还需要了解 UriMatcher、ContentUris 和 ContentResolver 这三个类。

因为 Uri 代表了要操作的数据，所以经常需要解析 Uri，并从中获取数据。Android 系统提供了两个用于操作 Uri 的工具类，分别为 UriMatcher 和 ContentUris。

1) UriMatcher

UriMatcher 用于匹配 Uri，用法如下所述。

第 1 步：首先把需要匹配的 Uri 路径全部注册，如下所述。

- 常量 UriMatcher. NO_MATCH 表示不匹配任何路径的返回码(−1)。

```
UriMatcher uriMatcher=new UriMatcher(UriMatcher.NO_MATCH);
```

- 如果 match()方法匹配 content://com. changcheng. sqlite. provider. contactprovider/contact 路径,返回匹配码为 1,然后添加需要匹配的 Uri。如果匹配,返回匹配码。

```
uriMatcher.addURI(
    "com.changcheng.sqlite.provider.contactprovider","contact",1);
```

- 如果 match()方法匹配 content://com. changcheng. sqlite. provider. contactprovider/contact/230 路径,返回匹配码为 2,♯号为通配符。

```
uriMatcher.addURI(
    "com.changcheng.sqlite.provider.contactprovider",
    "contact/#",2);
```

第 2 步:注册完需要匹配的 Uri 后,使用 uriMatcher. match(uri)方法对输入的 Uri 进行匹配。如果匹配,返回匹配码。匹配码是调用 addURI()方法传入的第三个参数。假设匹配 content://com. changcheng. sqlite. provider. contactprovider/contact 路径,返回的匹配码为 1。

2) ContentUris

ContentUris 用于获取 Uri 路径后面的 ID 部分,它有以下两个比较实用的方法。

- withAppendedId(uri,id):用于为路径加上 ID 部分。
- parseId(uri)方法:用于从路径中获取 ID 部分。

另外,ContentProvider 还有个方法 onCreate()。ContentProvider 实例产生时,调用该方法,并且对于同一个 ContentProvider,Android 系统只产生一个实例。

ContentProvider 中有个 getType(Uri uri)方法,主要返回 Uri 对应的查询数据的类型。

示例 Sample 7_6 中的 FirstContentProvider 封装了对数据库 FirstProvider. db 表 users 的 insert、query 和 update 操作,对外提供的 Uri 为 content://com. cp. FirstContentProvider/users/。

[Sample 7_6]
```
DatabaseHelper.java

package com.sqlite3.cp;

import com.cp.FirstProviderMetaData;
import android.content.Context;
import android.database.sqlite.SQLiteDatabase;
```

```
import android.database.sqlite.SQLiteOpenHelper;
import android.database.sqlite.SQLiteDatabase.CursorFactory;

//DatabaseHelper 作为一个访问 SQLite 的助手类,提供两方面的功能
//第一,getReadableDatabase(),getWritableDatabase()可以获得 SQLiteDatabse 对
//象,通过该对象对数据库进行操作
//第二,提供了 onCreate()和 onUpgrade()两个回调函数,允许在创建和升级数据库时
//进行自己的操作

public class DatabaseHelper extends SQLiteOpenHelper {
    private static final int VERSION=1;
    //在 SQLiteOepnHelper 的子类当中,必须有该构造函数
    public DatabaseHelper(Context context,String name,
                          CursorFactory factory,
                          int version) {
        //必须通过 super 调用父类当中的构造函数
        super(context,name,factory,version);
        //TODO Auto-generated constructor stub
    }

    public DatabaseHelper(Context context,String name) {
        this(context,name,VERSION);
    }

    public DatabaseHelper(Context context,String name,int version) {
        this(context,name,null,version);
    }

    //该函数是在第一次创建数据库时执行,实际上是在第一次得到 SQLiteDatabse
    //对象的时候,才会调用这个方法
    @Override
    public void onCreate(SQLiteDatabase db) {
        //TODO Auto-generated method stub
        System.out.println("create a Database");
        //execSQL()函数用于执行 SQL 语句
        db.execSQL("create table " +FirstProviderMetaData.USERS_TABLE_NAME
            +"(" +FirstProviderMetaData.UserTableMetaData._ID
            +" INTEGER PRIMARY KEY AUTOINCREMENT,"
            +FirstProviderMetaData.UserTableMetaData.USER_NAME
            +" varchar(20));");
    }

    @Override
    public void onUpgrade(SQLiteDatabase db,int oldVersion,int newVersion) {
        //TODO Auto-generated method stub
        System.out.println("update a Database");
    }
```

```
}
FirstProviderMetaData.java
package com.cp;

import android.net.Uri;
import android.provider.BaseColumns;

public class FirstProviderMetaData {
    public static final String AUTHORIY="com.cp.FirstContentProvider";
    //数据库名称
    public static final String DATABASE_NAME="FirstProvider.db";
    //数据库的版本
    public static final int DATABASE_VERSION=1;
    //表名
    public static final String USERS_TABLE_NAME="users";

    public static final class UserTableMetaData implements BaseColumns{
        //表名
        public static final String TABLE_NAME="users";
        //访问该 ContentProvider 的 URI
        public static final Uri CONTENT_URI=Uri.parse(
                    "content://" +AUTHORIY +"/users");
        //该 ContentProvider 返回的数据类型的定义
        public static final String CONTENT_TYPE=
            "vnd.android.cursor.dir/vnd.firstprovider.user";
        public static final String CONTENT_TYPE_ITEM=
            "vnd.android.cursor.item/vnd.firstprovider.user";
        //列名
        public static final String USER_NAME="name";
        //默认的排序方法
        public static final String DEFAULT_SORT_ORDER="_id desc";
    }
}
FirstContentProvider.java
package com.cp;

import java.util.HashMap;

import com.cp.FirstProviderMetaData.UserTableMetaData;
import com.sqlite3.cp.DatabaseHelper;
import android.content.ContentProvider;
import android.content.ContentUris;
import android.content.ContentValues;
import android.content.UriMatcher;
import android.database.Cursor;
import android.database.SQLException;
import android.database.sqlite.SQLiteDatabase;
import android.database.sqlite.SQLiteQueryBuilder;
```

```
import android.net.Uri;
import android.text.TextUtils;

public class FirstContentProvider extends ContentProvider {

    public static final UriMatcher uriMatcher;
    public static final int INCOMING_USER_COLLECTION=1;
    public static final int INCOMING_USER_SINGLE=2;
    private DatabaseHelper dh;
    static {
        uriMatcher=new UriMatcher(UriMatcher.NO_MATCH);
        uriMatcher.addURI(FirstProviderMetaData.AUTHORIY,"users",
            INCOMING_USER_COLLECTION);
        uriMatcher.addURI(FirstProviderMetaData.AUTHORIY,"users/#",
            INCOMING_USER_SINGLE);
    }

    public static HashMap<String,String>userProjectionMap;
    static
    {
        userProjectionMap=new HashMap<String,String>();
        userProjectionMap.put(UserTableMetaData._ID,UserTableMetaData._ID);
        userProjectionMap.put(UserTableMetaData.USER_NAME,
                              UserTableMetaData.USER_NAME);
    }
    @Override
    public int delete(Uri arg0,String arg1,String[] arg2) {
        //TODO Auto-generated method stub
        System.out.println("delete");
        return 0;
    }

    //根据传入的 URI,返回该 URI 表示的数据类型
    @Override
    public String getType(Uri uri) {
        //TODO Auto-generated method stub
        System.out.println("getType");
        switch(uriMatcher.match(uri)){
        case INCOMING_USER_COLLECTION:
            return UserTableMetaData.CONTENT_TYPE;
        case INCOMING_USER_SINGLE:
            return UserTableMetaData.CONTENT_TYPE_ITEM;
        default:
            throw new IllegalArgumentException("Unknown URI" +uri);
        }
    }

    //该函数的返回值是一个 Uri,表示刚刚使用该函数插入的数据
```

```
//content://grace.cp.FirstContentProvider/users/1
@Override
public Uri insert(Uri uri,ContentValues values) {
    System.out.println("insert");
    SQLiteDatabase db=dh.getWritableDatabase();
    long rowId=db.insert(UserTableMetaData.TABLE_NAME,null,values);
    if(rowId >0){
        Uri insertedUserUri=ContentUris.withAppendedId(
            UserTableMetaData.CONTENT_URI,rowId);
        //通知监听器,数据已经改变
        getContext().getContentResolver().notifyChange(
            insertedUserUri,null);
        return insertedUserUri;
    }
    throw new SQLException("Failed to insert row into" +uri);
}


//是一个回调方法,在 ContentProvider 创建的时候执行
@Override
public boolean onCreate() {
    //打开数据库
    dh=new DatabaseHelper(
        getContext(),FirstProviderMetaData.DATABASE_NAME);
    System.out.println("onCreate");
    return true;
}


@Override
public Cursor query(Uri uri,String[] projection,
                String selection,String[] selectionArgs,
        String sortOrder) {
    System.out.println(11);
    SQLiteQueryBuilder qb=new SQLiteQueryBuilder();

    switch(uriMatcher.match(uri)){
    case INCOMING_USER_COLLECTION:

        qb.setTables(UserTableMetaData.TABLE_NAME);
        qb.setProjectionMap(userProjectionMap);

        break;

    case INCOMING_USER_SINGLE:

        qb.setTables(UserTableMetaData.TABLE_NAME);
        qb.setProjectionMap(userProjectionMap);
        qb.appendWhere(UserTableMetaData._ID +"=" +
                    uri.getPathSegments().get(1));
        break;
```

```
        }
        String orderBy;
        if(TextUtils.isEmpty(sortOrder)){
            orderBy=UserTableMetaData.DEFAULT_SORT_ORDER;
        }
        else{
            orderBy=sortOrder;
        }
        SQLiteDatabase db=dh.getWritableDatabase();
        Cursor c=qb.query(db,projection,selection,
                selectionArgs,null,null,orderBy);
        c.setNotificationUri(getContext().getContentResolver(),uri);
        System.out.println("query");
        return c;
    }

    @Override
    public int update(Uri arg0,ContentValues arg1,
                      String arg2,String[] arg3) {
        //TODO Auto-generated method stub
        System.out.println("update");
        return 0;
    }

}
```

最后，ContentProvider 要能被使用，还需要在 AndroidManifest. xml 中注册它。本例注册文件的部分代码如下所示：

```
<provider android:name="com.cp.FirstContentProvider"
    android:authorities="com.cp.FirstContentProvider" />
```

android：name 要写 ContentProvider 继承类的全名，android：authorities 属性的值要写 CONTENT_URI 常量中 AUTHORIY 常量的值。

3) ContentResolver

ContentResolver 的主要功能是用来查询和提取 ContentProvider 提供的数据。ContentProvider 使数据库中的数据能够被其他程序访问，但只能通过规定的方式访问，这种方式就是通过 ContentResolver 来实现。

3. ContentProvider 的应用

使用 ContentProvider 提供的共享数据，需要借助类 ContentResolver。当外部应用需要对 ContentProvider 中的数据进行添加、删除、修改和查询操作时，可以用 ContentResolver 类来完成；要获取 ContentResolver 对象，使用 Activity 提供的 getContentResolver()方法。ContentResolver 使用 insert、delete、update、query 方法操作数据。ContentResolver 类提供的这些方法正好对应 ContentProvider 类同名的四个方法，如下所述。

（1）public Uri insert(Uri uri,ContentValues values)：该方法用于向 ContentProvider 添加数据。

（2）public int delete(Uri uri,String selection,String[] selectionArgs)：该方法用于从 ContentProvider 删除数据。

（3）public int update(Uri uri, ContentValues values, String selection, String[] selectionArgs)：该方法用于更新 ContentProvider 中的数据。

（4）public Cursor query(Uri uri,String[] projection,String selection,String[] selectionArgs,String sortOrder)：该方法用于从 ContentProvider 获取数据。这些方法的第一个参数为 Uri,代表要操作的 ContentProvider 和对其中的什么数据进行操作。假设给定的是 Uri.parse("content://cn.itcast.providers.personprovider/person/10"),将对主机名为 cn.itcast.providers.personprovider 的 ContentProvider 进行操作,操作的数据为 person 表中 id 为 10 的记录。

下面的示例使用 ContentResolver 对 ContentProvider 中的数据进行添加、删除、修改和查询操作：

```
ContentResolver resolver=getContentResolver();
Uri uri=Uri.parse("content://cn.itcast.provider.personprovider/person");
content://cn.itcast.provider.personprovider/person 是 provider 提供的地址
```

1）添加

```
ContentValues values=new ContentValues();
values.put("name","itcast");
values.put("age",25);
resolver.insert(uri,values);
```

2）查询

```
Cursor cursor=resolver.query(uri,null,null,null,"personid desc");
while(cursor.moveToNext()){
    Log.i("ContentTest","personid="+ cursor.getInt(0)+", name="+ cursor.
        getString(1));
}
```

3）更新

```
ContentValues updateValues=new ContentValues();
updateValues.put("name","liming");
Uri updateIdUri=ContentUris.withAppendedId(uri,2);
resolver.update(updateIdUri,updateValues,null,null);
```

4）删除

```
Uri deleteIdUri=ContentUris.withAppendedId(uri,2);
resolver.delete(deleteIdUri,null,null);
```

Sample 7_7 中演示了如何使用 Sample 7_6 中提供的 ContentProvider。

[Sample 7_7]

```java
TestcActivity.java
package aa.bb;
import android.app.Activity;
import android.database.Cursor;
import android.net.Uri;
import android.os.Bundle;
import android.view.View;
import android.view.View.OnClickListener;
import android.widget.Button;

public class TestcActivity extends Activity {
    //Called when the activity is first created.
    //private Button insertButton=null;
    private Button queryButton=null;
    public static final Uri CONTENT_URI=Uri.parse(
        "content://" +"com.cp.FirstContentProvider" +"/users");

    @Override
    public void onCreate(Bundle savedInstanceState) {
        super.onCreate(savedInstanceState);
        setContentView(R.layout.main);
        queryButton=(Button) findViewById(R.id.query);
        System.out.println(queryButton);
        queryButton.setOnClickListener(new QueryListener());
    }
    class QueryListener implements OnClickListener {
        @Override
        public void onClick(View v) {
            //TODO Auto-generated method stub
            System.out.println(3);
            Cursor c=getContentResolver().query(
                    CONTENT_URI,null,
                    null,null,null);
            System.out.println(4);
            while(c.moveToNext()&& c!=null){
                System.out.println(c.getString
                    (c.getColumnIndex("name")));
            }
        }
    }
}
```

7.2 智能终端网络存储技术

移动终端受自身资源有限的约束，无法满足终端应用高存储的需求。除了上述几种本地存储方法外，还有一种存储和获取数据的方式，即通过网络存储和获取数据。网络存储方式很多，和传统 C/S 模式的程序类似，如可以通过网络将文件上传到服务器，或将邮件发送到服务器等，或通过网络获得 Webservice 服务器的服务。另外，如果远端有类似 Google Drive 服务，还可以把移动终端数据存储到云服务器，或从云服务器取得需要的数据。

示例 Sample 7_8 演示了如何发送邮件到邮件服务器，Sample 7_9 演示了如何从 Tomcat 服务器接收文件。

```
Sample7_8(Mysample7_8Activity.java)
package com.email;
import android.app.Activity;
import android.content.Intent;
import android.net.Uri;
import android.os.Bundle;
import android.view.KeyEvent;

public class Mysample7_8Activity extends Activity {
    private int miCount=0;
    public void onCreate(Bundle savedInstanceState) {
        super.onCreate(savedInstanceState);
        setContentView(R.layout.main);
        miCount=1000;
    }
    public boolean onKeyDown(int keyCode,KeyEvent event) {
        if (keyCode==KeyEvent.KEYCODE_BACK) {
            //退出应用程序时保存数据
            //发送邮件的地址
            Uri uri=Uri.parse("mailto:test@163.com");
            //创建 Intent
            Intent it=new Intent(Intent.ACTION_SENDTO,uri);
            //设置邮件的主题
            it.putExtra(android.content.Intent.EXTRA_SUBJECT,"数据备份");
            //设置邮件的内容
            it.putExtra(android.content.Intent.EXTRA_TEXT,
                        "本次计数: " +miCount);
            //开启
            startActivity(it);
            return true;
```

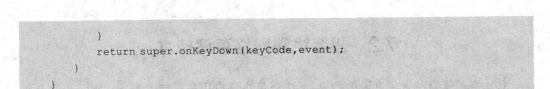

```
        }
        return super.onKeyDown(keyCode,event);
    }
}
```

示例 Sample 7_9 中需要在 Tomcat 服务器目录下的 webapps/ROOT 中创建目录 examples,并在该目录下创建文件 test. txt。另外,由于在程序中访问了外部网络,需要在 AndroidManifest. xml 文件中给予权限,代码如下:

```
<uses-permission android:name="android.permission.INTERNET" />
Sample7_9(Mysample7_9Activity.java)
package com.loadfile;
import java.io.BufferedInputStream;
import java.io.InputStream;
import java.net.URL;
import java.net.URLConnection;
import android.app.Activity;
import android.graphics.Color;
import android.os.Bundle;
import android.widget.TextView;

public class Mysample7_9Activity extends Activity {
    @Override
    public void onCreate(Bundle savedInstanceState) {
        super.onCreate(savedInstanceState);
        setContentView(R.layout.main);
        TextView tv=new TextView(this);
        String myString=null;
        try {
            //定义要访问的地址 url
            URL uri=new URL("http://127.0.0.1:8080/examples/test.txt");
            //打开这个 url
            URLConnection uConnection=uri.openConnection();
            //从上面的链接中取得 InputStream
            InputStream is=uConnection.getInputStream();
            //new 一个带缓冲区的输入流
            BufferedInputStream bis=new BufferedInputStream(is);
            //解决中文乱码
            byte[] bytearray=new byte[1024];
            int current=-1;
            int i=0;
            while ((current=bis.read()) !=-1) {
                bytearray[i]=(byte) current;
                i++;
            }

            myString=new String(bytearray,"GB2312");
```

```
} catch (Exception e) {
    //获取异常信息
    myString=e.getMessage();
}
//设置到 TextView 颜色
tv.setTextColor(Color.RED);
//设置字体
tv.setTextSize(20.0f);
tv.setText(myString);

//将 TextView 显示到屏幕上
this.setContentView(tv);
    }
}
```

本 章 小 结

　　本章主要介绍 Android 系统的网络和本地存储方法。其中,本地存储方法有 SharedPreference、文件存储、SQLite 以及 ContentProvider。SharedPreference 适合保存应用程序的配置,文件存储一般用于直接操作二进制文件,数据量比较大时使用 SQLite, 不同应用程序数据的共享可通过 ContentProvider。网络存储目前主要用于上传数据、下载文件,以及越来越靠近云存储的一些操作。

第8章

多媒体应用与游戏开发基础

时至今日,手机不再是单一的通信工具,已经发展成为集音乐播放器、视频播放器、游戏机、照相机、个人小型终端于一体的便携智能设备。在丰富多样的 Android 应用中,多媒体应用与游戏占了很大比重。随着手机性能逐步提升和移动网络不断完善,多媒体应用与游戏带给玩家的体验越来越好。手机多媒体应用与游戏开发成为非常重要的产业。

本章主要内容

- Android 应用程序结构;
- Android 事件处理机制;
- Android 多媒体核心 OpenCore;
- Android 游戏开发框架。

8.1 Android 应用开发概述

8.1.1 Android 系统结构

Android 系统采用软件堆层(Software Stack,软件叠层)的架构,主要分为四个部分: 顶层是各种应用程序;第二层是 Android 提供的应用程序框架;第三层包括程序库和 Android 运行时环境;最后一层以 Linux 核心为基础,包含各种驱动程序,只提供基本功能,如图 8-1 所示。

1. 应用程序(Applications)层

Android 不仅仅是操作系统,它包含许多应用程序,例如 Phone(电话拨号程序)、Contact(联系人程序)、Browser(浏览器程序)、Calendar(日历程序)、Mail(邮件程序)等。所有应用程序都是用 Java 编程语言写的,同时允许开发人员使用其他应用程序进行替换。

2. 应用程序框架(Application Framework)层

应用程序框架层的体系结构简化了组件的重用,开发人员可以直接使用这些组件来快速地开发应用程序,也可以通过继承实现个性化拓展。通过这种开放式开发平台,开发人员能够编制极其丰富和新颖的应用程序,自由地利用设备硬件优势,访问位置信息,运行后台服务,设置闹钟,向状态栏添加通知等。

隐藏在每个应用程序之后的是一组服务和系统,包括以下内容。

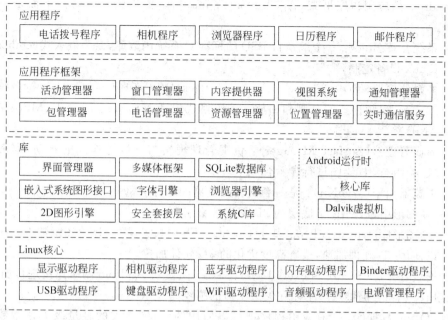

图 8-1　Android 系统结构示意图

- 活动管理器(Activity Manager)：用来管理应用程序生命周期，提供通用的导航回退功能。
- 窗口管理器(Window Manager)：用来管理所有的窗口程序。
- 内容提供器(Content Provider)：使应用程序能访问其他应用程序的数据，或共享自己的数据。
- 视图系统(View System)：丰富的、可扩展的视图集合，用于构建一个应用程序，包括列表、网格、文本框、按钮，甚至是内嵌的网页浏览器。
- 通知管理器(Notification Manager)：使所有应用程序在状态栏显示自定义提示信息。
- 包管理器(Package Manager)：用于 Android 系统内的程序管理。
- 电话管理器(Telephony Manager)：管理所有的移动设备功能。
- 资源管理器(Resource Manager)：用来访问非代码资源，如本地化字符串、图形和布局文件等。
- 位置管理器(Location Manager)：用于提供位置服务。
- 实时通信服务(XMPP Service)：XMPP(Extensible Messaging and Presence Protocol,可扩展通信和表示协议)Service 用于提供实时通信服务，例如 Google Talk。

3. 程序库（Libraries）层

Android 系统程序库层分为两个部分：系统库和 Android Runtime。

1）系统库

Android 系统库是一个 C/C++ 库的集合，供 Android 系统各组件使用。这些功能通过 Android 的应用程序框架（Application Framework）提供给开发者。下面是一些核心库。

- 系统 C 库（libc）：一个继承自 BSD 的标准 C 系统函数库，专为嵌入式（embedded）Linux 设备定制。
- 多媒体框架（Media Framework）：基于 PacketVideo 的 OpenCore，支持多种常用的音频、视频格式的录制和回放。编码格式包括 MPEG4、H.264、MP3、AAC、AMR 等。
- 界面管理器（Surface Manager）：负责管理现实与存取操作间的互动，也负责对 2D 绘图与 3D 绘图进行显示合成。
- 浏览器引擎（WebKit）：是一套网页浏览器的软件引擎。
- 2D 图形引擎（SGL）：底层的 2D 图形渲染引擎。
- 3D 图形库（OpenGL ES）：基于 OpenGL ES 1.0 实现的 3D 绘图函数库。该库可以使用 3D 硬件加速，或者高度优化的 3D 软件加速。
- 安全套接层（Secure Sockets Layer，SSL）：负责对 Android 网络连接进行加密。
- FreeType：提供点阵字体和矢量字体的描绘与显示。
- SQLite 数据库：所有应用程序都可以使用的、功能强大的轻量级关系型数据库引擎。

2）Android Runtime

Android Runtime 采用 Java 语言编写，所有的 Android 应用程序都在 Android Runtime 中执行。Android Runtime 分为核心库（Core Libraries）和 Dalvik 虚拟机（Dalvik VM）两个部分。

- 核心库：提供 Java 语言 API 中的大部分功能，同时包含 Android 的一些核心 API，如 Android OS、Android Media 等。
- Dalvik 虚拟机：是 Google 公司设计用于 Android 平台的 Java 虚拟机。Dalvik 虚拟机经过优化，允许在有限的内存中同时运行多个虚拟机的实例，并且每一个 Dalvik 应用作为独立的 Linux 进程执行。独立的进程可以避免在虚拟机崩溃的时候所有程序都被关闭。

4. Linux 核心（Linux Kernel）层

Android 的核心系统服务依赖于 Linux 2.6 内核，例如安全性、内存管理、进程管理、网络协议栈和驱动模型等。同时，Linux Kernel 作为硬件和软件之间的抽象层，隐藏具体硬件细节，为上层提供统一的服务。

8.1.2　Android 应用程序结构

Android 应用程序没有统一的入口，每个应用之间相互独立，并且运行在自己的进程中。Android 划分了四类核心组件：Activity、Service、BroadcastReceiver 和 ContentProvider。组件之间通过 Intent 导航。Android 还定义了 View 类显示可视化界面，例如菜单、对话框、按钮等。根据需要完成的功能不同，Android 应用程序通常由一个或多个组件组合而成。

1. Activity 与 View

Activity 是 Android 应用中最基本且最常用的一个组件,负责与用户交互。在 Android 应用中,一个 Activity 通常是一个单独的屏幕,都被实现为一个独立的类,并且继承于 Activity 基类。

View 组件是所有 UI 控件、容器控件的基类,是 Android 应用中用户确实能看见的部分。可以通过向 Activity 添加各种 View 组件来处理事件,比如添加 CheckBox(复选框)组件来向用户提供多个选项,添加 Button(按钮)组件来让用户决定其所做更改是确定还是取消等。

大部分应用包含多个屏幕。例如,一个相机应用程序需要有一个屏幕用于实时取景、调节参数和拍照,另一个屏幕用于查看和编辑拍摄好的相片。每一个这样的屏幕都是一个 Activity。

当打开一个新的屏幕时,Android 将之前的一个屏幕置为暂停状态并压入历史堆栈。用户通过返回操作重新打开历史堆栈中的前一个屏幕。当屏幕不再使用时,可以从历史堆栈中将其删除。

2. Service

Service 与 Activity 一样,也是一个 Android 组件,两者的区别在于:Service 通常位于后台运行,一般不需要与用户交互,所以 Service 组件没有图形用户界面。

与 Activity 组件需要继承 Activity 基类相似,Service 组件需要继承 Service 基类。一个 Service 组件被运行起来之后,它将拥有自己独立的生命周期。Service 组件通常用于为其他组件提供后台服务,例如实现音乐播放器的后台音乐播放服务。

3. BroadcastReceiver

BroadcastReceiver,即广播消息接收器,是 Android 应用中另一个重要的组件。BroadcastReceiver 非常类似于事件编程中的监听器,不同之处在于:普通事件监听器监听的事件源是程序中的对象;BroadcastReceiver 监听的事件源是 Android 应用中的其他组件。

可以使用 BroadcastReceiver 来让应用对一个外部的事件做出响应。例如,当有"电话呼入"这个外部事件发生的时候,可以利用 BroadcastReceiver 进行处理;当系统电量发生改变时,仍然可以利用 BroadcastReceiver 进行处理。BroadcastReceiver 没有用户界面,用户是看不到的。BroadcastReceiver 通过 NotificationManager 来通知用户这些事情发生了。

4. ContentProvider

在 Android 中,各个应用相互独立,各自运行在自己的 Dalvik 虚拟机实例中,数据也是各自私有的。如果需要在 Android 应用之间传递数据,例如,一个可以发送多媒体信息的程序需要从图库应用中选取一些图片或者视频作为发送的附件内容,需要多个应用程序之间实时交换数据。

Android 为这种应用间的数据交换提供了一个标准:ContentProvider。它实现了一组标准的方法接口,让其他应用保存或读取此 ContentProvider 的各种数据类型。

通常与 ContentProvider 结合使用的是 ContentResolver：一个应用程序使用 ContentProvider 显露自己的数据，另一个应用程序通过 ContentResolver 访问这些数据。

5. Intent

严格来说，Intent 并不是 Android 应用的组件，而是 Android 应用内不同组件之间通信的载体。它封装了不同组件之间导航查找的条件。Intent 可以启动应用中的另一个 Activity，也可以启动一个 Service 组件，还可以发送一条广播消息来触发系统中的 BroadcastReceiver。Activity、Service、BroadcastReceiver 三种组件之间的通信都要以 Intent 作为载体，只是不同组件使用 Intent 的机制略有差异。

8.1.3 Android 用户界面

Android 应用开发的一项重要内容就是用户界面开发。如果一个应用程序没有友好的图形界面，哪怕它的功能再优秀，也很难吸引最终用户。

Android 系统提供了大量功能丰富的 UI(User Interface，可视化用户界面)组件。为了让这些 UI 组件响应用户的鼠标(或是触摸)、键盘动作，Android 提供了事件响应机制，保证图形界面应用响应用户的交互操作。

1. 视图组件（View）与容器组件（ViewGroup）

Android 系统中的所有 UI 类都建立在 View 和 ViewGroup 这两个类的基础之上。所有 View 的子类称为 Widget(组件)，所有 ViewGroup 的子类称为 Layout(布局)。

View 和 ViewGroup 之间采用组合设计模式(Composite)。对于一个 Android 应用的图形用户界面来说，ViewGroup 类处于最上层，作为容器来盛装其他组件。在 ViewGroup 里，除了包含 View 组件之外，还包含 ViewGroup 组件，其层次结构如图 8-2 所示。

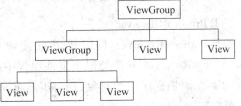

图 8-2 View 和 ViewGroup 的层次关系

对于所有组件，都可以用两种方式来控制其行为。

(1) 在 XML 布局文件中通过 XML 属性控制。

(2) 在 Java 程序代码中通过调用方法控制。

Android 推荐使用 XML 布局文件来定义用户界面，这样不仅简单、明了，而且将应用的视图控制逻辑从 Java 代码中分离出来，放入 XML 文件控制，以便更好地体现 MVC (Model View Controller)原则。

2. 布局组件（Layout）

Android 应用的图形用户界面需要运行在具有不同分辨率的手机上。如果让程序手动控制每个组件的大小、位置，将给编程带来巨大的困难。为了解决这个问题，使 Android 应用的图形用户界面具有良好的平台无关性，Android 提供了布局组件。为容器选择合适的布局组件，就可以根据运行平台自动调整组件大小。布局组件有以下 5 类。

(1) 线性布局(LinearLayout 类)：将 ViewGroup 容器里的子组件以线性方向(即垂

直地或水平地)排列和显示。

(2) 表格布局(TableLayout 类)：将 ViewGroup 容器里的子组件以表格方式排列和显示。

(3) 帧布局(FrameLayout 类)：为 ViewGroup 容器里的每一个子组件创建一个空白区域(帧)，使得组件叠放在一起，上面的组件遮盖下面的组件。

(4) 相对布局(RelativeLayout 类)：将 ViewGroup 容器里的子组件以相对位置排列和显示。即一个组件可以指定相对于它的兄弟组件的位置(例如在给定组件的左边或者下面)，或者相对于 RelativeLayout 的特定区域的位置(例如底部对齐，或中间偏左)。

(5) 绝对布局(AbsoluteLayout 类)：将 ViewGroup 容器里的子组件通过 X、Y 坐标定位。在这种情况下，Android 不提供任何自动布局控制，因此无法在不同分辨率下正常显示。

3. 基本界面组件

要完成一个完整的 UI 界面，需要先创建一个容器(ViewGroup 的实例)，然后向容器中不断添加各种界面组件。Android 准备了大量功能强大的界面组件，以应对不同情况下各种功能的需要。各界面组件及其功能描述如表 8-1 所示。

表 8-1　Android 界面组件及其功能描述

界面组件	功　　能
TextView	即文本框，用于在界面上显示文本内容，用户不可编辑
EditText	即编辑框，相当于一个可以编辑内容的文本框，通常用于接收用户输入的信息
Button	即按钮，用户单击时触发 OnClick 事件，并执行相应的功能
ImageButton	即图片按钮，与 Button 功能相同，区别在于 ImageButton 上显示图片，而 Button 上显示文字
RadioButton	即单选按钮，通常多个组合使用，在界面上提供一组只能单选的选项(例如，"性别"的单项选择)
CheckBox	即复选框，通常多个组合使用，在界面上提供一组可以多选的选项(例如，"爱好"的多项选择)
ToggleButton	即状态开关按钮，通常用于切换程序中的某种状态(例如，切换蓝牙的开、关状态)
AnalogClock	即模拟时钟，用于在界面上显示模拟时钟
DigitalClock	即数字时钟，用于在界面上显示数字时钟
ImageView	即图像视图，主要用于在界面上显示图像
AutoCompleteTextView	即自动完成文本框，派生自 EditView，增加了根据用户输入自动显示下拉菜单、用户选择某个菜单项后自动将该项填入文本框的人性化功能
Spinner	即列表选择框，弹出一组列表选项供用户选择
DatePicker	即日期选择器，供用户选择日期
TimePicker	即时间选择器，供用户选择时间
ProgressBar	即进度条，通常用于实时显示某个耗时操作完成的百分比，避免用户误认为程序失去响应

界面组件	功　　能
RatingBar	即星级评分条,允许用户通过拖动或单击滑块来快速改变某种值(例如音量)
SeekBar	即拖动条,与 SeekBar 功能十分接近,区别在于 RatingBar 通过"星星"来表示进度
TabHost	即选项卡,将其放置在容器中,可以添加多个标签页。每增加一个标签页,相当于获得一个与容器相同大小的组件摆放区域(例如,在拨号应用程序的一个窗口中定义多个标签页,分别显示"拨号面板""通话记录""联系人"等)
ScrollView	即垂直滚动条,用于为其他组件添加垂直滚动条
HorizontalScrollView	即水平滚动条,用于为其他组件添加水平滚动条
ListView	即列表视图,以垂直列表的形式显示所有列表项
ExpandableListView	即可展开的列表视图,继承自 ListView,增加了将列表项分组的功能
GridView	即网格视图,功能上与 ListView 相似,区别在于:GridView 在水平、垂直两个方向显示多个组件
ImageSwitcher	即图像切换器,与 ImageView 一样用于显示图片,但多出允许设置图片切换时的动画效果的功能
Gallery	即画廊视图,显示一个水平的列表选择框,允许用户通过拖动来查看上一个、下一个列表项,通常用来动态展示图片
AlertDialog	即对话框,将其与各种组件组合,可以形成多种风格,具有不同功能的对话框
DatePickerDialog	即日期选择对话框,是封装了 DatePicker 组件的对话框
TimePickerDialog	即时间选择对话框,是封装了 TimePicker 组件的对话框
ProgressDialog	即进度条对话框,是封装了 ProgressBar 组件的对话框
Toast	即提示信息框,用于显示一个简单的提示信息。提示信息不会获得焦点,并且过一段时间会自动消失
Notification	即通知,用于在手机状态栏显示通知消息
Menu、SubMenu、MenuItem	即菜单、子菜单和菜单项,用来组合成各种多级菜单

8.1.4　Android 事件处理

当用户在 Android 应用的用户界面上进行各种操作时,应用程序必须为用户动作提供相应的响应。这种响应动作需要通过事件处理来完成。

Android 提供了两种事件处理方式:基于监听的事件处理和基于回调的事件处理。Android 系统充分利用这两种事件处理方式的优点,允许开发者采用熟悉的事件处理方式来为用户操作提供响应动作。

1. 基于监听的事件处理

基于监听的事件处理是一种面向对象的事件处理方式。在这种处理模型中,主要涉及如下三类对象。

(1) Event Source(事件源):即事件发生的来源,通常就是各个 UI 组件,例如按钮、菜单、列表项等。

（2）Event（事件）：指 UI 组件上发生的特定事情，通常是一次用户操作，例如对按钮的一次单击。

（3）Event Listener（事件监听器）：用来监听事件源发生的事件，并调用 Event Handler（事件处理器）中相应的实例方法来对各种事件做出响应。

同一个事件源上可能发生多种事件，可以把事件源上所有可能发生的事件分别授权给不同的事件监听器来处理；同时，让同一类事件使用同一个事件监听器来统一处理。

Android 系统中的事件监听器有如下几类（以 View 为例）。

（1）单击事件（View.OnClickListener）：当用户触碰到某个组件时触发该事件。该事件的处理方法是 onClick()。

（2）焦点事件（View.OnFocusChangeListener）：当组件得到或失去焦点时触发该事件。该事件的处理方法是 onFocusChange()。

（3）按键事件（View.OnKeyListener）：当用户按下或释放设备上的某个按键时触发该事件。该事件的处理方法是 onKey()。

（4）触碰事件（View.OnTouchListener）：当用户触碰带有触摸屏的设备的屏幕时触发该事件。该事件的处理方法是 onTouch()。

（5）创建上下文菜单事件（View.OnCreateContextMenuListener）：创建上下文菜单时触发该事件。该事件的处理方法是 onCreateContextMenu()。

基于监听的事件处理模型的实现步骤如下所述。

第 1 步：创建事件监听器。

第 2 步：给要响应事件的组件注册事件监听器。

第 3 步：在事件处理方法中编写实现代码。

当事件源上发生指定事件时，Android 触发事件监听器，由事件监听器调用相应的方法来处理事件。

2. 基于回调的事件处理

与基于监听的事件处理模型不同，在基于回调的事件处理模型中，当用户在用户界面组件上触发某个事件时，由组件自己特定的方法来处理该事件。也就是说，事件源和事件处理器合二为一了。

在这种情况下，为了让用户界面组件响应用户操作，只能通过继承用户界面组件类，并重写该类的事件处理方法的方式来实现。

Android 为所有的用户界面组件提供了一些事件处理方法。以 View 为例，该类包含如下方法。

（1）boolean onKeyDown(int keyCode,KeyEvent event)：当用户在该组件上按下某个按键时触发该方法。

（2）boolean onKeyUp(int keyCode,KeyEvent event)：当用户在该组件上松开某个按键时触发该方法。

（3）boolean onKeyLongPress(int keyCode,KeyEvent event)：当用户在该组件上长按某个按键时触发该方法。

（4）boolean onKeyShortcut(int keyCode,KeyEvent event)：当一个键盘快捷键被按下时触发该方法。

（5）boolean onTouchEvent(MotionEvent event)：当用户在该组件上触发触摸屏事件时触发该方法。

（6）boolean onTrackballEvent(MotionEvent event)：当用户在该组件上触发轨迹球事件时触发该方法。

如上所述，基于回调的事件处理方法几乎都有一个 boolean 类型的返回值。该值为 true 时，表示事件已处理完毕，该事件不会被传播出去；该值为 false 时，表示事件未处理完，该事件会被传播出去。也就是说，某组件上发生的事情不仅会触发该组件上的回调方法，也有可能触发该组件所在的 Activity 的回调方法。

3. 两种事件处理模型对比

基于监听的事件处理模型的优势在于：分工更明确，事件源、事件监听由两个类分别实现，因此可维护性更好；Android 事件处理机制保证基于监听的事件监听器被优先触发。

基于回调的事件处理模型的优势在于：由于把事件处理方法封装在组件内部，程序的内聚性更好。

8.2　Android 多媒体应用开发基础

Android 内置了常用类型媒体的编解码，可以轻松地将音频、视频和图像等多媒体文件集成到应用程序中。通过调用 Android 提供的现有 API，能够非常容易地实现相册、媒体播放器、摄影摄像等多媒体应用程序。

8.2.1　Android 多媒体系统结构

Android 多媒体系统涉及应用层、Java 框架、C 语言框架、硬件抽象层等环节。其中，输入/输出环节由硬件抽象层（HAL）实现，中间处理环节主要由 OpenCore 实现，可以扩展使用硬件加速等模块。

Android 多媒体应用的主要业务包含以下几种。

- Music Player（音频播放器）；
- Video Player（视频播放器）；
- Camera（照相机）；
- Video Camera（摄像机）；
- Sound Recorder（录音机）。

在 Android 多媒体系统的各种应用中，其核心是媒体的播放和录制，分别由下层的 PVPlayer 和 PVAuthor 实现，如图 8-3 所示。

Android 多媒体系统涉及多方面的代码，包括从 Java 类到底层实现的部分。

1）多媒体的 Java 类

代码路径：frameworks/base/media/java/android/media/。

Java 包为 android. media，实现了 mediaplayer 和 mediarecorder 等几个重要的类。

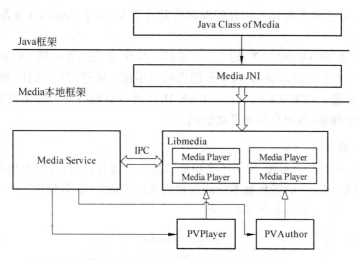

图 8-3   Android 多媒体系统结构示意图

2）多媒体 Java 本地调用（Java Native Interface，JNI）

代码路径：frameworks/base/media/ *。

Java 类和 C++ 本地代码的接口，编译成的目标是 libmedia_jni. so。

3）多媒体本地框架

头文件路径：frameworks/base/include/media/。

源代码路径：frameworks/base/media/libmedia/。

Media 库中定义了多媒体本地部分的框架。该部分内容被编译成 libmedia. so。

4）多媒体服务

库的代码路径：frameworks/base/media/libmediaplayerservice/。

这部分内容是继承 libmedia 的实现，被编译成 libmediaplayerservice. so。

5）多媒体实现

代码路径：external/opencore/。

OpenCore 在 Android 系统中作为多媒体部分的实现来使用，继承了 media 库中定义的接口，主要提供多媒体播放器和记录器两个部分。

8.2.2   Android 多媒体核心 OpenCore

多媒体系统框架 PacketVideo 的开源版本 OpenCore 是 Android 多媒体本地实现的核心。PacketVideo 主要提供以下功能。

- 媒体播放（Player）；
- 媒体记录（Recording）；
- 内容的商业模式和策略管理（Content business and policy management）；
- 连接和 PC 同步（Connectivity and PC synchronization）；
- 应用程序编辑（Application editing）；
- 实时和视频会议（Real time and videoconferencing）。

OpenCore 是这套多媒体应用程序框架的开放版本,对于 Android 开发者而言,两者意义基本相同。

OpenCore 遵循 OpenMAX 的接口规范,本质上是 OpenMAX 的一种实现。OpenMAX 是一个无须授权费的、跨平台的应用程序接口规范,为多媒体编解码器和数据处理定义了一套统一的集成接口(OpenMAX IL),通过对底层硬件的多媒体数据的处理功能进行系统级抽象,为用户屏蔽了底层细节。

1. OpenCore 概述

OpenCore 基于 C++ 实现,定义了全功能的操作系统移植层,可以方便地移植到各个操作系统上。OpenCore 的各种基本功能均被封装成类的形式,各层次之间的接口大多使用继承等方式,其层次划分如图 8-4 所示。

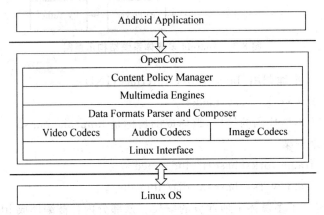

图 8-4　OpenCore 框架

(1) 内容策略管理(Content Policy Manager):允许移动终端支持多种商业模型和商业规则。

(2) 多媒体引擎(Multimedia Engines):分为播放引擎(PVPlayer Engine)、记录引擎(PVAuthor Engine)和双向引擎(PV2way Engine)三类,以 SDK 的形式提供给开发者。其中,PVPlayer 提供媒体播放器的功能,支持各种音频流、视频流的回放(Playback);PVAuthor 提供媒体流记录的功能,支持各种音频流、视频流的记录以及静态图像的捕获;PV2way 用于构建视频电话程序。

(3) 数据格式解析器和组合器(Data Formats Parser and Composer):负责文件格式的解析、组合。

(4) 视频编解码器(Video Codecs)、音频编解码器(Audio Codecs)、图像编解码器(Image Codecs):负责对压缩流与元数据流进行相互转换,支持大部分主流音频、视频和图像格式。

(5) 操作系统兼容库(Operating System Compatibility Library,OSCL):除了包含操作系统底层的一些操作外,为了更好地移植到不同的操作系统上,还包含基本数据类型、配置、字符串工具、错误处理、线程等内容,类似一个基础的 C++ 库。

事实上,OpenCore 中包含的内容非常多:从播放的角度,PVPlayer 的数据源(Data

Source)是文件或者网络媒体流。数据槽(Sink)是音频视频的输出设备,其基本功能包含媒体流控制、文件解析、音频/视频流解码(Decode)等方面的内容。除了从文件中播放媒体文件之外,还包含与网络相关的 RTSP(Real Time Stream Protocol,实时流协议)。在媒体流记录方面,PVAuthor 的数据源是照相机、扬声器等设备;数据槽是各种文件,包含流的同步、音频/视频流的编码(Encode)以及文件的写入等功能。

在使用 OpenCore 的 SDK 时,需要在应用程序层实现一个适配器(Adaptor),然后在适配器之上实现具体的功能。

2. OpenCore 的目录结构

在 Android 系统中,OpenCore 的代码目录为 external/opencore/。这是 OpenCore 的根目录,其中包含的主要子目录如表 8-2 所示。

表 8-2　OpenCore 主要子目录

子 目 录 名	内 容 说 明
android/	存放 OpenCore 与 Android 系统接口代码
baselibs/	包含数据结构和线程安全等内容的底层库
codecs_v2/	主要包含编解码的实现以及一个 OpenMAX 的实现
engines/	包含 PVPlayer 和 PVAuthor 引擎的实现
extern_lib_v2/	包含了 khronos 的 OpenMAX 头文件
fileformats/	文件格式的解析(parser)工具
oscl/	操作系统兼容库
pvmi/	输入/输出控制的抽象接口
protocols/	与网络相关的 RTSP、RTP、HTTP 等协议的相关内容
tools_v2/	编译工具以及一些可注册的模块

在 external/opencore/目录中还有如下两个文件。
- Android.mk:全局的编译文件。
- pvplayer.conf:配置文件。

3. OpenCore 的库

OpenCore 中主要有 libopencoreommon.so、libopencoreplayer.so 和 libopencoreauthor.so 三个库。其中,libopencorecommon.so 是整个 OpenCore 的核心库,库中包含以下内容:
- OSCL 的所有内容;
- PVMF 框架部分的内容(pvmi/pvmf/Android.mk);
- 基础库中的一些内容(baselibs);
- 编解码的一些内容;
- 文件输出的 node(nodes/pvfileoutputnode/Android.mk)。

从库的结构中可以看出,最终生成库的结构与 OpenCore 的层次关系并非完全重合。libopencorecommon.so 库中包含底层 OSCL 内容、PVMF 框架以及 Node 和编解码工具。

libopencoreplayer.so 是用于播放的功能库,其编译控制的文件的路径为 pvplayer/Android.mk,包含以下内容:

- 一些解码工具；
- 文件的解析器（mp4）；
- 解码工具对应的 Node；
- player 的引擎部分（engines/player/Android. mk）；
- Android 的 player 适配器（android/Android. mk）；
- 识别工具（pvmi/recognizer）；
- 编解码工具中的 OpenMax 部分（codecs_v2/omx）；
- 对应几个插件 Node 的注册。

libopencoreauthor. so 是用于媒体流记录的功能库，其编译控制的文件的路径为 pvauthor/Android. mk，包含以下内容：

- 一些编码工具（视频流 H263、H264，音频流 Amr）；
- 文件的组成器（mp4）；
- 编码工具对应的 Node；
- 表示媒体输入的 Node（nodes/pvmediainputnode/Android. m）；
- author 的引擎部分（engines/author/Android. mk）；
- Android 的 author 适配器（android/author/Android. mk）。

libopencoreauthor. so 中主要是文件编码器和文件组成器，PVAuthor 的核心功能在 engines/author/Android. mk 当中，android/author/Android. mk 是在 PVAuthor 之上构建的一个 Android 媒体记录器。

4. OpenCore 的文件格式处理

OpenCore 有关文件格式处理部分的内容位于目录 fileformats 当中，属于基础性的功能，不涉及具体逻辑。fileformats 的目录结构如下所示。

```
fileformats
|-- avi
|    `-- parser
|-- common
|    `-- parser
|-- id3parcom
|    |-- Android.mk
|    |-- build
|    |-- include
|    `-- src
|-- MP3
|    `-- parser
|-- MP4
|    |-- composer
|    `-- parser
|-- rawaac
|    `-- parser
|-- rawgsmamr
|    `-- parser
`-- wav
     `-- parser
```

目录中包含多个子目录，分别对应不同的多媒体文件格式，例如 MP3、MP4 和 wav 等。

5. OpenCore 的编解码

编解码部分主要针对 Audio 和 Video。codecs_v2 的目录结构如下所示。

```
codecs_v2
|-- audio
|    |-- aac
|    |-- gsm_amr
|    |-- MP3
|    `-- sbc
|-- omx
|    |-- factories
|    |-- omx_aac
|    |-- omx_amr
|    |-- omx_common
|    |-- omx_h264
|    |-- omx_m4v
|    |-- omx_MP3
|    |-- omx_proxy
|    `-- omx_queue
|-- utilities
|    |-- colorconvert
|    |-- m4v_config_parser
|    `-- pv_video_config_parser
`-- video
     |-- avc_h264
     `-- m4v_h263
```

在 audio 和 video 目录中,对应了针对各种流的子目录,其中包含 dec 和 enc 两个目录,分别对应解码和编码。video 目录展开后的内容如下所示。

```
`-- video
    |-- avc_h264
    |    |-- common
    |    |-- dec
    |    |-- enc
    |    `-- patent_disclaimer.txt
    `-- m4v_h263
         |-- dec
         |-- enc
         `-- patent_disclaimer.txt
```

8.2.3 Android 多媒体应用开发实例

Android 提供了媒体包(android. media)来管理各种音频和视频的媒体接口,不仅支持各种主流音频、视频文件的播放和录制,还提供对摄像头、扬声器的支持,可以方便地采集音频、视频和照片等多媒体数据。下面通过三个实例分别介绍如何实现 MP3 音频播放、MP4 视频文件播放以及录制 AMR 格式音频。

1. 音频播放器

音频播放可以使用 MediaPlayer 类实现。该类对音频控制提供了播放、暂停和重复播放等方法。

播放器的音频文件可以是来自于 Android 应用的资源文件,也可以是来自于外部存储器上的文件,还可以是来自于网络的文件流。

1) 不同文件来源的音频播放器实现方法

(1) 将音频文件内置于 Android 应用的资源文件中进行播放,是最简单的一种实现方式,但会增大应用的磁盘空间,实现步骤如下所述。

第 1 步:在项目的 res/raw 文件夹下面放置一个 Android 支持的媒体文件,例如一个 MP3 文件。

第 2 步:调用 MediaPlayer 类的 create(Context context,int resid)方法加载该音频文件。

第 3 步:调用 start()方法开始播放;调用 pause()方法暂停播放;调用 stop()方法停止播放;先调用 reset()和 prepare()方法,再调用 start()方法重复播放。

(2) 将音频文件置于外部存储卡中是比较常见的一种方式,实现步骤如下所述。

第 1 步:实例化一个 MediaPlayer 类。

第 2 步:调用 MediaPlayer 对象的 setDataSource(String path)方法来装载要播放的音频文件。

第 3 步:首先调用 MediaPlayer 对象的 prepare()方法准备音频,然后调用 start()、pause()、stop()等方法控制播放。

下面的示例代码,播放位于 SD 卡根目录下的 "demo. MP3" 文件。

```
//实例化 MediaPlayer
MediaPlayer mediaplayer=new MediaPlayer();
//播放路径
String path="/sdcard/demo.MP3";
//设置数据源
mediaplayer.setDataSource(path);
//准备
mediaplayer.prepare();
//播放
mediaplayer.start();
```

(3) 通过网络(WiFi、3G)实时获取网络音频流进行播放,实现步骤如下所述。

第 1 步:根据网络音频文件所在的位置(URL)创建 Uri 对象。

第 2 步:创建一个 MediaPlayer 实例,调用其 setDataSource(Context context,Uri uri)方法装载 Uri 对应的音频文件。

第 3 步:首先调用 MediaPlayer 对象的 prepare()方法准备音频,然后调用 start()、pause()、stop()等方法控制播放。

下面的示例代码,播放位于某网络中的 MP3 文件。

```
//播放路径
String path="http://xxx.xxx.com//MP3/demo.MP3";
//将字符串 Uri 解析为 Uri 实例
Uri uri=Uri.parse(path);
//实例化 MediaPlayer
MediaPlayer player=MediaPlayer.create(this,uri);
```

```
//准备
player.prepare();
//播放
player.start();
```

2）简易 MP3 播放器的实现

下面用第一种方法实现一个简易 MP3 播放器，步骤如下所述。

第 1 步：新建一个项目 MusicPlayerDemo，主 Activity 的名字是 MainMusic.java。

第 2 步：复制一个 MP3 文件（实例中为 demo.MP3）到 res/raw 目录，复制三个分别对应"播放""暂停""停止播放"按钮功能的图片文件（实例中分别为 play.png、pause.png 和 stop.png）到 res/drawable 目录。

第 3 步：建立 play.xml 文件，代码如下所示。

```xml
<?xml version="1.0" encoding="utf-8"?>
<SELECTOR xmlns:android="http://schemas.android.com/apk/res/android">
    <ITEM android:state_enabled="false" android:drawable="@drawable/play_
disable" /><!--state_enabled=false -->
    <ITEM android:drawable="@drawable/play_50" /><!--default -->
</SELECTOR>
```

第 4 步：建立 pause.xml 文件，代码如下所示。

```xml
<?xml version="1.0" encoding="utf-8"?>
<SELECTOR xmlns:android="http://schemas.android.com/apk/res/android">
    < ITEM android:state_enabled="false" android:drawable="@drawable/pause_
disable" /><!--state_enabled=false -->
    <ITEM android:drawable="@drawable/pause_50" /><!--default -->
</SELECTOR>
```

第 5 步：建立 stop.xml 文件，代码如下所示。

```xml
<?xml version="1.0" encoding="utf-8"?>
<SELECTOR xmlns:android="http://schemas.android.com/apk/res/android">
    <ITEM android:state_enabled="false" android:drawable="@drawable/stop_
disable" /><!--state_enabled=false -->
    <ITEM android:drawable="@drawable/stop_50" /><!--default -->
</SELECTOR>
```

第 6 步：建立 res/layout/main.xml 文件，代码如下所示。

```xml
<?xml version="1.0" encoding="utf-8"?>
<LINEARLAYOUT xmlns:android="http://schemas.android.com/apk/res/android"
android:layout_height="fill_parent" android:layout_width="fill_parent"
android:orientation="vertical">
    <TEXTVIEW android:layout_height="wrap_content" android:layout_width="
fill_parent" android:text="简易音乐播放器" android:textsize="25sp" />
```

```
</LINEARLAYOUT>
<LINEARLAYOUT xmlns:android="http://schemas.android.com/apk/res/android"
android:layout_height="fill_parent" android:layout_width="fill_parent"
android:orientation="horizontal">
    <IMAGEBUTTON android:layout_height="wrap_content" android:layout_width=
    "wrap_content" android:background="@drawable/play" android:id="@+id/
    play" android:adjustviewbounds="true" android:layout_margin="4dp">
    </IMAGEBUTTON>
    <IMAGEBUTTON android:layout_height="wrap_content" android:layout_width=
    "wrap_content" android:background="@drawable/pause" android:id="@+id/
    pause" android:adjustviewbounds="true" android:layout_margin="4dp">
    </IMAGEBUTTON>
    <IMAGEBUTTON android:layout_height="wrap_content" android:layout_width=
    "wrap_content" android:background="@drawable/stop" android:id="@+id/
    stop" android:adjustviewbounds="true" android:layout_margin="4dp">
    </IMAGEBUTTON>
</LINEARLAYOUT>
```

第 7 步：建立 MainMusic.java 文件，代码如下所示。

```java
package android.basic.lesson28;
import java.io.IOException;
import android.app.Activity;
import android.media.MediaPlayer;
import android.media.MediaPlayer.OnCompletionListener;
import android.media.MediaPlayer.OnPreparedListener;
import android.os.Bundle;
import android.view.View;
import android.view.View.OnClickListener;
import android.widget.ImageButton;
import android.widget.Toast;
public class MainMusic extends Activity {
    //声明变量
    private ImageButton play,pause,stop;
    private MediaPlayer mPlayer;
    /** Called when the activity is first created. */
    @Override
    public void onCreate(Bundle savedInstanceState) {
        super.onCreate(savedInstanceState);
        setContentView(R.layout.main);
        //定义 UI 组件
        play=(ImageButton) findViewById(R.id.play);
        pause=(ImageButton) findViewById(R.id.pause);
        stop=(ImageButton) findViewById(R.id.stop);
        //按钮先全部失效
        play.setEnabled(false);
        pause.setEnabled(false);
```

```java
            stop.setEnabled(false);
            //定义单击监听器
            OnClickListener ocl=new View.OnClickListener() {
                @Override
                public void onClick(View v) {
                    switch (v.getId()) {
                    case R.id.play:
                        //播放
                        Toast.makeText(MainMusic.this,"点击播放",Toast.LENGTH_
                        SHORT).show();
                        play();
                        break;
                    case R.id.pause:
                        //暂停
                        Toast.makeText(MainMusic.this,"暂停播放",Toast.LENGTH_
                        SHORT).show();
                        pause();
                        break;
                    case R.id.stop:
                        //停止
                        Toast.makeText(MainMusic.this,"停止播放",Toast.LENGTH_
                        SHORT).show();
                        stop();
                        break;
                    }
                }
            };
            //绑定单击监听
            play.setOnClickListener(ocl);
            pause.setOnClickListener(ocl);
            stop.setOnClickListener(ocl);
            //初始化
            initMediaPlayer();
        }
        //初始化播放器
        private void initMediaPlayer() {
            //实例化播放器
            mPlayer=MediaPlayer.create(getApplicationContext(),R.raw.demo);
            //定义资源准备好的监听器
            mPlayer.setOnPreparedListener(new OnPreparedListener() {
                @Override
                public void onPrepared(MediaPlayer mp) {
                    //资源准备好了,再让播放器按钮有效
                    Toast.makeText(MainMusic.this,"onPrepared",Toast.LENGTH_SHORT)
                        .show();
                    play.setEnabled(true);
                }
            });
```

```
                    //定义播放完成监听器
              mPlayer.setOnCompletionListener(new OnCompletionListener() {
                    @Override
                    public void onCompletion(MediaPlayer mp) {
                          Toast.makeText(MainMusic.this,"onCompletion",
                                Toast.LENGTH_SHORT).show();
                          stop();
                    }
              });
        }
        //停止播放
        private void stop() {
              mPlayer.stop();
              pause.setEnabled(false);
              stop.setEnabled(false);
              try {
                    mPlayer.prepare();
                    mPlayer.seekTo(0);
                    play.setEnabled(true);
              } catch (IllegalStateException e) {
                    e.printStackTrace();
              } catch (IOException e) {
                    e.printStackTrace();
              }
        }
        //播放
        private void play() {
              mPlayer.start();
              play.setEnabled(false);
              pause.setEnabled(true);
              stop.setEnabled(true);
        }
        //暂停
        private void pause() {
              mPlayer.pause();
              play.setEnabled(true);
              pause.setEnabled(false);
              stop.setEnabled(true);
        }
        //Activity 销毁前停止播放
        @Override
        protected void onDestroy() {
              super.onDestroy();
              if (stop.isEnabled()) {
                    stop();
              }
        }
}
```

第 8 步：运行程序。简易 MP3 播放器的界面如图 8-5 所示。

2. 视频播放器

使用 MediaPlayer 类处理视频的方式与处理音频的方式一样，但由于 MediaPlayer 没有提供图像输出界面，因此处理视频时需要为播放器创建一个用于绘制图像的 Surface。还有一种更简单的方法：使用 VideoView 和 MediaController 这两个组件。

1）视频播放器实现方法

VideoView 是一个带有视频播放功能的组件，可以直接在一个布局中使用。VideoView 的缺点是控制功能少，只有 start()和 pause()两个方法。为了提供更多的控制，可以实例化一个 MediaController 组件，并通过 setMediaController()方法将其设置为 VideoView 的控制器。使用 VideoView 和 MediaController 实现视频播放器的步骤如下所述。

图 8-5　简易 MP3 播放器

第 1 步：在文件系统中放置需要播放的视频文件。

第 2 步：在布局管理文件中添加一个 VideoView 组件。

第 3 步：创建一个 Activity，声明 VideoView 和 MediaController 组件。

第 4 步：在 onCreate()方法中实例化这两个对象。

第 5 步：创建文件对象，并指向需要播放的视频文件。

第 6 步：为 VideoView 设置播放路径。

第 7 步：建立 VideoView 和 MediaController 组件之间的关系。

2）简易 MP4 播放器实现

第 1 步：新建项目 VideoPlayerDemo。

第 2 步：将 DemoVideo. mp4 视频文件复制到手机 SD 卡根目录。

第 3 步：创建 res\layout\main. xml，代码如下所示。

```
<?xml version="1.0" encoding="utf-8"?>
<LINEARLAYOUT xmlns:android="http://schemas.android.com/apk/res/android"
android:layout_height="match_parent" android:layout_width="match_parent"
android:orientation="vertical" android:layout_gravity="top">
<VIDEOVIEW android:layout_height="fill_parent" android:layout_width="fill_
parent" android:id="@+id/VideoView01">
</VIDEOVIEW>
</LINEARLAYOUT>
```

第 4 步：创建 MainVideo. java，代码如下所示。

```
package android.basic.lesson28;
import android.app.Activity;
import android.net.Uri;
import android.os.Bundle;
```

```
import android.view.Window;
import android.view.WindowManager;
import android.widget.MediaController;
import android.widget.VideoView;
public class MainVideo extends Activity {
    /** Called when the activity is first created. */
    @Override
    public void onCreate(Bundle savedInstanceState) {
        super.onCreate(savedInstanceState);
        //全屏
        this.getWindow().setFlags(WindowManager.LayoutParams.FLAG_FULLSCREEN,
        WindowManager.LayoutParams.FLAG_FULLSCREEN);
        //标题去掉
        this.requestWindowFeature(Window.FEATURE_NO_TITLE);
        //要在全屏等设置完毕后再加载布局
        setContentView(R.layout.main);
        //定义 UI 组件
        VideoView videoView= (VideoView) findViewById(R.id.VideoView01);
        //定义 MediaController 对象
        MediaController mediaController=new MediaController(this);
        //把 MediaController 对象绑定到 VideoView 上
        mediaController.setAnchorView(videoView);
        //设置 VideoView 的控制器是 mediaController
        videoView.setMediaController(mediaController);
        videoView.setVideoPath("file:///sdcard/DemoVideo.mp4");
        videoView.setVideoURI(Uri.parse("/sdcard/DemoVideo.mp4"));
        //启动后就播放
        videoView.start();
    }
}
```

第 5 步：运行程序。简易视频播放器如图 8-6 所示。

图 8-6　简易视频播放器

3. 录音器

Android 允许通过手机中的扬声器录制音频,其功能可通过 MediaRecorder 类实现。

1) 录音器实现方法

使用 MediaRecorder 实现音频录制的步骤如下所述。

第 1 步:创建 MediaRecorder 对象。

第 2 步:调用 MediaRecorder 对象的 setAudioSource()方法设置音频文件来源,一般传入 MediaRecorder. AudioSource. MIC 参数指定录制来自扬声器的声音。

第 3 步:调用 MediaRecorder 对象的 setOutpuFormat()设置所录制的音频文件格式。

第 4 步:调用 MediaRecorder 对象的 setAudioEncoder()、setAudioEncodingBitRate (int bitrate)、setAudioSamplingRate(int samplingRate)方法,分别设置所录制音频的编码格式、编码率和采样率等参数。

第 5 步:调用 MediaRecorder 对象的 setOutpuFile(String path)方法设置所录制的音频文件的保存位置。

第 6 步:先调用 MediaRecorder 对象的 prepare()方法准备录制,再调用 start()方法开始录制。

第 7 步:调用 MediaRecorder 对象的 stop()方法停止录制,并调用 release()方法释放资源。

特别需要注意的是:第 3 步和第 4 步的顺序不能颠倒,否则程序将抛出 IllegalStateException 异常。

2) 简易录音器实现

第 1 步:新建项目 RecorderDemo。

第 2 步:建立 main. xml 文件,代码如下所示。

```xml
<?xml version="1.0" encoding="utf-8"?>
<LINEARLAYOUT xmlns:android="http://schemas.android.com/apk/res/android"
android:layout_height="fill_parent" android:layout_width="fill_parent"
android:orientation="vertical" android:gravity="center">
    < BUTTON type = submit android: layout_height="wrap_content" android:
layout_width="wrap_content" android:text="录音" android:textsize="30sp"
android:id="@+id/Button01"></BUTTON>
    < BUTTON type = submit android: layout_height="wrap_content" android:
layout_width="wrap_content" android:text="停止" android:textsize="30sp"
android:id="@+id/Button02" android:layout_margintop="20dp"></BUTTON>
</LINEARLAYOUT>
```

第 3 步:建立主程序文件 GameActivity. java,代码如下所示。

```java
package android.tip.yaoyao;
import java.io.File;
import java.io.IOException;
import java.util.Calendar;
```

```java
import java.util.Locale;
import android.app.Activity;
import android.media.MediaRecorder;
import android.os.Bundle;
import android.text.format.DateFormat;
import android.view.View;
import android.widget.Button;
import android.widget.Toast;
public class GameActivity extends Activity {
    private Button recordButton;
    private Button stopButton;
    private MediaRecorder mr;
    @Override
    public void onCreate(Bundle savedInstanceState) {
        super.onCreate(savedInstanceState);
        setContentView(R.layout.main);
        recordButton= (Button) this.findViewById(R.id.Button01);
        stopButton= (Button) this.findViewById(R.id.Button02);
        //录音按钮点击事件
        recordButton.setOnClickListener(new View.OnClickListener() {
            @Override
            public void onClick(View v) {
                File file=new File("/sdcard/"
                    +"YY"
                    +new DateFormat().format("yyyyMMdd_hhmmss",
                        Calendar.getInstance(Locale.CHINA)) +".amr");
                Toast.makeText(getApplicationContext(),"正在录音,录音文
                    件在"+file.getAbsolutePath(),Toast.LENGTH_LONG)
                    .show();
                //创建录音对象
                mr=new MediaRecorder();
                //从麦克风源进行录音
                mr.setAudioSource(MediaRecorder.AudioSource.DEFAULT);
                //设置输出格式
                mr.setOutputFormat(MediaRecorder.OutputFormat.DEFAULT);
                //设置编码格式
                mr.setAudioEncoder(MediaRecorder.AudioEncoder.DEFAULT);
                //设置输出文件
                mr.setOutputFile(file.getAbsolutePath());
                try {
                    //创建文件
                    file.createNewFile();
                    //准备录制
                    mr.prepare();
                } catch (IllegalStateException e) {
                    e.printStackTrace();
                } catch (IOException e) {
                    e.printStackTrace();
```

```
            }
            //开始录制
            mr.start();
            recordButton.setText("录音中……");
        }
    });
    //停止按钮点击事件
    stopButton.setOnClickListener(new View.OnClickListener() {
        @Override
        public void onClick(View v) {
            if (mr !=null) {
                mr.stop();
                mr.release();
                mr=null;
                recordButton.setText("录音");
                Toast.makeText(getApplicationContext(),"录音完毕",Toast.
                LENGTH_LONG).show();
            }
        }
    });
}
```

第 4 步：录音和写存储卡都需要权限声明。AndroidManifest.xml 代码如下所示：

```xml
<?xml version="1.0" encoding="utf-8"?>
<MANIFEST android:versionname="1.0" android:versioncode="1" xmlns:android=
"http://schemas.android.com/apk/res/android" package="android.tip.yaoyao">
    <APPLICATION android:icon="@drawable/icon" android:label="@string/app_
    name" android:debuggable="true">
        <ACTIVITY android:name=".GameActivity" android:label="@string/app_
        name" android:screenorientation="portrait" android:configchanges=
        "orientation|keyboardHidden|keyboard">
            <INTENT -filter>
                <ACTION android:name="android.intent.action.MAIN" />
                <CATEGORY android:name="android.intent.category.LAUNCHER" />
            </INTENT>
        </ACTIVITY>
    </APPLICATION>
    <USES android:minsdkversion="4" -sdk />
<USES android:name="android.permission.RECORD_AUDIO" -permission></USES>
< USES android: name =" android. permission. WRITE _ EXTERNAL _ STORAGE " -
permission></USES>
</MANIFEST>
```

第 5 步：运行程序。简易录音器如图 8-7 所示。

图 8-7　简易录音器界面

8.3　Android 游戏开发基础

从游戏画面的表现形式来看，分为 2D 游戏和 3D 游戏两大类。2D 游戏主要通过画布(Canvas)来绘制各种游戏元素，3D 游戏通常借助 OpenGL ES 或更高级的专用游戏引擎进行渲染。本节主要介绍开发 2D 游戏的基础知识。

8.3.1　Android 游戏开发概述

手机的游戏类型繁多，不同类型的游戏自有其独到的设计方式及独特魅力。正是由于手机游戏方式和风格的多样性，使得在手机游戏开发中，很少使用系统提供的组件，通常需要开发者自己动手创建专属的游戏组件。

开发 Android 游戏，首先需要熟悉三个重要的类：View、SurfaceView 和 GLSurfaceView；其次，需要了解画布(Canvas)的概念。2D 游戏主要通过画布绘制各种游戏元素，通过更新并重绘画布内容实现动态效果。

1. View 游戏框架

View 类是 Android 的一个超类，内置画布，提供图形绘制函数、触屏事件、按键事件函数等。

在游戏开发中，通过自定义 View，让画布符合不同游戏的特殊要求，这通过重写 onDraw 实现。同时，为了及时响应玩家的各种操作，需要重写按键、触屏监听函数。

1) 绘图函数 onDraw

View 的 onDraw 函数只会在 View 视图一开始创建运行时执行一遍。如果画布内容发生改变，需要通过 invalidate 重新绘制画布，才能显示新的内容。

2) 按键监听与触屏监听

按键监听有两个函数：一是 onKeyDown，在按键被按下时触发；二是 onKeyUp，在按键抬起时触发。而触屏监听函数只有一个：onTouchEvent，触摸屏幕时触发。

2. SurfaceView 游戏框架

SurfaceView 是从 View 基类中派生出来的显示类。它是基于 View 视图扩展的视图类，更适合 2D 游戏开发。

SurfaceView 一般与 SurfaceHolder 结合使用。SurfaceHolder 用于向与之关联的 SurfaceView 上绘图。调用 SurfaceView 的 getHolder()方法，即可获取 SurfaceView 关联的 SurfaceHolder。

SurfaceHolder 提供了如下方法来获取 Canvas 对象。

- Canvas lockCanvas()：锁定整个 SurfaceView 对象，获取该 Surface 上的 Canvas。
- Canvas lockCanvas(Rect dirty)：锁定 SurfaceView 上 Rect 划分的区域，获取该 Surface 上的 Canvas。

当对同一个 SurfaceView 调用上述两个方法时，返回的是同一个 Canvas 对象。但当程序调用第二个方法获取指定区域的 Canvas 时，SurfaceView 只更新 Rect 划分出来的那部分区域（而不是整个画布）。所以，当画布上仅有部分显示内容发生改变时，使用第二种方式提高画面的更新速度。

当通过 LockCanvas()获取指定 SurfaceView 上的 Canvas 之后，程序可以调用 Canvas 绘图。绘图完成后，通过 unlockCanvasAndPost(canvas)方法释放绘图，并提交所绘制的图形。

需要注意的是，当调用 SurfaceHolder 的 unlockCanvasAndPost 方法之后，该方法之前绘制的图形还处于缓冲之中，可能被下一次 lockCanvas()方法锁定的区域"遮挡"。

3. GLSurfaceView 游戏框架

基于 SurfaceView 视图再次扩展的视图类，专用于 3D 游戏开发。由于 GLSurfaceView 渲染位图与 openGL 的知识相关，在此不再赘述。

4. View 与 SurfaceView 的区别

在 Android 的 2D 游戏开发中，可以在 View 与 SurfaceView 两种视图间选择。两者主要在画布重绘和视图机制上有所区别。

1）画布重绘

View 视图中通过调用 invalidate()重绘画布，也就是说，画布是在主 UI 线程（Main UI thread）中更新的。这可能引发一些问题。例如，更新画面的时间过长，使得主 UI 线程被绘画函数阻塞，导致无法响应按键、触屏等问题发生。

SurfaceView 是在一个新的单独线程中更新，重绘画布，所以不会阻塞主 UI 线程。但是新线程带来开销增大、维护难度增加的问题。

2）视图机制

View 视图没有双缓冲机制，而 SurfaceView 有。因此，SurfaceView 的画布重绘速度更快。

View 类适用于开发被动更新画面的游戏，如棋牌类游戏。这类游戏的画面更新依赖于按键与触屏事件（即玩家的操作导致画面改变时，才需要重绘画布），画面的更新间隔较长,不会影响主 UI 线程。

SurfaceView 适用于开发主动更新画面的游戏,比如射击类、动作类游戏。这类游戏的画面元素(背景、角色等)通常以一定的帧率无时无刻不在发生变化,这就需要一个单独的 thread 来进行画布定时重绘。

5. 画布图形绘制

通过 Canvas 画布对象,可以绘制各种基本的图形、文本和位图。在 View 和 SurfaceView 两种框架中,使用 Canvas 的方法都一样。

1) 绘制像素

像素是组成一切图形元素的基础,使用 Canvas 的 drawPoint 方法可以在指定坐标绘制一个像素点,也可以指定一组坐标绘制多个像素。drawPoint 方法有三个重载形式,定义如下:

```
public native void drawPoint(float x,float y,Paint paint);      //绘制一个像素
public native void drawPoints(float[] pts,int offset,int count,Paint paint);
                                                                //绘制多个像素
public void drawPoints(float[] pts,Paint paint);               //绘制多个像素
```

各参数含义如下所述。

- x,y:像素的横坐标和纵坐标。
- paint:描述像素属性的 Paint 对象。可以设置像素的大小、颜色等属性。
- pts:是一个有偶数个元素的数组,用来存放多个像素的坐标。两个元素一组,表示一个像素的坐标。
- offset:用来指定从 pts 数组中第 offset+1 个元素开始,获取连续的 count 个数组元素作为像素的坐标。
- count:指定从 pts 数组中获得的数组元素个数,必须为偶数。

2) 绘制直线

Canvas 的 drawLine 方法可以绘制一条或多条直线,其三个重载形式如下所示:

```
public void drawLine (float startX,float startY,float stopX,float stopY,
Paint paint);                                                  //绘制一条直线
public native void drawLines(float[] pts,int offset,int count,Paint paint);
                                                                //绘制多条直线
public void drawLines (float[] pts,Paint paint);              //绘制多条直线
```

各参数的含义如下所述。

- startX,startY:直线起始点的横坐标和纵坐标。
- stopX,stopY:直线终止点的横坐标和纵坐标。
- pts:是一个有偶数个元素的数组,用来存放多条直线的端点坐标。四个元素一组,表示一条直线的坐标。
- offset:用来指定从 pts 数组中第 offset+1 个元素开始,获取连续的 count 个数组

元素作为直线的坐标。

- count：指定从 pts 数组中获得的数组元素个数，必须为 4 的整数倍。

3）绘制圆形

Canvas 的 drawCircle 方法用于绘制圆形，其定义如下所示：

```
public void drawCircle(float cx,float cy,float radius,Paint paint);
```

各参数含义如下所述。

- cx,cy：圆心的横坐标和纵坐标。
- radius：圆形的半径长度。

4）绘制弧

Canvas 的 drawArc 方法用于绘制弧，其定义如下所示：

```
public void drawArc( RectF oval,float startAngle,float sweepAngle,boolean
useCenter,Paint paint );
```

各参数含义如下所述。

- oval：弧的外切矩形的左上角和右下角坐标，即 oval. left、oval. top、oval. right 和 oval. bottom。
- startAngle：弧的起始角度。
- sweepAngle：弧的结束角度。
- useCenter：用来指定弧的两个端点是否要连接圆心。即值为 true 时，绘制的是封闭的扇形；值为 false 时，绘制的是弧线。

5）绘制文本

Canvas 的 drawText 和 drawPosText 两个方法用于绘制文本。其中，drawText 的定义如下所示：

```
public native void drawText(String text,float x,float y,Paint paint);
```

drawPosText 方法有两种重载形式，如下所示：

```
public void drawPosText(String text,float[] pos,Paint paint);
//绘制 text 文本,其中每一个字符的起始坐标由 pos 数组中的值决定
public void drawPosText( char[] text,int index,int count,float[] pos,Paint
paint);
//功能同上,同时可以选择 text 中任意一段连续的字符进行绘制
```

各参数含义如下所述。

- text：需要绘制的文本。
- x,y：绘制文本起始点的横坐标和纵坐标。
- index：选定的字符集合在 text 中的索引。
- count：选定的字符集合中的字符个数。

6）综合实例

下面通过绘制一个仪表盘，综合演示 Canvas 绘制各种元素的功能，代码如下所示：

```java
@Override
protected void onDraw(Canvas canvas) {
    paint.setAntiAlias(true);
    paint.setStyle(Style.STROKE);
    canvas.translate(canvas.getWidth()/2,200);
    canvas.drawCircle(0,0,100,paint);                    //画仪表盘外框
    Paint tmpPaint=new Paint(paint);                     //小刻度画笔对象
    tmpPaint.setStrokeWidth(1);
    float y=100;
    int count=60;                                        //总刻度数
    for(int i=0; i <count; i++){
        if(i%5==0){               //画刻度1,2,3,…,12等12条长刻度线及其刻度值
            canvas.drawLine(0f,y,0,y+12f,paint);
            canvas.drawText(String.valueOf(i/5+1),-4f,y+25f,tmpPaint);
        }else{                                           //画其余48条短刻度线
            canvas.drawLine(0f,y,0f,y +5f,tmpPaint);
        }
        canvas.rotate(360/count,0f,0f);                  //每画一次,将画布旋转 6°
    }
    //绘制指针
    tmpPaint.setColor(Color.GRAY);
    tmpPaint.setStrokeWidth(4);
    canvas.drawCircle(0,0,7,tmpPaint);
    tmpPaint.setStyle(Style.FILL);
    tmpPaint.setColor(Color.YELLOW);
    canvas.drawCircle(0,0,5,tmpPaint);
    canvas.drawLine(0,10,0,-65,paint);
}
```

运行结果如图 8-8 所示。

8.3.2　Android 游戏开发实例

"连连看"源自中国台湾的桌面小游戏，自从流入大陆以来，风靡一时，以规则简单、节奏明快、画面清新等特点著称。游戏开始时，棋盘中摆放有数对不同图案的牌（两张相同图案的牌称为对子），玩家要在规定时间内将所有对子消除。在连接对子时，连接线必须少于等于 3 根，并且每根直线中没有其他牌阻挡。

下面以实现"连连看"游戏为例，演示如何开发简单的 2D 游戏。

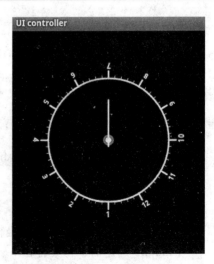

图 8-8　Canvas 绘制仪表盘

1. 游戏功能模块

"连连看"游戏主要包含表示层模块和后台逻辑模块,如图 8-9 所示。

其中,前台表示模块用于实现游戏的 UI 界面和辅助功能,包括以下三个部分。

（1）菜单及对话框:菜单用于游戏功能选择（如开始游戏、退出游戏等）,对话框用于设置游戏选项（如切换音效开关）。

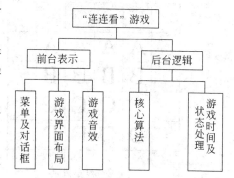

图 8-9　"连连看"游戏功能模块图

（2）游戏界面布局:通过自定义 View 的方式,贴图实现游戏布局界面。

（3）游戏音效:通过 MediaPlayer,在不同状态下播放不同的游戏音效（如消除对子的音效）。

后台逻辑模块用于实现游戏规则算法和监听游戏的各种状态,包括以下两个部分。

（1）游戏时间及状态处理:对于游戏剩余时间的监听,为了不影响主程序逻辑的运行,将开启单独的线程进行处理。对于游戏状态的监控处理,将实现对子的消除（即游戏界面的更新）、游戏输赢的监听判断、游戏暂停与否等。

（2）核心算法:棋盘布局算法,用于生成符合游戏规则的棋盘布局;对子连通算法,用于判断玩家选中的对子是否连通。

2. 游戏核心算法

1）棋盘布局算法

"连连看"游戏的棋盘布局方式有以下两种。

（1）预定义布局:即预先设计好游戏每一关的棋盘布局。其优点在于:可以设置难度逐步提升的若干关卡,让游戏玩家闯关;缺点在于:关卡数量有限,添加关卡需要更新游戏。

（2）随机布局:即通过随机算法产生棋盘布局。其优点在于:能够有足够多的关卡供玩家反复挑战;缺点在于:游戏难度不易控制。

本例中的"连连看"游戏采用第二种方式生成棋盘。为保证游戏顺利进行,棋盘布局算法必须保证随机生成的棋盘布局符合如下游戏规则。

（1）相同图案的牌必须为偶数张（即两两组成对子）。

（2）牌在棋盘上随机分布（增加游戏难度）。

为描述简单起见,假设"连连看"游戏的棋盘大小为 6×6,为了消除位于边缘的对子,棋盘的最外圈留空,中央 4×4 区域放置"A""B""C"和"D"四种图案的牌各四张。通过两个步骤让随机生成的棋盘布局符合游戏规则。

第 1 步:在程序初始化时,先将要加载的牌对应的图片在棋盘上按序绘制出来。为了保证牌成对出现,每一种牌的图片需要一次性绘制偶数次（此处为四次）,如图 8-10 所示。

第 2 步：对棋盘遍历一次，随机地两两调换棋盘中的牌。遍历完成后，得到的即符合游戏规则的布局，如图 8-11 所示。

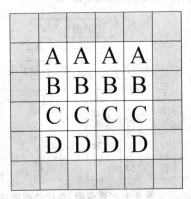

图 8-10　棋盘布局初始化状态示例

图 8-11　棋盘布局随机化状态示例

2）对子连通算法

根据"连连看"游戏的规则可知，消除的对子要么是相邻的，要么必须同时满足以下两个条件。

（1）对子之间有一条通路相连，即两张牌都没有被其他牌完全包围。

（2）这条通路不能有两个以上的拐角，即通路最多由三条直线组成，分为单直线连通、双直线连通和三直线连通三种情况。

因此，判定玩家选定的对子是否能够消除的算法步骤如下。

第 1 步：判断对子是否相邻。如果对子的横坐标相同而纵坐标相差 1，或者纵坐标相同而横坐标相差 1，则对子相邻，可以消除，算法结束；否则，转到第 2 步。

第 2 步：判断对子是否是单直线连通。如果对子的横坐标相同而纵坐标相差大于 1，或者纵坐标相同而横坐标相差大于 1，则对子位于一条直线上。若该直线上不存在其他牌，则对子可以消除，算法结束；否则，转到第 3 步。

第 3 步：判断对子是否双直线连通。若是，对子可以消除；否则，对子不可以消除，转到第 4 步。

判断对子是否双直线连通的问题，可以转化为：判断是否存在一个拐点（必须为空格），与对子能够单直线连通。这样的拐点只有两个，即以对子为对角线构成的矩形的另外两个顶点。如图 8-12 所示的残局，在 X_1 和 X_2 两个拐点中，拐点 X_1 与 A 对子能够单直线连通。

第 4 步：判断对子是否三直线连通。若是，对子可以消除；否则，对子不可以消除，算法结束。

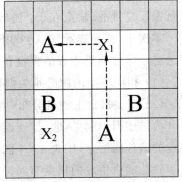

图 8-12　双直线连通对子示例

判断对子是否三直线连通的问题，可以转化为：判断是否存在一个拐点，与对子中牌 A 单直线连通，与对子中的牌 B 双直线连通。可以从牌 A 开始，在横向和纵向两个方向来寻找这个拐点。

（1）横向寻找：以图 8-13 所示残局为例，A 对子不可单直线连通，也不可双直线连通。判断 A 对子是否三直线连通，需要从对子中的牌 A_1 出发，向左、右两个方向寻找与牌 A_2 单直线连通的所有空格，直到遇到此行的其他牌，或者到达棋盘的边缘，如图 8-14 所示。若这些空格中有一个能与牌 B 双直线连通，即可判定对子三直线连通，可以消除；否则，还需要纵向寻找。如图 8-15 所示，拐点 X_1 与牌 A_1 单直线连通，与牌 A_2 通过拐点 X_6 双直线连通，对子可以消除。

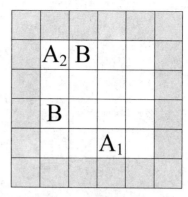

图 8-13　三直线连通残局示例

（2）纵向寻找：与横向寻找相似，从对子中的牌 A 出发，向上、下两个方向寻找与牌 A 单直线连通的所有空格，直到遇到此列的其他牌，或者到达棋盘的边缘。若这些空格中有一个能与牌 B 双直线连通，即可判定对子三直线连通，可以消除；否则，对子不可消除。

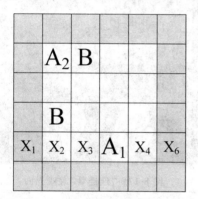

图 8-14　横向寻找 A_1 所有相邻连通空格

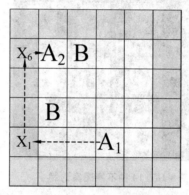

图 8-15　由拐点 X_1 出发，找到能使 X_1 与 A_2 双直线连通的拐点 X_6

3. 游戏实现

"连连看"游戏的设定如下。

- 棋盘大小为 12 行×10 列。
- 中心区域摆放 10 行×8 列共 80 张牌（40 个对子）。
- 一局游戏时间为 100 秒，在画面上方显示剩余时间进度条。
- 为降低游戏难度，游戏提供"刷新"和"帮助"两个工具。"刷新"是将当前棋盘的牌重新随机排列，"帮助"是自动消除一个对子。每个工具各有三次使用机会。
- 牌的图案为 14 种，如图 8-16 所示。

"连连看"游戏的运行界面如图 8-17 所示。

"连连看"游戏的功能通过以下类实现。

- BoardView 类：用于实现游戏界面逻辑数据初始化与绘制画布。
- GameView 类：用于实现游戏核心算法，同时监听并处理游戏界面的 touch 事件。
- GameActivity 类：显示游戏界面，实现 GameView 中的各种监听器。

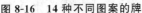

图 8-16 14 种不同图案的牌

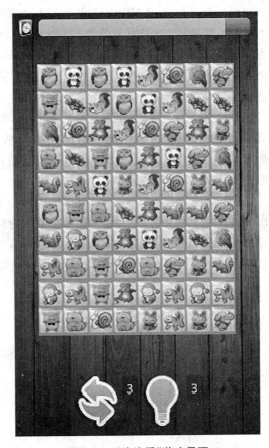

图 8-17 "连连看"游戏界面

- MyDialog 类：用于实现自定义对话框。

1) BoardView 类

BoardView 类继承自 View 类，主要功能如下。

- 载入"连连看"对子图标资源，并且使之与一个 int 型 key 相绑定。
- 实现屏幕坐标与棋盘矩阵坐标相互转换，以便根据棋盘矩阵的值将图标绘制到屏幕的对应位置。
- 重写 onDraw 函数，实现绘制对子图标；绘制连通对子的直线，并从屏幕上消除该对子与直线；对当前选中的第一张牌的图标放大显示（提示玩家，该牌已被选中）。

该类的代码如下所示。

```
package nate.llk.view;
public class BoardView extends View {
    protected static final int xCount=10;              //棋盘列数
    protected static final int yCount=12;              //棋盘行数
    protected int[][] map=new int[xCount][yCount];     //"连连看"游戏棋盘矩阵
    protected int iconSize;                            //对子图标的边长
```

```
protected int iconCounts=19;                              //图标的数目
protected Bitmap[] icons=new Bitmap[iconCounts];   //所有的图标
private Point[] path=null;                                //可连通对子的路径
protected List<Point>selected=new ArrayList<Point>();     //当前选中的牌
//构造函数
public BoardView(Context context,AttributeSet attrs) {
    super(context,attrs);
    calIconSize();
    Resources r=getResources();
    //载入"连连看"对子的 14 个图案,推荐使用 png 格式的正方形图片
    loadBitmaps(1,r.getDrawable(R.drawable.animal_01));
    loadBitmaps(2,r.getDrawable(R.drawable.animal_02));
    loadBitmaps(3,r.getDrawable(R.drawable.animal_03));
    loadBitmaps(4,r.getDrawable(R.drawable.animal_04));
    loadBitmaps(5,r.getDrawable(R.drawable.animal_05));
    loadBitmaps(6,r.getDrawable(R.drawable.animal_06));
    loadBitmaps(7,r.getDrawable(R.drawable.animal_07));
    loadBitmaps(8,r.getDrawable(R.drawable.animal_08));
    loadBitmaps(9,r.getDrawable(R.drawable.animal_09));
    loadBitmaps(10,r.getDrawable(R.drawable.animal_10));
    loadBitmaps(11,r.getDrawable(R.drawable.animal_11));
    loadBitmaps(12,r.getDrawable(R.drawable.animal_12));
    loadBitmaps(13,r.getDrawable(R.drawable.animal_13));
    loadBitmaps(14,r.getDrawable(R.drawable.animal_14));
}
//图标大小自适应不同的手机屏幕分辨率
private void calIconSize(){
    DisplayMetrics dm=new DisplayMetrics();              //取得屏幕的大小
    ((Activity) this.getContext()).getWindowManager().
    getDefaultDisplay().getMetrics(dm);
    iconSize=dm.widthPixels/( xCount );                  //图标的实际大小
}
//载入图标资源,同时将一个 key 值与一个图标绑定
public void loadBitmaps(int key,Drawable d){
    Bitmap  bitmap = Bitmap. createBitmap ( iconSize, iconSize, Bitmap.
    Config.ARGB_8888);
    Canvas canvas=new Canvas(bitmap);
    d.setBounds(0,0,iconSize,iconSize);
    d.draw(canvas);
    icons[key]=bitmap;
}
@Override
protected void onDraw(Canvas canvas) {
    //绘制连通对子的直线,然后将直线及对子图标从屏幕上清除
    if(path !=null && path.length >=2){
        for(int i=0; i <path.length -1;++i){
            Paint paint=new Paint();
            paint.setColor(Color.BLUE);
```

```
                    paint.setStrokeWidth(3);
                    paint.setStyle(Paint.Style.STROKE);
                    Point p1=indexToScreen(path[i].x,path[i].y);
                    Point p2=indexToScreen(path[i +1].x,path[i +1].y);
                    canvas.drawLine(p1.x +iconSize/2,p1.y +iconSize/2,p2.x +
                    iconSize/2,p2.y +iconSize/2,paint);
                }
            map[path[0].x][path[0].y]=0;              //被消除的对子的 map 值置"0"
            map[path[path.length -1].x][path[path.length -1].y]=0;
            selected.clear();
            path=null;
        }
        //扫描地图矩阵,绘制棋盘内现有的牌(其 map 值非 0)
        for(int x=1;x <xCount -1; ++x){
            for(int y=1; y <yCount -1; ++y){
                if(map[x][y]>0){
                    Point p=indexToScreen(x,y);
                    canvas.drawBitmap(icons[map[x][y]],p.x,p.y,null);
                }
            }
        }

        //将当前选中的牌放大显示
        for(Point position:selected){
            if(selected.size() >0){
                Point position=selected.get(0);
                Point p=indexToScreen(position.x,position.y);
                if(map[position.x][position.y] >=1){
                    canvas.drawBitmap( icons[map[position.x][position.y]],null,
                        new Rect(p.x-5,p.y-5,p.x +iconSize +5,p.y +iconSize +5),
                        null);
                }
            }
        super.onDraw(canvas);
    }
    //将牌在棋盘矩阵中的坐标转成在屏幕上的真实坐标
    public Point indexToScreen(int x,int y){
        return new Point(x * iconSize,y * iconSize);
    }
    //将牌在屏幕中的坐标转成在棋盘矩阵中的虚拟坐标
    public Point screenToIndex(int x,int y){
        int xindex=x / iconSize;
        int yindex=y / iconSize;
        if(xindex <xCount && yindex <yCount){
            return new Point(xindex,yindex);
        }else{
            return new Point(0,0);
        }
    }
```

```
//根据传入的 path 数据重绘画布
public void drawLine(Point[] path) {
    this.path=path;
    this.invalidate();
}
}
```

2) GameView 类

GameView 类继承自 BoardView 类,实现如下功能。

- 初始化棋盘。
- 实现对子连通算法。
- 判断棋盘是否死局(当前棋盘中没有一个对子可以连通)。
- 判断游戏是否胜利(当前棋盘的对子全部消除)。
- 监听 touch 事件,并进行相应的处理。

该类的代码如下所示。

```
List<Point>p1Expand=new ArrayList<Point>();
List<Point>p2Expand=new ArrayList<Point>();
//对子连通算法
public boolean link(Point p1,Point p2){
    if(p1.equals(p2)){                                    //两次点击同一张牌无效
        return false;
    }
    path.clear();
    if(map[p1.x][p1.y]==map[p2.x][p2.y]){                 //两次点击的牌是对子
        //判断是否单直线连通
        if(linkDirect(p1,p2)){
            path.add(p1);
            path.add(p2);
            return true;                                  //对子单直线连通
        }
        //判断是否双直线连通
        Point px=new Point(p1.x,p2.y);                    //尝试第一个拐点
        if(map[p1.x][p2.y]==0 && linkDirect(p1,px) && linkDirect(px,p2)){
                                                          //拐点不能有牌
            path.add(p1);
            path.add(px);
            path.add(p2);
            return true;                                  //对子二直线连通
        }
        Point py=new Point(p2.x,p1.y);                    //尝试第二个拐点
        if(map[p2.x][p1.y]==0 && linkDirect(p1,py) && linkDirect(py,p2)){
                                                          //拐点不能有牌
            path.add(p1);
            path.add(py);
```

```
                path.add(p2);
                return true;                              //对子二直线连通
        }
        //判断是否三直线连通
        expandX(p1,p1Expand);                             //横向寻找相邻的空格
        expandX(p2,p2Expand);
        for(int i=0; i<p1Expand.size(); i++)              //尝试寻找拐点
            for(int j=0; j<p2Expand.size(); j++){
                if(p1Expand.get(i).x==p2Expand.get(j).x){
                    if(linkDirect(p1Expand.get(i),p2Expand.get(j))){
                        path.add(p1);
                        path.add(p1Expand.get(i));
                        path.add(p2Expand.get(j));
                        path.add(p2);
                        return true;                      //对子三直线连通
                    }
                }
            }
        expandY(p1,p1Expand);                             //纵向寻找相邻的空格
        expandY(p2,p2Expand);
        for(Point exp1:p1Expand)                          //尝试寻找拐点
            for(Point exp2:p2Expand){
                if(exp1.y==exp2.y){
                    if(linkDirect(exp1,exp2)){
                        path.add(p1);
                        path.add(exp1);
                        path.add(exp2);
                        path.add(p2);
                        return true;                      //对子三直线连通
                    }
                }
            }
        return false;                                     //对子不可连通
    }
    return false;                                         //两次点击的牌不是对子
}
//判断棋盘上的两点(牌与牌之间、牌与空格之间、空格与空格之间)能否单直线连通
public boolean linkDirect(Point p1,Point p2){
    //if(map[p1.x][p1.y]==map[p2.x][p2.y]){
        //纵向直线判断
        if(p1.x==p2.x){
            int y1=Math.min(p1.y,p2.y);
            int y2=Math.max(p1.y,p2.y);
            boolean flag=true;
            for(int y=y1+1; y<y2; y++){
                if(map[p1.x][y]!=0){
                    flag=false;
                    break;
```

```
            }
        }
        if(flag){
            return true;
        }
    }
    //横向直线判断
    if(p1.y==p2.y){
        int x1=Math.min(p1.x,p2.x);
        int x2=Math.max(p1.x,p2.x);
        boolean flag=true;
        for(int x=x1 +1; x <x2; x++){
            if(map[x][p1.y] !=0){
                flag=false;
                break;
            }
        }
        if(flag){
            return true;
        }
    }
    //}
    return false;
}
//横向左、右寻找所有相邻的空格,加入 list
public void expandX(Point p,List<Point>list){
    list.clear();
    for(int x=p.x +1; x <xCount; x++){
        if(map[x][p.y] !=0)
            break;
        list.add(new Point(x,p.y));
    }
    for(int x=p.x -1; x >=0; x--){
        if(map[x][p.y] !=0)
            break;
        list.add(new Point(x,p.y));
    }
}
//纵向上、下寻找所有相邻的空格,加入 list
public void expandY(Point p,List<Point>list){
    list.clear();
    for(int y=p.y +1; y <yCount; y ++){
        if(map[p.x][y] !=0)
            break;
        list.add(new Point(p.x,y));
    }
    for(int y=p.y -1; y >=0; y--){
        if(map[p.x][y] !=0)
```

```
                break;
            list.add(new Point(p.x,y));
        }
    }
//判断当前棋盘是否死局
public boolean die(){
    for(int y=1; y <yCount; y++)       //遍历棋盘每张牌。如果没有连通的对子,即为死局
    for(int x=1; x <xCount; x++){
        if(map[x][y] !=0){
            for(int j=y; j <yCount; j++){
                if(j==y){
                for(int i=x +1; i <xCount -1; i++){
                    if(map[x][y]==map[i][j] && link(new Point(x,y),new Point
                        (i,j))){
                        return false;
                    }
                }
            }else{
                for(int i=1; i <xCount -1; i++){
                    if(map[x][y]==map[i][j] && link(new Point(x,y),new Point
                        (i,j)))
                        return false;
                    }
                }
            }
        }
    }
    return true;
}
//判断游戏是否胜利
public boolean win(){
    for(int y=1; y <yCount; y++)                    //遍历棋盘。如果没有剩余的牌,即为胜利
    for(int x=1; x <xCount; x++)
        if(map[x][y] !=0)
            return false;
    return true;
}
//初始化棋盘
public void initMap(){
    int x=1;
    int y=0;
    for(int i=1; i <xCount -1; i++)
      for(int j=1; j <yCount -1; j++){
        map[i][j]=x;
        if(y==1){
            x ++;
            y=0;
            if(x==iconCounts){
```

```
                    x=1;
                }
            }else{
                y=1;
            }
        }
    change();
    GameView.this.invalidate();
}
//将当前棋盘的对子位置打乱,重新随机摆放
public void change(){
    Random random=new Random();
    int tmp,xtmp,ytmp;
    for(int x=1;x <xCount -1; x++){
        for(int y=1; y <yCount -1; y++){
            xtmp=1 +random.nextInt(xCount -2);
            ytmp=1 +random.nextInt(yCount -2);
            tmp=map[x][y];
            map[x][y]=map[xtmp][ytmp];
            map[xtmp][ytmp]=tmp;
        }
    }
    if(die()){                                      //如出现死局,则递归调用 change
        change();
    }
}
//重写 onTouchEvent 方法
@Override
public boolean onTouchEvent(MotionEvent event) {
    int sx=(int)event.getX();
    int sy=(int)event.getY();
    Point p=screenToIndex(sx,sy);
    if(map[p.x][p.y] !=0){                           //点击了棋盘上的某张牌
        if(selected.size()==1){                      //点击的是第二张牌
            if(link(selected.get(0),p)){             //两次点击的是对子,并且可以连通
                selected.add(p);
                drawLine(path.toArray(new Point[]{}));  //画对子的连通直线,并
                                                        //  消除对子和直线
                refreshHandler.sendRefresh(500);  //重绘画布,检测是否死局,或
                                                    //者已经胜利
            }else{                        //两次点击的不是对子,或者是不能够连通的对子
                selected.clear();
                selected.add(p);
                GameView.this.invalidate();         //重绘画布
            }
        }else{                                       //点击的是第一张牌
            selected.add(p);
            GameView.this.invalidate();
```

```
            }
        }
        return super.onTouchEvent(event);
    }
//单击"帮助"按钮时调用,自动帮助玩家消除一个对子
    public void autoHelp(){
        if(help==0){
            soundPlay.play(ID_SOUND_ERROR,0);
            return;
        }else{
            soundPlay.play(ID_SOUND_TIP,0);
            help--;
            toolsChangedListener.onTipChanged(help);
            drawLine(path.toArray(new Point[] {}));
            refreshHandler.sendRefresh(500);
        }
    }
//接收线程发送的数据,并据此配合主线程更新 UI 界面
    class RefreshHandler extends Handler{
        @Override
        public void handleMessage(Message msg) {
            super.handleMessage(msg);
            if(msg.what==REFRESH_VIEW){      //刷新屏幕
                GameView.this.invalidate();
                if(win()){                    //游戏胜利
                    setMode(WIN);
                    isStop=true;
                    isContinue=false;
                }else if(die()){              //出现死局,则调用 change 重排
                    change();
                }
            }
        }
        public void sendRefresh(int delayTime){
            Message msg=new Message();
            this.removeMessages(0);
            msg.what=REFRESH_VIEW;
            this.sendMessageDelayed(msg,delayTime);
        }
    }
//用于更新剩余时间的线程
    class RefreshTime implements Runnable{
        @Override
        public void run() {
            if(isContinue){
            while(leftTime >0 && !isStop){
                timerListener.onTimer(leftTime);
                leftTime --;
```

```
                    try {
                        Thread.sleep(1000);
                    } catch (InterruptedException e) {
                        e.printStackTrace();
                    }
                }
            }
            if(isStop && leftTime >0){
                if(win())
                    setMode(WIN);
                else
                    setMode(PAUSE);
            }
            else if(leftTime==0){
                setMode(LOSE);
            }
    }
    //暂停
    public void stopTimer(){
        isStop=true;
        isContinue=false;
    }
    //继续
    public void setContinue(){
        isContinue=true;
        isStop=false;
        refreshTime=new RefreshTime();
        Thread t=new Thread(refreshTime);
        t.start();
    }
    //注册三个自定义监听器
    public void setOnTimerListener(OnTimerListener onTimerListener){
        this.timerListener=onTimerListener;
    }
    public void setOnToolsChangedListener(OnToolsChangeListener toolsChangeListener){
        this.toolsChangedListener=toolsChangeListener;
    }
    public void setOnStateChangeListener(OnStateListener stateListener){
        this.stateListener=stateListener;
    }
    //由 activity 调用的接口
    public void startPlay(){
        help=3;
        refresh=3;
        isContinue=true;
        isStop=false;
        toolsChangedListener.onRefreshChanged(refresh);
        toolsChangedListener.onTipChanged(help);
```

```
        leftTime=totalTime;
        initMap();
        refreshTime=new RefreshTime();
        Thread t=new Thread(refreshTime); //开启监听时间的线程
        t.start();
        GameView.this.invalidate();
    }
```

3）GameActivity 类

GameActivity 类继承自 activity 类，主要实现以下功能。

- 载入游戏资源，并显示到游戏界面。
- 实现菜单、按钮的监听器。

GameActivity 的代码如下所示：

```
public class GameActivity extends Activity implements OnToolsChangeListener,
OnTimerListener,OnStateListener{
    private ImageButton img_startPlay;
    private ImageView img_title;
    private ProgressBar progress;
    private MyDialog dialog;
    private ImageView clock;
    private GameView gameView=null;
    private ImageButton img_tip;
    private ImageButton img_refresh;
    private TextView text_refreshNum;
    private TextView text_tipNum;
    private Animation anim=null;
    private Handler handler=new Handler(){
        @Override
        public void handleMessage(Message msg) {
            switch(msg.what){
                case 0:
                    dialog=new MyDialog(GameActivity.this,gameView,"完成!",
                        gameView.getTotalTime()-progress.getProgress()
                        +1);
                    dialog.show();
                    break;
                case 1:
                    dialog=new MyDialog(GameActivity.this,gameView,"失败!",
                        gameView.getTotalTime()-progress.getProgress()
                        +1);
                    dialog.show();
            }
        }
    };
    //Called when the activity is first created
```

```
@Override
public void onCreate(Bundle savedInstanceState) {
    super.onCreate(savedInstanceState);
    setContentView(R.layout.game_view);
    anim=AnimationUtils.loadAnimation(this,R.anim.shake);
    findView();
    startView();
    img_startPlay.setOnClickListener(new BtnClickListener());
    gameView.setOnTimerListener(this);
    gameView.setOnStateChangeListener(this);
    gameView.setOnToolsChangedListener(this);
    img_refresh.setOnClickListener(new BtnClickListener());
    img_tip.setOnClickListener(new BtnClickListener());
}//end of the OnCreate method!
//寻找对应资源控件
public void findView(){
    clock=(ImageView)this.findViewById(R.id.clock);
    progress=(ProgressBar)this.findViewById(R.id.timer);
    img_title=(ImageView)this.findViewById(R.id.title_img);
    img_startPlay=(ImageButton)this.findViewById(R.id.play_btn);
    img_tip=(ImageButton)this.findViewById(R.id.tip_btn);
    img_refresh=(ImageButton)this.findViewById(R.id.refresh_btn);
    gameView=(GameView)this.findViewById(R.id.game_view);
    text_refreshNum=(TextView)this.findViewById(R.id.text_refresh_num);
    text_tipNum=(TextView)this.findViewById(R.id.text_tip_num);
}
//游戏开始界面显示
public void startView(){
    Animation scale=AnimationUtils.loadAnimation(this,R.anim.scale_anim);
    img_title.startAnimation(scale);
    img_startPlay.startAnimation(scale);
}
//游戏进行界面显示
public void playingView(){
    Animation scaleOut=AnimationUtils.loadAnimation(this,R.anim.scale_anim_out);
    img_title.startAnimation(scaleOut);
    img_startPlay.startAnimation(scaleOut);
    img_title.setVisibility(View.GONE);
    img_startPlay.setVisibility(View.GONE);
    clock.setVisibility(View.VISIBLE);
    progress.setMax(gameView.getTotalTime());
    progress.setProgress(gameView.getTotalTime());
    progress.setVisibility(View.VISIBLE);
    gameView.setVisibility(View.VISIBLE);
    img_tip.setVisibility(View.VISIBLE);
    img_refresh.setVisibility(View.VISIBLE);
    text_tipNum.setVisibility(View.VISIBLE);
```

```
            text_refreshNum.setVisibility(View.VISIBLE);
            Animation animIn=AnimationUtils.loadAnimation(this,R.anim.trans_in);
            gameView.startAnimation(animIn);
            img_tip.startAnimation(animIn);
            img_refresh.startAnimation(animIn);
            text_tipNum.startAnimation(animIn);
            text_refreshNum.startAnimation(animIn);
            player.pause();
            gameView.startPlay();
            toast();
    }
    //用于处理开始游戏、刷新、帮助三个按钮 listener 的类
    class BtnClickListener implements OnClickListener{
        @Override
        public void onClick(View v) {
            switch(v.getId()){
                case R.id.play_btn:
                    playingView();
                    break;
                case R.id.refresh_btn:
                    img_refresh.startAnimation(anim);
                    gameView.refreshChange();
                    gameView.invalidate();
                    break;
                case R.id.tip_btn:
                    img_tip.startAnimation(anim);
                    gameView.autoHelp();
                    break;

            }
        }
    }
    //监听刷新按钮,更新剩余可用次数
    @Override
    public void onRefreshChanged(int count) {
        text_refreshNum.setText(""+gameView.getRefreshNum());
    }
    //监听帮助按钮,更新剩余可用次数
    @Override
    public void onTipChanged(int count) {
        text_tipNum.setText("" +gameView.getTipNum());
    }
    //监听游戏剩余时间,更新剩余时间进度条
    @Override
    public void onTimer(int leftTime) {
        progress.setProgress(leftTime);
    }
    //监听游戏状态(胜利、失败、暂停、退出)
    @Override
```

```java
public void OnStateChanged(int StateMode) {
    switch(StateMode){
        case GameView.WIN:
            handler.sendEmptyMessage(0);
            break;
        case GameView.LOSE:
            handler.sendEmptyMessage(1);
            break;
        case GameView.PAUSE:
            player.stop();
            gameView.player.stop();
            gameView.stopTimer();
            break;
        case GameView.QUIT:
            player.release();
            gameView.player.release();
            gameView.stopTimer();
            break;
    }
}
public void quit(){
    this.finish();
}
//用于提醒游戏开始,提醒总时间
public void toast(){
    Toast.makeText(this,"游戏已经开始!总时间: " +gameView.getTotalTime()
                +"s",Toast.LENGTH_LONG).show();
}
@Override
protected void onPause() {
    super.onPause();
    gameView.setMode(GameView.PAUSE);
}
@Override
protected void onDestroy() {
    super.onDestroy();
    gameView.setMode(GameView.QUIT);
}
@Override
public boolean onCreateOptionsMenu(Menu menu) {            //游戏选项菜单
    menu.add(Menu.NONE,1,Menu.NONE,"Replay").setIcon(R.drawable.
    buttons_replay);
    menu.add(Menu.NONE,2,Menu.NONE,"Pause").setIcon(R.drawable.pause);
    menu.add(Menu.NONE,3,Menu.NONE,"SoundOn").setIcon(R.drawable.
    volume);
    return super.onCreateOptionsMenu(menu);
}
```

```
@Override
public boolean onOptionsItemSelected(MenuItem item) {     //游戏菜单选择处理
    switch(item.getItemId()){
        case 1:                                           //游戏开始
            gameView.setTotalTime(100);
            progress.setMax(100);
            gameView.startPlay();
            break;
        case 2:                                           //暂停和继续切换
            gameView.stopTimer();
            if(item.getTitle().equals("Pause")){
                item.setTitle("Continue");
                item.setIcon(R.drawable.play);
            }else if(item.getTitle().equals("Continue")){
                item.setTitle("Pause");
                item.setIcon(R.drawable.pause);
            }
            //自定义对话框提供继续、重玩和退出三个选项
            AlertDialog.Builder dialog=new AlertDialog.Builder(this);
            dialog.setIcon(R.drawable.icon);
            dialog.setTitle("继续");
            dialog.setMessage("继续游戏?");
            dialog. setPositiveButton ( " 继续 ", new  DialogInterface.
            OnClickListener() {
                @Override
                public void onClick(DialogInterface dialog,int which) {
                    gameView.setContinue();
                }
            }).setNeutralButton("重玩",new DialogInterface.OnClickListener(){
                @Override
                public void onClick(DialogInterface dialog,int which) {
                    gameView.startPlay();
                }
            }).setNegativeButton("退出",new DialogInterface.OnClickListener(){
                @Override
                public void onClick(DialogInterface dialog,int which) {
                    Intent startMain=new Intent(Intent.ACTION_MAIN);
                    startMain.addCategory(Intent.CATEGORY_HOME);
                    startMain.setFlags(Intent.FLAG_ACTIVITY_NEW_TASK);
                    startActivity(startMain);
                    System.exit(0);
                }
            });
            dialog.show();
            break;
```

```
        case 3:                                      //音效开关切换
            if(item.getTitle().equals("Mute")){
                item.setTitle("SoundOn");
                item.setIcon(R.drawable.volume);
        }else if(item.getTitle().equals("SoundOn")){
            item.setTitle("Mute");
            item.setIcon(R.drawable.mute);
        }
        break;
    }
    return super.onOptionsItemSelected(item);
}
//监听后退按钮,将游戏置为暂停状态
@Override
public boolean onKeyDown(int keyCode,KeyEvent event) {
    if(keyCode==KeyEvent.KEYCODE_BACK){
        AlertDialog.Builder dialog=new AlertDialog.Builder(GameActivity.
        this).setTitle("退出游戏")
        .setMessage("确定退出游戏?")
        .setPositiveButton("是",new DialogInterface.OnClickListener(){
            @Override
            public void onClick(DialogInterface dialog,int which) {
                Intent startMain=new Intent(Intent.ACTION_MAIN);
                startMain.addCategory(Intent.CATEGORY_HOME);
                startMain.setFlags(Intent.FLAG_ACTIVITY_NEW_TASK);
                startActivity(startMain);
                System.exit(0);
            }
        }).setNegativeButton("否",new DialogInterface.OnClickListener(){
            @Override
            public void onClick(DialogInterface dialog,int which) {
                Toast.makeText(GameActivity.this,"重新开始游戏",Toast.
                LENGTH_LONG).show();
                gameView.startPlay();
            }
        });
        dialog.setIcon(R.drawable.icon);
        dialog.show();
    }
    return super.onKeyDown(keyCode,event);
}
}
```

4) MyDialog 类

MyDialog 类继承自 Dialog 类,自定义与游戏风格一致的图片按钮,如图 8-18 所示。

图 8-18　与游戏风格统一的自定义 Dialog

MyDialog 类实现了 OnClickListener 的 OnClick 方法,代码如下所示:

```java
public class MyDialog extends Dialog implements OnClickListener{
    private GameView gameview;
    private Context context;
    public MyDialog(Context context,GameView gameview,String msg,int time) {
        super(context,R.style.dialog);
        this.gameview=gameview;
        this.context=context;
        this.setContentView(R.layout.dialog_view);
        TextView text_msg=(TextView) findViewById(R.id.text_message);
        TextView text_time=(TextView) findViewById(R.id.text_time);
        ImageButton btn_menu=(ImageButton) findViewById(R.id.menu_imgbtn);
        ImageButton btn_next=(ImageButton) findViewById(R.id.next_imgbtn);
        ImageButton btn_replay=(ImageButton) findViewById(R.id.replay_imgbtn);
        text_msg.setText(msg);
        text_time.setText(text_time.getText().toString().replace("$",
        String.valueOf(time)));
        btn_menu.setOnClickListener(this);
```

```
        btn_next.setOnClickListener(this);
        btn_replay.setOnClickListener(this);
        this.setCancelable(false);
    }
    @Override
    public void onClick(View v) {
        this.dismiss();
        switch(v.getId()){
            case R.id.menu_imgbtn:
                Dialog dialog = new AlertDialog.Builder(context).setIcon(R.
                drawable.buttons_bg20)
                .setTitle(R.string.quit)
                .setMessage(R.string.sure_quit)
                .setPositiveButton(R.string.alert_dialog_ok, new
                DialogInterface.OnClickListener() {
                    public void onClick(DialogInterface dialog, int whichButton) {
                        ((GameActivity)context).quit();
                    }
                })
                .setNegativeButton(R.string.alert_dialog_cancel, new
                DialogInterface.OnClickListener() {
                    public void onClick(DialogInterface dialog, int whichButton){
                        gameview.startPlay();
                    }
                })
                .create();
                dialog.show();
                break;
            case R.id.replay_imgbtn:
                gameview.startPlay();
                break;
            case R.id.next_imgbtn:
                gameview.startNextPlay();
                break;
        }
    }
    @Override
    public boolean onKeyDown(int keyCode, KeyEvent event) {
        if(keyCode==KeyEvent.KEYCODE_BACK){
            this.dismiss();
        }
        return super.onKeyDown(keyCode, event);
    }
}
```

本 章 小 结

Android 系统和其操作系统一样，采用分层架构。Android 应用程序相互独立地运行在自己的进程中。Android 应用程序最核心的有四个组件类：Activity 用于表现功能；Service 用于后台运行服务，不提供界面呈现；BroadcastReceiver 用于接收广播；Content Provider 支持在多个应用中存储和读取数据，相当于数据库。Android 提供了大量的 UI 组件，用于实现用户界面；同时提供事件响应机制，用于实现交互操作。Android 提供媒体包，支持各种主流音频、视频文件播放和录制，还支持摄像头、扬声器的使用。Android 2D 游戏开发主要是通过画布来绘制各种游戏元素，通过更新并重绘画布内容实现动态效果。

第 9 章

3G 与物联网技术

"物联网"概念一经提出,立刻成为业界研究的热点,被认为是继计算机、互联网之后的第三次信息时代大革命,并因其广阔的应用前景受到各国政府、学术界和工业界的重视。3G 网络的建设与普及为物联网的应用和推广提供技术支撑。

本章从物联网的定义入手,详细阐述其架构和关键技术,分析 3G 通信技术及其智能终端与物联网相关技术之间的关联,最后介绍当前常见的 3G 物联网应用模式及实例。

> **本章主要内容**

- 物联网定义及架构;
- 3G 通信技术与物联网传输的关联;
- 智能终端在物联网应用中的作用;
- M2M 物联网应用框架及实例。

9.1　物联网概述

Mark Weiser 对未来泛在计算技术有这样的展望:随着计算能力的实用性不断提升,其可见性不断降低,那些影响深远的技术将渗入日常生活,并与之融为一体。信息通信技术的泛在性就是一个显著的例子,广泛使用的移动通信终端成为人们日常生活的一部分。随着各类智能手机(以及其他智能终端)的普及,其影响范围超过互联网,并催生新的应用领域——移动互联网。

通过将短程移动收发器嵌入大量的日常物品,可实现人和物、物和物之间的通信。这是信息通信技术的新领域:从为所有人在任意时间、任意地点提供连接,扩展到所有物品。这些多维度的互联创建了一个新的动态网络——物联网(Internet of Things)。

9.1.1　物联网定义

自从物联网的概念提出以来,其蕴含的内容不断变化和扩充,具有多重含义,至今未形成一致的定义。从字面意义来看,物联网,即物与物相连的互联网。简单地从技术层次来说,是指运用 RFID、摄像头、GPS、传感器等感知设备实时采集的物品信息,通过无线接入(如无线局域网、移动通信网等)和互联网来传输和处理感知的信息,实现人与物、物与物的泛在连接,对物体进行识别、定位、跟踪、控制,实现智能化的管理和服务。

　　物联网涵盖了信息通信技术的多个领域,包括 RFID、传感器、互联网、嵌入式、移动通信等。就互联网领域来说,物联网就是物物相连的互联网,是在互联网基础上延伸和扩展的网络,并将用户端延伸和扩展到任何物品。对无线传感器网络领域来说,物联网就是传感网络进一步发展的高级阶段,它通过大量信息感知节点采集信息,通过互联网传输和交换信息,通过强大的计算设施处理信息,再对实体世界发出反馈或控制信息。

　　这些理解只是物联网的一个侧面,如果从更广泛的角度来说,物联网就是以"物"的信息感知、传输、处理为特征,利用包括移动通信、传感网络等通信技术,使"物"具有通信能力;利用包括嵌入式、中间件编程等信息技术,使"物"具有信息处理能力,形成的一个涵盖物与物、人与人、人与物的通信系统。"物"既包括电气设备和基础设施,例如家电、传感器、移动终端等,也包括生产和生活环境中诸如温度、湿度、光线、声音、压力、空气悬浮物等一切可以感知的对象,并且随着传感技术的发展和应用范围的扩展,"物"的范围不断扩充,如图 9-1 所示。

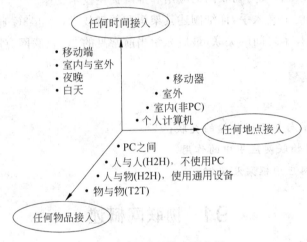

图 9-1　物联网维度视角图

9.1.2　物联网体系架构与关键技术

1. 物联网体系架构

　　物联网实现人与物、物与物之间的沟通,物联网的特征在于感知、互联和智能的叠加。因此,物联网由三个部分组成:感知部分,即以二维码、RFID、传感器为主,实现对"物"的感知与识别;传输网络,即通过现有的互联网及各种无线和有线通信网络(电话、广电、2G/3G 等)等实现数据的传输;智能处理,即利用云计算、数据挖掘、大数据分析与处理等技术实现对物品的自动控制与智能管理等。

　　目前被一致认可的物联网体系架构大致有三个层次:最底层是用来感知数据的感知层,中间是传输数据的网络层,最顶层是应用层,如图 9-2 所示。

　　在物联网体系架构中,感知层的主要功能是识别物体和采集信息。感知层的主要设备包括二维码标签和识读器、RFID 标签和读写器、摄像头、GPS、传感器等。网络层主要完成信息传递,将感知层获取的信息进行传递和初步处理,主要组成部分包括通信网络与互联网、网络管理中心和信息汇总处理中心等。应用层完成数据融合与智能处理,完成跨

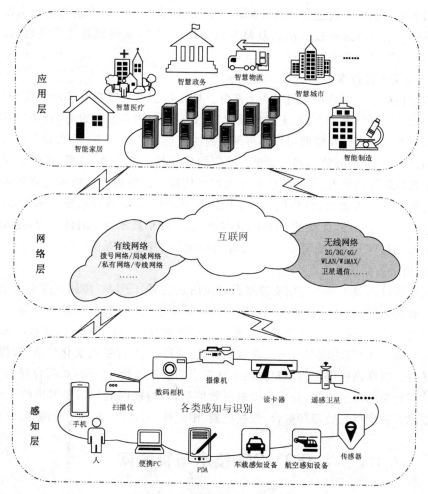

图 9-2　物联网体系架构示意图

行业、跨应用、跨系统之间的信息协同、共享、互通，实现广泛智能化。在应用层，物联网与行业专业技术深度融合，与行业需求结合，实现行业智能化。

在各层之间，信息的传递不是单向的，也有交互、控制等；所传递的信息多种多样，关键是物品信息，包括在特定应用范围内作为物品唯一标识的识别码以及物品的状态信息。

2. 物联网关键技术

1）感知层关键技术

物联网的感知层重点解决人类世界和物理世界的数据获取问题，包括所有对象（人和物）的各类物理量、标识、音频、视频数据等。感知层处于三层架构的最底层，是物联网构建和应用的基础，具有物联网全面感知的核心能力。作为物联网的最基础一层，感知层具有十分重要的作用。

感知层的关键技术包括检测技术、中低速无线或有线短距离传输技术等。具体来说，感知层综合了传感器技术、嵌入式计算技术、智能组网技术、无线通信技术、分布式信息处理技术等，能够通过各类集成化的微型传感器的协作，完成实时监测、感知和采集各种环

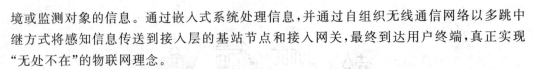

境或监测对象的信息。通过嵌入式系统处理信息，并通过自组织无线通信网络以多跳中继方式将感知信息传送到接入层的基站节点和接入网关，最终到达用户终端，真正实现"无处不在"的物联网理念。

2）网络层关键技术

网络层包括接入层和互联网层两个部分。接入层主要通过现有移动通信网（2G 网、3G 网）、无线接入网（WiMAX）、无线局域网（WiFi）、卫星网等基础设施，将来自感知层的信息传送到互联网中。互联网层主要将网络内的信息资源整合成一个可以互联互通的大型智能网络，为上层服务管理和大规模行业应用建立起一个高效、可靠、可信的基础设施平台。从通信的距离来看，又分为短程和远程通信技术。短程通信技术主要从无接触式认证与互联技术发展而来，典型代表有 RFID 和蓝牙技术；远程通信新技术很多，比如有线的 DSL、PON 技术等，无线的 CDMA、GRPS、卫星通信技术等。具体来说，接入部分的关键技术有 3G、WiFi 和 WiMAX 等。未来互联网层主要技术是 IPv6。

3）应用层关键技术

应用层可以直观地分为应用支撑平台和应用系统两个子层。应用支撑平台层通过具有超级计算能力的中心计算机群，对网络内的海量信息进行实时的管理和控制，并为上层应用提供良好的用户接口。应用系统层使用支撑平台层提供的服务，构建起面向各类行业的实际应用，如生态环境与自然灾害监测、智能交通、文物保护与文化传播、远程医疗与健康监护等。物联网应用层为用户提供丰富多彩的业务体验。然而，如何合理、高效地处理从网络层传来的海量数据，并从中提取有效信息，是物联网应用层要解决的关键问题，其关键技术有智能信息处理和融合、数据挖掘、中间件、云计算、大数据处理等。

9.2　3G 技术与物联网

9.2.1　3G 通信与物联网

1. 3G 网络与物联网通信

3G（3rd-Generation）是第三代移动通信技术的简称。3G 是指支持高速数据传输的蜂窝移动通信技术，是将无线通信与互联网相结合的新一代通信技术。3G 的代表性特征是具有高速数据传输能力，能够提供 2Mb/s 以上的带宽。因此，3G 支持语音、图像、音乐、视频、网页、电话会议等多种移动多媒体业务。

移动通信技术对于物联网的紧密关联主要体现在两个方面：一方面，为物联网提供人与物、物与物之间的信息传输通道；另一方面，移动网络基站和智能终端（比如手机等）成为传感器网的传感节点，物联网和移动通信网基础设施融合，实现融合业务的管理。全面融合，就可以形成人与人、物与物相结合的融合网络。因此，移动通信网是物联网的重要组成部分，是物联网实现规模化应用与管理的基础。3G 作为新一代移动通信技术，为物联网提供了坚实的网络基础。首先，3G 提供多种业务类型的应用，包括多种速率的业务应用；其次，3G 提供更大的系统容量，使运营商基本摆脱了系统容量对业务发展的束缚；最后，移动通信网络的覆盖非常广泛，网络可触及的区域是任何其他系统不能达到的；

同时,经过重组,多数运营商已实现多业务经营,多系统、多网络、无线与传统固网的结合将为今后物联网的全面发展带来可能。总之,要实现物联网全面感知、可靠传送、智能作用这三个特性,物联网必须跟 3G 相结合,将 3G 网络作为物联网信息传送的有效平台。

2. 物联网应用对 3G 网络的挑战

物联网的发展对 3G 移动通信提出了挑战。首先,物联网的巨大规模以及信息交互与传输以无线为主的特点,注定使物联网成为各种资源需求的大户。对各种网络资源的需求,尤其是对网络容量和带宽的需求,将是对 3G 网设计与承载能力的挑战,这一点在以 3G 视频应用为主的高带宽物联网应用上尤为突出。其次,移动蜂窝网络着重考虑用户数量,而物联网数据流量具有突发特性,可能造成大量用户堆积在热点区域,引发网络拥塞或者资源分配不平衡的问题。这些都会造成物联网的需求方式和规划方式有别于已有的 3G 网通信。最后,现阶段的 3G 网络是针对人与人通信设计的,它可以设置不同用户申请的话音业务,进行控制,并保障其质量;而物联网业务主要是数据业务,在网络传输中只有有权和无权之分。对于有权用户,其用户等级是相同的,网络只对信息进行尽力而为的处理。因此,网络不能针对物联网业务特性进行有效的识别和控制,而且当海量的物联网终端接入后,网络的效率将大幅降低。

9.2.2　移动智能终端与物联网

物联网的目的是为人类社会提供全面智能化的应用,包括医疗、金融、交通、环保、能源、食品、物流、工农业生产、城市管理、家居等,用于政府、企业、社会组织、家庭、个人等。物联网以人的需求为导向,需要用户的操作与控制,各类智慧化的服务要实现任何人在任意时间和地点都能方便、快捷地访问,即泛在性的要求,因此各类移动智能终端是必不可少的。

随着物联网的发展,物联网应用应该担负起更为重要、复杂的业务和服务。这类服务需要大量的协同处理,因此要在物联网终端之间、物联网终端和人之间执行更频繁和复杂的通信,而且这种通信能力在交互能力、带宽、可靠性、延迟等方面都有更高要求,对物联网终端的智能化要求更为突出。

传统的移动终端硬件结构简单,功能有限,主要用于提供语音业务和简单的数据业务。为了更好地支持物联网应用业务,要求移动终端具有较强的计算能力和业务支持能力,很好地实现通信、计算机和互联网的融合,满足终端用户与各种物联网应用业务交互的需求,提高用户体验。目前 3G 移动终端在传输速度、计算能力方面不断增强,支持的应用多样化,除了具有简单的话音通信功能外,还具备数据通信和数据计算功能。它们通常采用单独的移动终端操作系统,完成系统资源的调度和管理,并为上层应用平台提供服务。因此,3G 移动智能终端能够较好地支持物联网终端在传输和计算能力方面的需求,两者正在融合。

从通信技术的角度来看,移动终端与物联网终端正在集成多种无线通信技术,有合二为一的趋势。首先,在 3G 通信技术领域,尽管由于种种原因,目前存在多个 3G 技术标准,同时除了传统通信技术之外,很多新型的无线通信技术(RFID、ZigBee、蓝牙等)在不同的应用领域迅速发展,但是支持多个 3G 通信标准和多种无线通信技术之间的融合成为移动终端产品最主要的发展趋势。其次,在物联网领域,以 RFID 技术为代表的短距离无线通信技术近年来发展迅速,在物流、零售、交通等行业大量成功应用。移动通信和短距离无线通信技术融合催生了多种新技术,加速了手机和物联网感知设备的融合,比如手机支付就是很有发展前景的业务。

从业务支持角度来看,人们利用移动智能终端访问和使用越来越多的业务和服务。目前 3G 移动终端在传统语音服务基础上,提供信息、娱乐、办公以及商务应用等服务。人们能够利用智能手机随时随地处理一些比较紧急的工作,从手机邮件系统到访问企业内部信息系统,到处理文件和数据等工作,都可以利用手机终端完成。智能手机在这些领域发挥越来越大的作用,并逐渐成为开展各种业务和服务的新趋势。另一方面,随着物联网的发展和推广,将提供越来越多复杂的业务和服务,需要大量协同处理,要求物联网终端有能力完成复杂的交互、数据处理、管理和控制,提供各种物联网应用业务,比如物流跟踪查询、智能安防等。显然,在业务支持方面,3G 移动终端和物联网终端在业务应用方面存在交叉和重合,集成、整合两者的功能和业务应用将是发展趋势,目前出现了大量成功的应用解决方案,比如宜居通、智能楼宇等。

9.3 3G 物联网应用实例

9.3.1 物联网应用架构

物联网的战略目标不可能一蹴而就,必然要分阶段发展和实施。从物联网的技术发展来看,移动智能设备(如手机、PDA 等)的互联与非 IT 物品嵌入式互联网是必然的阶段。在此阶段,更多日常工作和生活相关的设备利用嵌入式技术实现互联互通,并形成全球范围的物联网的互联。M2M 是现阶段物联网最普遍的应用架构,M2M 代表机器对机器(Machine to Machine)、人对机器(Man to Machine)、机器对人(Machine to Man)、移动网络对机器(Mobile to Machine)之间的连接与通信,其目标是使所有的设备都具备互联和通信能力。

M2M 系统由 5 个部分构成,分别是机器、M2M 硬件、通信网络、中间件、应用,如图 9-3 所示。图中,机器具备感知、计算和短程无线通信能力;M2M 硬件从机器提取数据,然后传送到通信网络;通信网络将数据传送到目的地;中间件在通信网络和 IT 系统间起桥接作用;应用应具备海量数据智能分析与控制能力,对获得的数据进行智能处理分析,并为决策和控制提供支持。

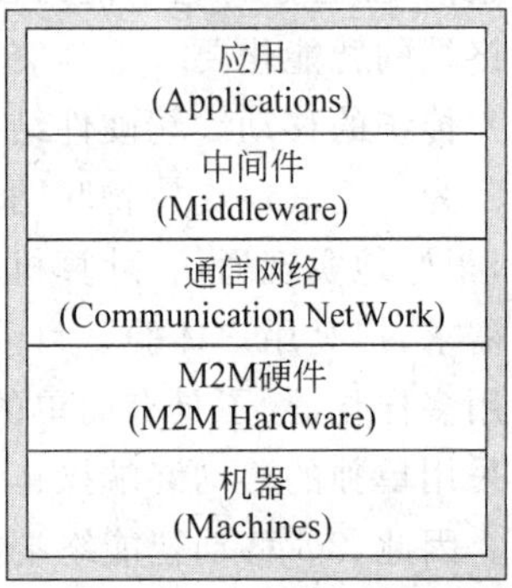

通信网络在整个 M2M 技术框架中处于核心地位,包括广域网(无线移动通信网络、卫星通信网络、Internet、公众电话网)、局域网(以太网、无线局域网 WLAN、Bluetooth)、个域

| 应用
(Applications) |
| 中间件
(Middleware) |
| 通信网络
(Communication NetWork) |
| M2M 硬件
(M2M Hardware) |
| 机器
(Machines) |

图 9-3 M2M 系统组成图

网(ZigBee、传感器网络)。随着物联网技术和应用的发展,海量的非 IT 机器/设备将加入网络,通信网络中的成员数量和数据交换的网络流量迅速增加,这需要更灵活的接入、更

大的容量、更快的速度和更大的带宽。因此,高速、大容量 3G 无线通信技术更符合这一需求。在 M2M 技术框架的通信网络中,网络运营商和网络集成商是两个主要参与者,尤其是移动通信网络运营商,在 M2M 技术应用与推广中发挥更重要的作用。

M2M 技术具有非常重要的意义,有着广阔的市场和应用,将有力地推动物联网技术发展与应用的推广。物联网的目标是互联万事万物,需要的互联通信不仅是机器设备,还要扩展到动植物,借助在其体内嵌入芯片来采集与传送信息。M2M 技术从最初的机器与机器通信,逐步发展到人与人的通信,直至更广的范围。此时,M 可以是机器(Machine)、人(Man)和移动网络(Mobile),M2M 可以解释为机器与机器、人与机器、人与人、移动网络与人之间的通信,M2M 涵盖在人与机器之间建立的所有互联技术和方法。当然,物联网强调的是任何物品、任何时间、任何地点的感知和互联,即"泛在的网络,万物相连",范围和应用都比 M2M 广泛。当前普遍认可的 M2M 是物联网现阶段的最普遍应用模式。目前,第三代(以及正在研究的第四代)移动通信技术在传统语音服务之上,更突出数据服务业务,随着移动通信技术向 3G/4G 演进,"3G 加 M2M"模式必然推动物联网应用和推广的新一轮大变革。

9.3.2　典型应用场景

3G 通信技术与物联网的融合将推动物联网的大量深层次应用。目前,陆续出现了一些实用的商用解决方案,大多基于 M2M 物联网应用模式,集中在几个行业,即安防、物流、楼宇管理、农业等。比如,中国电信在"智能城市"模型中展示了综合办公、全球眼、车辆人员定位等物联网应用;中国移动推出了宜居通、校讯通、车务通、地质灾害防治系统等多个应用。下面以智能家居为例,介绍 3G 物联网应用场景。

1. 应用场景

用户开通了智能家居业务,可以通过 PC 或手机等终端远程查看家里的各种环境参数、安全状态和视频监控图像,远程管理家用电器。当网络接入速度较快时,用户可以看到一个以三维立体图像显示的家庭实景图,并且采用警示灯等方式显示危险;还可以通过鼠标拖动,从不同的视角查看具体情况;在网络接入速度较慢时,用户可以通过一个文本和简单的图示观察家庭安全状态,并控制家用电器。

2. 系统结构

智能家居解决方案的主要业务包括安防和智能家电管理。目前比较成熟的商用解决方案有中国移动推出的"宜居通"。本节将结合"宜居通"来讨论智能家居的系统架构与组成。

"智能家居"通过 3G 手机为家庭用户提供随时随地家电智能管理、安防服务、语音通信等多种功能。其终端产品在现有的 TD 无线座机的基础上,融合智能家电控制,并集成了安防模块,支持门磁、红外、烟感、燃气等多路无线传感设备接入,支持短信实时告警,其主要功能包括安防和智能家电管理。其系统结构图和网络结构图如图 9-4 和图 9-5 所示。

安防业务是指为用户家中布防,当出现异常情况时,传感器发出告警信息,并通过业

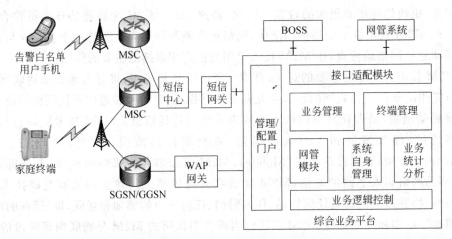

图 9-4　智能家居系统结构图

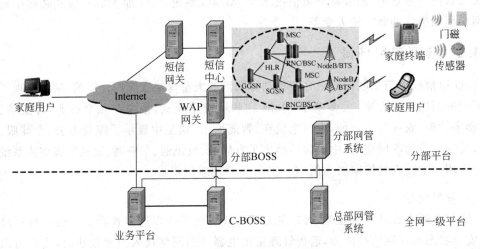

图 9-5　智能家居网络结构图

务平台发送告警短信到用户手机。家庭终端提供安防告警及 TD 无线座机的语音通话、短信收发等功能。在布防状态下,当出现非法闯入、烟雾超标时,家庭终端连接的各种传感设备(主要包括门磁、红外、烟感等)触发告警,家庭终端收到告警信息后,以短信或者手机图像、图片(视频)等方式将告警信息发送到业务平台。系统还提供传感器的配置和管理功能,方便用户添加、设置、删除或以 Web 方式查看传感器状态。

　　智能家电管理业务为用户提供远程控制家电(如空调、冰箱等)功能,实现家电远程开/关机、家电状态监控、故障上报等。

　　因此,和传统安防相比,3G 智能家居的安防业务有显著的优势。由于 3G 网络的网速一般是 2Mb/s,而且 3G 智能手机能支持更多的应用(比如视频观看),这两个优势带来了新的业务应用,3G 安防的应用范围更广泛,不但能满足传统安防行业的需求,还能扩展到家庭、中小企业、商铺等大众群体领域。3G 网络高带宽、可移动性的优势,使得它能够在更大范围内更好地实现无缝漫游,并能处理图像、音乐、视频流等多种媒体形式,费用更低廉,将促使安防监控和移动通信融合,推动安防产业有线网络监控向无线视频监控过渡。

与物联网泛在应用的目标一样,随着 3G 通信网络全面覆盖和物联网的普及,3G 技术和物联网融合的应用模式除了智能家居解决方案之外,广泛应用在城市交通、视频监控、农业、教育、环境监测、应急救援等日常工作和生活的各个领域。3G 物联网应用有着广阔的发展前景。

本 章 小 结

本章从通信和计算技术发展的泛在性特征,介绍物联网的发展趋势,重点介绍物联网的概念、架构和关键技术,揭示了物联网的广阔内涵,包括对世界的感知、数据传输网络、智慧化的信息处理与服务。从技术的角度来看,它几乎涵盖了目前通信技术领域的全部,包括传感器、嵌入式计算、通信与网络、智能信息处理、云计算、大数据处理等。

从技术复杂性和覆盖范围的规模而言,物联网的实现难度都是空前的,物联网的研究和建设必须逐步推进。结合目前较为成熟、覆盖范围广的移动通信网络进行物联网的建设实践与推广是一个有效的方式。随着 3G 网络和移动智能终端的普及应用(以及 4G 的逐步覆盖),将现有物联网应用模式(M2M)与 3G/4G 技术融合,可以为用户提供实用的商业应用,比如智能家居、医疗和交通等。利用 3G/4G 移动通信网络的优势和成熟的商业模式,能有效推动物联网的研究、应用和推广。

第10章

3G 与云计算技术

今天的中国，无数种 3G 智能终端让每一位拥有它的用户切身体会到科技带来的便利。与此同时，另一个具有划时代意义的新技术——云计算，因其强大的计算能力、接近无限的存储空间，能够支持各种各样的软件和信息服务，为 3G 用户提供了全新的服务体验。

3G 与云计算之间有着互相依存、互相促进的深层协作关系。一方面，3G 为云计算带来数以亿计的宽带移动用户，这些用户的终端是手机、PAD、笔记本电脑、上网本等，计算能力和存储空间有限，却有很强的联网能力，对云计算有着天然的需求，将实实在在地支持云计算取得商业成功；另一方面，云计算给 3G 用户提供更好的用户体验和更加便捷的业务实现。

本章将从云计算的概念入手，阐述云计算技术的基本架构和关键技术，着重分析 3G 与云计算之间深入的联系和相互影响的程度，并以行业领头人 Google 的云计算技术及其 Android 3G 应用来佐证云计算技术在 3G 领域的重要作用。

本章主要内容

- 云计算的特点及分类；
- 云计算体系结构及其关键技术；
- 云计算技术在 3G 移动互联网中的作用；
- 国内 3G 运营商的云计算部署；
- Google 云计算技术；
- Android 平台下的 google 云计算应用。

10.1 云计算概述

2006 年，Google、Amazon 等公司提出了"云计算"的构想，以适应社交网络、电子商务、数字城市、在线视频等新一代大规模互联网应用迅猛发展的数据需求。美国国家标准与技术研究院（NIST）将此技术定义为：云计算是一种利用互联网实现随时随地、按需、便捷地访问共享资源池（如计算设施、存储设备、应用程序等）的计算模式。

作为信息产业的一大创新，云计算模式一经提出便得到工业界、学术界的广泛关注。但就技术上来说，云计算并非一个全新的概念。早在 1961 年，计算机先驱 John McCarthy 就预言："未来的计算资源能像公共设施（如水、电）一样被使用。"为了实现这个目标，在之后的几十年里,学术界和工业界陆续提出了集群计算、效用计算、网格计算、服务计算等技术,云计算正是从这些技术发展而来的。在这些传统技术中,集群计算将大量独立的计算机通过高速局域网相连,提供高性能计算能力。效用计算为用户提供按需租用计算机资源的途径。网格计算整合大量异构计算机的闲置资源(如计算资源和磁盘存储等),组成虚拟组织,以解决大规模计算问题。服务计算作为连接信息技术和商业服务的桥梁,研究如何用信息技术对商业服务建模、操作和管理。

对云计算而言,它借鉴了传统分布式计算的思想。通常情况下,云计算采用计算机集群构成数据中心,并以服务的形式交付给用户,让用户可以像使用水、电一样按需购买云计算资源。从这个角度看,云计算与网格计算的目标非常相似。但是云计算和网格计算等传统的分布式计算有着较明显的区别:首先,云计算是弹性的,即云计算能根据工作负载大小动态分配资源,而部署于云计算平台上的应用需要适应资源的变化,并能根据变化做出响应;其次,相对于强调异构资源共享的网格计算,云计算更强调大规模资源池的分享,通过分享提高资源复用率,并利用规模经济降低运行成本;最后,云计算需要考虑经济成本,因此硬件设备、软件平台的设计不再一味追求高性能,而要综合考虑成本、可用性、可靠性等因素。总的来说,计算机资源服务化是云计算重要的表现形式,它为用户屏蔽了数据中心管理、大规模数据处理、应用程序部署等问题。通过云计算,用户根据其业务负载快速申请或释放资源,并以按需支付的方式对所使用的资源付费,在提高服务质量的同时,降低了运维成本。

综上所述,云计算是分布式计算、互联网技术、大规模资源管理等技术的融合与发展(如图 10-1 所示),其研究和应用是一个系统工程,涵盖了数据中心管理、资源虚拟化、海量数据处理、计算机安全等重要问题。

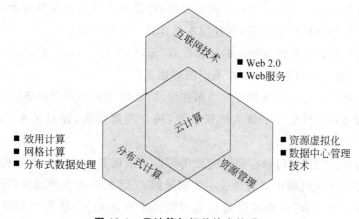

图 10-1　云计算与相关技术的联系

10.1.1　云计算的特点及分类

1. 云计算的特点

云计算的特点可以从以下两个方面来总结。

(1) 从与传统技术的比较及其应用背景来看,云计算的特点归纳为以下几点。

- 弹性服务：服务的规模可快速伸缩，以自动适应业务负载的动态变化。用户使用的资源同业务的需求相一致，避免了因为服务器性能过载或冗余而导致的服务质量下降或资源浪费。

- 资源池化：资源以共享资源池的方式统一管理。云计算利用虚拟化技术，将资源分享给不同用户，资源的放置、管理与分配策略对用户透明。

- 按需服务：以服务的形式为用户提供应用程序、数据存储、基础设施等资源，并根据用户需求自动分配资源，不需要系统管理员干预。

- 服务可计费：监控用户的资源使用量，并根据资源的使用情况对服务计费。

- 泛在接入：用户可以利用各种终端设备（如 PC、笔记本电脑、智能手机等）随时随地通过互联网访问云计算服务。

正是因为云计算具有上述特性，使得用户只需连上互联网，就可以源源不断地使用计算机资源，实现了"互联网即计算机"的构想。

（2）从当前云计算技术的研究现状来看，云计算的特点为以下几点。

- 超大规模："云"具有相当的规模，Google 云计算已经拥有 100 多万台服务器，亚马逊、IBM、微软和 Yahoo 等公司的"云"均拥有几十万台服务器。"云"能赋予用户前所未有的计算能力。

- 虚拟化：云计算支持用户在任意位置、使用各种终端获取服务。所请求的资源来自"云"，而不是固定的有形的实体。应用在"云"中某处运行，但实际上用户无须了解应用运行的具体位置，只需要一台笔记本电脑或一个 PDA，就可以通过网络服务获取各种能力超强的服务。

- 高可靠性："云"使用了数据多副本容错、计算节点同构可互换等措施来保障服务的高可靠性。使用云计算，比使用本地计算机更加可靠。

- 通用性：云计算不针对特定的应用。在"云"的支撑下，可以构造出千变万化的应用，同一片"云"可以同时支撑不同的应用运行。

- 高可扩展性："云"的规模可以动态伸缩，满足应用和用户规模增长的需要。

- 按需服务："云"是一个庞大的资源池，用户按需购买，像自来水、电和煤气那样计费。

- 廉价费用："云"的特殊容错措施使得可以采用极其廉价的节点来构成云；"云"的自动化管理使数据中心管理成本大幅降低；"云"的公用性和通用性使资源的利用率大幅提升；"云"设施可以建在电力资源丰富的地区，从而大幅降低能源成本。因此，"云"具有前所未有的性能价格比。

本章以云计算特点与体系架构的描述为铺垫，着重介绍计算技术在 3G 方向上的应用。

2. 云计算的分类

云计算按照服务类型大致分为三类：将基础设施作为服务 IaaS、将平台作为服务 PaaS 和将软件作为服务 SaaS，如图 10-2 及表 10-1 所示。

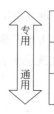

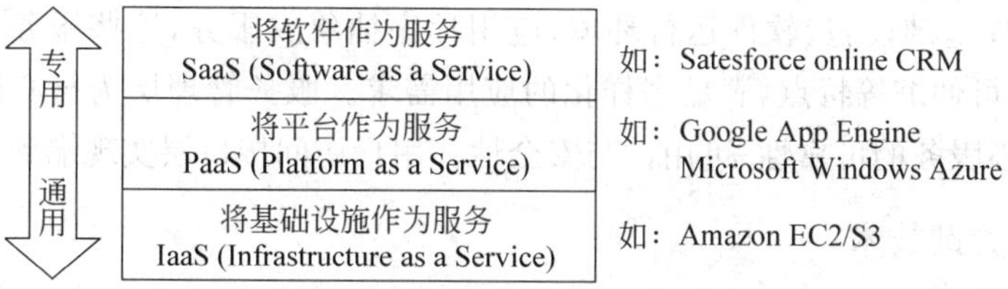

专用
通用
将软件作为服务
SaaS (Software as a Service)
将平台作为服务
PaaS (Platform as a Service)
将基础设施作为服务
IaaS (Infrastructure as a Service)
如：Satesforce online CRM
如：Google App Engine
Microsoft Windows Azure
如：Amazon EC2/S3

图 10-2　云计算的服务类型

表 10-1　云计算的分类

类别名称	服务内容	服务对象	使用方式	关键技术
IssS	提供基础设施部署服务	需要硬件资源的用户	使用者上传数据、程序代码、环境配置	数据中心管理技术、虚拟化技术等
PaaS	提供应用程序部署与管理服务	程序开发者	使用者上传数据、程序代码	海量数据处理技术、资源与调度技术等
SaaS	提供基于互联网的应用程序服务	企业和需要软件应用的用户	使用者上传数据	Web 服务技术、互联网开发技术等

10.1.2　云计算的体系架构及其关键技术

1. 云计算体系架构

云计算按需提供弹性资源，其表现形式是一系列服务的集合。结合当前云计算的应用与研究，其体系架构分为核心服务、服务管理、用户访问接口三层，如图 10-3 所示。核

用户访问接口
核心服务
软件即服务(SaaS)
应用服务1
…
应用服务n
平台即服务(PaaS)
数据处理模型
海量数据存储
基础设施即服务(IaaS)
虚拟化服务
计算节点
网络资源
数据中心物理设备
服务管理
服务质量保证
安全管理
…

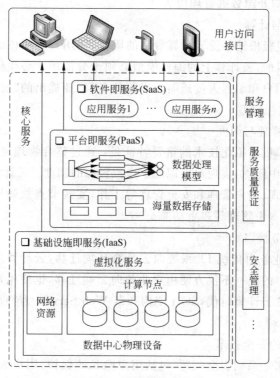

图 10-3　云计算体系架构

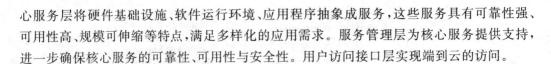

心服务层将硬件基础设施、软件运行环境、应用程序抽象成服务,这些服务具有可靠性强、可用性高、规模可伸缩等特点,满足多样化的应用需求。服务管理层为核心服务提供支持,进一步确保核心服务的可靠性、可用性与安全性。用户访问接口层实现端到云的访问。

2. 云计算关键技术

1) 虚拟机技术

虚拟机,即服务器虚拟化,是云计算底层架构的重要基石。在服务器虚拟化中,虚拟化软件需要实现对硬件的抽象,资源的分配、调度和管理,虚拟机与宿主操作系统及多个虚拟机间的隔离等功能。目前典型的实现(基本成为事实标准)有 Citrix Xen、VMware ESX Server 和 Microsoft Hype-V 等。

2) 数据存储技术

云计算系统需要同时满足大量用户的需求,并行地为大量用户提供服务。因此,云计算的数据存储技术必须具有分布式、高吞吐率和高传输率的特点。目前,数据存储技术主要有 Google 的 GFS(Google File System,非开源)以及 HDFS(Hadoop Distributed File System,开源),这两种技术已经成为事实标准。

3) 数据管理技术

云计算的特点是对海量的数据存储、读取后进行大量的分析。如何提高数据的更新速率以及进一步提高随机读取速率,是未来的数据管理技术必须解决的问题。最著名的云计算数据管理技术是 Google 的 BigTable 数据管理技术,同时 Hadoop 开发团队正在开发类似 BigTable 的开源数据管理模块。

4) 分布式编程与计算

为了使用户能更轻松地享受云计算带来的服务,让用户利用该编程模型编写简单的程序来实现特定的目的,云计算上的编程模型必须十分简单。必须保证后台复杂的并行执行和任务调度向用户和编程人员透明。当前各 IT 厂商提出的"云"计划的编程工具均基于 Map-Reduce 编程模型。

5) 虚拟资源的管理与调度

云计算区别于单机虚拟化技术的重要特征是:通过整合物理资源形成资源池,并通过资源管理层(管理中间件)实现对资源池中虚拟资源的调度。云计算的资源管理需要负责资源管理、任务管理、用户管理和安全管理等工作,实现节点故障屏蔽、资源状况监视、用户任务调度、用户身份管理等多重功能。

6) 云计算的业务接口

为了方便用户业务由传统 IT 系统向云计算环境迁移,云计算应对用户提供统一的业务接口。业务接口的统一不仅方便用户业务向云端迁移,也使用户业务在云与云之间的迁移更加容易。在云计算时代,SOA 架构和以 Web Service 为特征的业务模式仍是业务发展的主要路线。

7) 云计算相关的安全技术

云计算模式带来一系列安全问题,包括用户隐私的保护、用户数据的备份、云计算基础设施的防护等。这些问题都需要更强的技术手段,乃至法律手段去解决。

10.2　3G 移动互联与云计算技术

在最近几年里,移动通信和互联网成为发展最快、市场潜力最大、前景最诱人的两大业务,其增长速度都是任何预测家未曾料到的。移动互联网的"小巧轻便"及"通信便捷"两个特点,决定了移动互联网与 PC 互联网的根本不同之处。现今 3G 时代的移动互联,更是直接体现为人们使用最方便、最常用的移动智能终端设备的互联网数据访问和处理能力。移动互联网是全新的互联网模式,也是一种产业模式,其含义比 3G 更丰富。本章仅从狭义的 3G 移动互联的角度,以 3G 手机终端应用为研究出发点,分析 3G 时代的移动互联和云计算之间的关联。

10.2.1　3G 移动互联网技术

1. 什么是移动互联网

移动互联网,就是将移动通信和互联网结合起来,成为一体。广义的移动互联网,就是通过移动网络和移动终端接入,可以连接互联网,也可以连接通过 WAP 网关转换的互联网,还可以使用 WAP 或者其他手机在线应用。狭义的移动互联网,主要指 WAP 和其他针对手机的联网应用。随着 3G、WiFi 技术的成熟和迅速普及,互联网产业将很快向移动领域迁移。3G 网络带宽的提升加速了这种迁移。同时,随着移动终端的性能越来越强大,使得拿着手机上传统互联网也能够带来不错的用户体验。

通信专家侯自强称:"移动互联网的本质是以 3G 技术为手段,发展移动互联网业务。虽然 2G 可以实现大部分移动互联网业务,但是只有更多的用户才能带动移动互联网发展,用户多了,2G 网络就会拥堵,这时 3G 网络才发挥了作用。所以,要推广 3G,就要推动移动互联网。"与此同时,需要明确的是:"3G 可以是移动互联网,但是移动互联网需要远远超过 3G。3G 能够在移动互联网找到应用的空间,但是 3G 无法满足移动互联网的需求。"

2. 移动互联网应用相关技术

1) App Store 应用模式

苹果公司通过一系列绚丽的产品和应用商店的模式获得快速发展,取得了巨大成功。通过网上商店的应用模式,整合了应用平台、移动应用开发者的利益链,使很多应用开发者(很多个人)通过在应用商店出售他们的"应用 application"获得很好的收益,推动了应用的快速发展。目前,苹果应用商店的应用个数突破 50 万,Google 的 Android 系列"应用市场"也积聚了几十万的应用。可以说,App Store 应用模式获得广泛认可,取得了巨大成功。

2) HTML5 支持的 Web 应用技术

HTML5 是一种 Web 前端技术标准,2007 年被 W3C 接纳。为推动 Web 标准化运动发展,一些公司联合起来,成立了一个称为 Web Hypertext Application Technology Working Group(简称 WHATWG)的组织,他们重新捡起 HTML5,并于 2008 年 1 月 10 日公布第一份草案。HTML5 有两大特点:首先,强化了 Web 网页的表现性能;其次,追加了本地数据库等 Web 应用功能。HTML5 不再是仅做网页,而是成为开发 Web 应用的一个强有力工具。

3. 3G 时代的移动互联

移动互联网的发展分成三个阶段：3G 启动之前、3G 启动之后和广泛的产业链合作之后。3G 启动之前，移动互联网主要提供短信、图铃下载等以个人娱乐为主的应用，即提供语音通信的增值服务；3G 启动之后，移动互联网进入黄金的 3G 时代，由此带来更加互动的娱乐和商务体验，面向个人的手机游戏、面向企业的移动信息化，数据和信息业务也成为运营商保用户、增收入的重要手段，移动互联网产业逐步走向繁荣；第三个阶段即为跨越 3G 大门后的更深入、广泛的互联，移动互联网开始广泛的产业链合作。远程医疗、远程教育、电子政务，移动互联网逐步走向深层次的价值挖掘，满足个人、家庭、企业、娱乐、沟通、学习、日常生活和商务等各个方面的需求。在整个过程中，移动互联网用户的价值观念和消费习惯逐步走向成熟。

对于 3G 时代的移动互联网，智能手机作为移动互联终端之一，将承载越来越多的应用，甚至成为最能体现用户个性化的移动工具，就像华尔街分析师玛丽·米克（Mary Meeker）断言的："中国的互联网核心不是 PC，而是手机。世界在变，手机已经成为社会化身体的一部分。"

10.2.2 云计算与 3G 移动互联网的结合

1. 云计算和 3G 移动互联网的结合

2009 年 7 月，ABI Research 推出一份研究报告，提出了"移动云计算"的概念。"云计算和移动互联网的发展，将计算和智能带到所有地方"，移动互联网与云计算的结合越来越受到人们的关注。云计算没有移动互联网，将是一个巨大的缺憾，因为数量庞大的移动用户将无法受益于这项新兴的科技。如果移动互联网没有云计算，其本身的能力要大打折扣，因为移动智能终端在计算能力上的局限性，需要云端强大的计算能力来互补。云计算是移动互联网成功的关键。"智能终端"和"移动互联网应用"成为近两年中国移动互联网市场的关键词。在终端方面，几乎由 iOS 系统与 Android 系统二分天下；同时，Win8 手机平台，以及智能手机的性能显著提升，大大刺激了用户对移动互联业务的需求，级数上涨的用户数量和数据需求，使得移动互联必须借助云计算技术。云计算和移动互联网之间不可分的联系由此可见。移动互联网的发展丰富了云计算的外沿。

由于移动设备在硬件配置和接入方式上具有特殊性，所以有许多问题值得研究。首先，移动设备的资源是有限的。访问基于 Web 门户的云计算服务往往需要在浏览器端解释执行脚本程序（如 JavaScript、Ajax 等），因此消耗移动设备的计算资源和能源。虽然为移动设备定制客户端可以减少移动设备的资源消耗，但是移动设备运行平台种类多、更新快，导致定制客户端的成本相对较高，因此需要为云计算设计交互性强、计算量小、普适性强的访问接口。其次是网络接入问题。对于许多 SaaS 层服务来说，用户对响应时间敏感。但是，移动网络的延时比固定网络高，而且容易丢失连接，导致 SaaS 层服务可用性降低。因此，需要针对移动终端的网络特性，优化 SaaS 层服务。

2. 3G 运营商的云计算服务

根据 CNNIC 发布的《第 26 次中国互联网络发展状况统计报告》，我国目前的手机上网用户达 2.77 亿,其中智能手机用户的比例以每年 20％的速度增长。可以预见,移动互联网将是下一代互联网,成为人们日常生活中不可分割的一部分,与人们的工作、生活、学习息息相关。云计算作为互联网的关键性技术,实现低碳经济的关键手段,是运营商发展云计算的动力之一。要抓住移动互联时代的商机,就不得不借助云计算带来的强大数据能力。

在此背景下,我国几大通信运营商公司在云计算方面的投入和发展非常迅猛。作为拥有全球最大规模 CDMA 网络,同时拥有丰富的 IDC 资源以及庞大的用户基础及网络渠道的中国电信,已建成多个云数据中心。2012 年,中国电信成立了专门的云计算分公司,即天翼云。云公司依托中国电信覆盖全国、通达世界的通信信息服务网络和最大规模的互联网用户基础,集市场营销、运营、产品研发于一体,集约创新,为政府、企业和公众提供电信级、高可靠的云基础资源、云平台应用及云解决方案等产品和服务,并将旗下所有的云计算服务进行整合分类,提供云主机、对象存储等一系列的弹性计算、弹性存储、云网络、弹性备份及众多其他服务在内的云计算产品。

与此同时,中国移动也积极部署多种云服务,比如,

- “大云”——中国移动云计算平台,分为数据管理和分析、计算存储资源池、满足实时交易和实时批处理等几大产品线。
- Mobile Market——智能手机应用程序商城。
- 能力池——MM 云服务的核心组成部分,是把运营商能力向移动互联网开放的载体。

2014 年,中国移动正式宣布推出移动云,部署了“三朵云”,分别是面向中国移动内部的“企业私有云”、面向个人客户的“彩云”和面向集团和政企客户的“公共服务云”。据中国移动介绍,中国移动的移动云服务经过严格的试点和试商用流程,通过了 34 家客户的验证、6 个省市的试商用,充分证明了“移动云”是安全、可信、高效的。并且,移动云是一项开放性的云服务,汇聚了产业链各方的优势与力量,共同打造开放、丰富的云平台。中国移动的云计算资源池辐射全国,包括 4 大基地、7 个 1 类节点,且在 31 省均有云计算机房。移动云通过封装底层的服务,形成了针对不同行业需求的解决方案,目前已推出了分别针对互联网行业、金融行业、教育行业、医疗行业和电子政务的云解决方案。

10.3　云计算在 3G 环境中的应用实例

业界有谚:“诺基亚在每个人的口袋里放入了一部能上网的手机,微软放入的是一台PC,苹果放入的是一种生活,Google 放入的是一张互联网”。随着 Google 的 Android 智能手机在 3G 终端领域引领的移动互联设备革命性的风潮,它也将其最先进的云计算概念的应用植入到普通消费者的手机当中。本节将介绍 Google 公司的云计算技术及应用实例。

10.3.1　Google 公司的云应用

Google 公司在其云计算技术基础设施之上建立了一系列新型网络应用程序。由于借鉴了异步网络数据传输的 Web 2.0 技术,这些应用程序给予用户全新的界面感受以及更加强大的多用户交互能力。Google 首席执行官 Eric Schmidt 在 Activate 2010 峰会上表示,电子产品正在引领全新的时尚,并成为人们获得新闻信息的主流方式,其中手机产

品成为计算技术发展的重点领域,全世界不少顶级的开发者和开发团队都在从事手机平台的开发工作。而且最关键的是,开发者在开发程序时会首先考虑手机平台,然后才考虑 Windows 和苹果 Mac 等平台。由此可见,Google 的业务重心同样偏向手机互联网。目前计算技术发展趋势包括云计算、网络化和手机互联网。相比之下,手机互联网的增长是与人们的实际生活联系最密切的,因此各大厂商都将重心放在手机互联网上。Google 在手机互联网领域拥有自己独特的优势,并凭借不断增长的 Android 智能手机设备扩大这种优势。

1. Google Docs

Docs 是一个基于 Web 的工具,通过浏览器的方式访问远端大规模的存储与计算服务。它有跟 Microsoft Office 相近的编辑界面,有一套简单、易用的文档权限管理;它还记录下所有用户对文档所做的修改。Google Docs 的这些功能令它非常适用于网上共享与协作编辑文档。Google Docs 甚至可以用于监控责任清晰、目标明确的项目进度。当前,Google Docs 推出了文档编辑、电子表格、幻灯片演示、日程管理等多个功能的编辑模块,能够替代 Microsoft Office 的一部分功能。值得注意的是,通过这种云计算技术方式形成的应用程序非常适合于多个用户共享以及协同编辑,为一个小组的人员进行共同创作带来很大的方便性。在 Google Android 手机终端访问 Google Docs,只需要拥有一个 Google 账户即可。

2. Google AppEngine

Google 应用软件引擎(Google AppEngine,GAE)让开发人员可以编译基于 Python 的应用程序,并可免费使用 Google 的基础设施进行托管(最高存储空间达 500MB)。GAE 被认为是一个开发、托管网络应用程序的平台,同时使用 Google 管理的数据中心,Google 的云计算技术使得 GAE 可以跨越多个服务器和数据中心虚拟化应用程序。此外,用户还可以利用 GAE 工具开发网站或制作网络应用程序,Google 会在自己的庞大服务器集群上为此提供空间、带宽和资源等。

3. Google Drive

Google Drive 支持客户端云端同步,支持文件在不同的计算机和移动设备上自动同步,同时与 Google Docs 深度整合云存储服务,进军云端存储市场,填补了 Chrome OS 走向成熟的一块重要短板。Google Drive Google 云端硬盘提供 5GB 的免费空间,其网页版与 Google Docs(谷歌文档)深度整合,客户端支持 Windows、Mac、iOS 和 Android,用户可以方便地对文件进行分享、查看、编辑与评论。总而言之,Google Drive 尽量将用户所做的事情搬到云端。

10.3.2　Google 的云计算技术

从 2003 年开始,Google 连续几年在计算机系统研究领域的顶级会议与杂志上发表论文,揭示其内部的分布式数据处理方法,向外界展示其使用的云计算核心技术。从论文来看,Google 使用的云计算技术架构包括四个相互独立又紧密结合的系统:Google 建立在集群之上的文件系统 Google File System(GFS)、针对 Google 应用程序的特点提出的 MapReduce 编程模式、分布式的锁机制 Chubby 以及 Google 开发的模型简化的大规模分布式数据库 BigTable,如图 10-4 和图 10-5 所示。

图 10-4　Google 云计算的技术架构

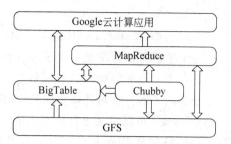

图 10-5　组件调用关系分析

1. Chubby 的作用

- 为 GFS 提供锁服务,选择 Master 节点;记录 Master 的相关描述信息。
- 通过独占锁记录 Chunk Server 的活跃情况。
- 为 BigTable 提供锁服务,记录子表元信息(如子表文件信息、子表分配信息、子表服务器信息)。
- (可能)记录 MapReduce 的任务信息。
- 为第三方提供锁服务与文件存储。

2. GFS 的作用

- 存储 BigTable 的子表文件。
- 为第三方应用提供大尺寸文件存储功能。
- 文件读操作:
  - API 与 Master 通信,获取文件元信息。根据指定的读取位置和读取长度,API 发起并发操作,分别从若干 ChunkServer 上读取数据。
  - API 组装所得数据,返回结果。
- API 与 Master 通信,获取文件元信息。根据指定的读取位置和读取长度,API 发起并发操作,分别从若干 ChunkServer 读取数据。
- API 组装所得数据,返回结果。

3. BigTable 的作用

- 为 Google 云计算应用(或第三方应用)提供数据结构化存储功能。
- 类似于数据库。
- 为应用提供简单数据查询功能(不支持联合查询)。
- 为 MapReduce 提供数据源或数据结果存储。

4. BigTable 的存储与服务请求的响应

- 划分为子表存储,每个子表对应一个子表文件,子表文件存储于 GFS 之上。
- BigTable 通过元数据组织子表。

  Tablet 1:<startRowKey1, endRowKey1>, root\bigtable\tablet1, …

Tablet 2：＜startRowKey2，endRowKey2＞，root\bigtable\tablet2，…

Tablet 3：＜startRowKey3，endRowKey3＞，root\bigtable\tablet3，…

Tablet 4：＜startRowKey4，endRowKey4＞，root\bigtable\tablet4，…

- 每个子表都被分配给一个子表服务器。
- 一个子表服务器可同时分配多个子表。
- 子表服务器负责对外提供服务，响应查询请求。

虽然 Google 可以说是云计算技术的最大实践者，但是 Google 的云计算技术平台是私有的环境，特别是 Google 的云计算技术基础设施还没有开放。除了开放有限的应用程序接口，例如 GWT(Google Web Toolkit)以及 Google Map API 等，Google 并没有将云计算技术的内部基础设施共享给外部的用户使用。上述所有基础设施都是私有的。幸运的是，Google 公开了其内部集群计算环境的一部分技术，使得全球技术开发人员能够根据这一部分文档构建开源的大规模数据处理云计算技术基础设施，其中最知名的项目即 Apache 旗下的 Hadoop 项目。

10.3.3　Android 平台下的 Google 云计算应用实例

随着 3G 网络时代的到来，移动网络速度大大提升，从而使得云端应用软件的需求量越来越大。"云"无论如何"飘"必须"落地"，即必须有移动终端设备和相应的软件支持。Android 就是一种能够将可移植设备与强大的服务器互为补充的操作系统。在 Android 平台中，"云端"应用的例子很多，如 Android 系统预装的 Gmail(见图 10-6)、日历和 Google Map 等。

本节通过一个基于 Android 系统的天气信息查询案例，介绍云和端的应用技术。本节实例要实现的基本功能是：软件启动后进入初始画面，显示中国主要城市名称列表，如图 10-7 所示。

图 10-6　Gmail

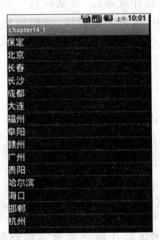

图 10-7　天气查询系统界面

当用户触摸其中一个城市后，弹出一个对话框，其中列出该城市当天及未来 4 天的天气信息，如图 10-8 所示。

本例的需求用例图如图 10-9 所示。

要实现这个 Android 天气信息查询案例,涉及的问题有以下几个。

图 10-8　天气信息

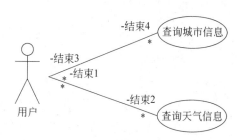

图 10-9　需求用例图

（1）UI 部分。该系统采用的 UI 控件主要是 ListView 控件。

（2）从哪里获得这些数据：也就是信息数据的来源。这里的信息分为中国主要城市名称和某个城市当前的天气信息两部分。后者与其他 Android 数据库应用系统略有不同,这里的某个城市当前天气信息是不可能从本地手机数据库中获得的。道理很简单,就是这些数据是实时动态变化的,是无法预知的,只能从"别人"那里获得。这里的"别人"就是常说的"云计算"中的"云"。"云"能够按需求提供给用户所需的数据。在案例中,使用 Google 公司提供的天气信息服务。对于前者而言,由于这些数据是固定的,因此可以把数据硬编码到程序中或者放到手机端的数据库中。本案例中,数据的来源是 Google 公司提供的世界城市信息服务。

（3）采用什么技术获得：解决这个问题的关键是使用什么样的"云"（服务器端）。由于上述两个 Google 服务都采用 HTTP 协议,因此采用 Java 的一些支持 HTTP 协议的网络通信技术。除了 HTTP 协议,还有很多技术可以使用,例如 Socket 和 Web Service 等,但是都依赖于"云"开放什么形式的 API。

（4）获得数据后如何解析：这个问题也依赖于使用的"云"。一般而言,"云"提供多种形式的数据,以满足不同用户的需求。本例采用的两个 Google 服务返回的数据格式有 JSON 和 XML,可以针对这些格式采用不同的技术来解析。云与端的应用技术主要是网络通信。

本 章 小 结

本章从云计算的概念入手,阐述云计算技术基本架构和关键技术,及其在 3G 移动互联网中的作用;并介绍了部分国内 3G 运营商的云计算应用部署和 Google 云计算应用实例。通过实例,分析、说明云计算技术对 3G 移动互联的促进和对未来移动互联网的重要作用。

第四篇

展 望 篇

■ 4G 通信技术基础
■ 5G 技术初探

第11章

4G 通信技术基础

"4G"是业界对第四代移动通信的通俗叫法,国际电信联盟的官方称法是"IMT-Advanced"。4G 技术不同于 3G 技术的一个明显特征是,4G 技术由于传输速率大幅提高,能引入高质量的视频通信,将被广泛地应用于人们生活和经济建设的方方面面。本章将概述 4G 技术的相关知识,阐述 4G 发展现状与展望。第四代移动通信可以在不同的固定、无线平台和跨越不同频带的网络中提供无线服务,可以在任何地方用宽带接入互联网(包括卫星通信和平流层通信),能够提供定位定时、数据采集、远程控制等综合功能。未来 5 年移动通信技术的最大热点将是 4G 和 3D,其 100Mb/s 的速度让手机成为真正的移动多媒体终端。

本章主要内容

- 4G 通信技术概述;
- 4G 通信关键技术;
- 4G 通信系统标准;
- 4G 通信技术应用;
- 4G 通信主要问题。

11.1 4G 通信技术概述

4G 研究的最初目的就是提高蜂窝电话和其他移动装置无线访问网络的速率,使其理论上能以 100M 的速度下载,以 20M 的速度上传。从目前全球范围 4G 网络测试和运行的结果看,4G 网络速度大致可比 3G 网络速度快 10 倍,意味着能够传输高质量的视频图像,与高清晰度电视不相上下。

网络频谱宽带运营商在 3G 通信网络的基础上进行了大幅度的改造和研究,以求 4G 网络在通信带宽上比 3G 网络的蜂窝系统高出许多,预计相当于 3G 网络的 20 倍。

3G 移动通信系统主要是以 CDMA 为核心技术,4G 则以正交多任务分频技术(OFDM)最受瞩目,利用这种技术可以实现如无线区域环路(WLL)、数字音讯广播(DAB)等方面的无线通信增值服务。

4G 不再局限于电信行业,还可以应用于金融、医疗、教育、交通等行业,使局域网、互联网、电信网、广播网、卫星网等能够融为一体,组成一个通播网,无论使用什么终端,都可享受高品质的信息服务,向宽带无线化和无线宽带化演进。

11.2 4G 通信关键技术

目前的 4G 系统处于研究起步阶段,但有网络融合的趋势,如图 11-1 所示。图中的固定无线接入、WLAN 接入、卫星通信系统、GSM 等 2G 通信系统、3G 通信系统、蓝牙技术接入、数字音频/视频广播以及其他新的接入系统都将接入全 IP 核心网。"全 IP 核心网"包括从 IP 骨干传输层到控制层、应用层的一个整体。未来的无线基站将具备通过 IP 协议直接接入"全 IP 核心网"的能力,2G 移动通信系统原有的交换中心 MSC、归属位置寄存器 HLR、鉴权中心 AUC 等网元的主要功能都将由 4G 网络上的服务器或数据库实现,信令网上的各层协议也将逐渐被 IP 协议取代。整个网络将从过去的垂直树型结构演变为分布式的路由结构,业务的差异性将体现在接入层面。在 4G 通信系统中采用的关键技术包括 OFDM、软件无线电、智能天线、MIMO、基于 IP 的核心网等,下面分别讨论。

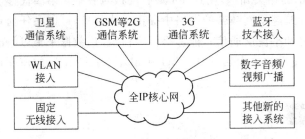

图 11-1 4G 通信系统网络组成示意图

11.2.1 正交频分复用技术

第四代移动通信以正交频分复用(Orthogonal Frequency Division Multiplexing,OFDM)为核心技术。OFDM 技术是多载波调制技术(MCM)中的一种,其主要思想是:将信道分成若干正交子信道,将高速数据信号转换成并行的低速子数据流,调制在每个子信道上传输。其优点是:频谱效率比串行系统高,抗衰落能力强,适合高速数据传输,抗码间干扰(ISI)能力强。

11.2.2 软件无线电技术

软件无线电(Software Defined Radio,SDR)可以将不同形式的通信技术联系在一起。软件无线电技术的基本思想是:将模拟信号的数字化过程尽可能地接近天线,即将 A/D 和 D/A 转换器尽可能地靠近 RF 前端,利用 DSP 技术进行信道分离、调制解调和信道编译码等工作。SDR 通过建立一个能运行各种软件系统的高弹性软、硬体系统平台,实现多通路、多层次和多模式的无线通信,使不同系统和平台之间的通信兼容,因此是实现"无疆界网络"世界的技术平台。

11.2.3 智能天线技术

智能天线(Smart Antenna,SA)也叫自适应阵列天线,由天线阵、波束形成网络、波束形成算法三部分组成。SA 通过满足某种准则的算法去调节各阵元信号的加权幅度和相位,从而调节天线阵列的方向图形状,达到增强所需信号抑制干扰信号的目的,如图 11-2 所示。图 11-2 左边反映的是利用智能天线实现对用户的跟踪过程,图中右边反映的是利用智能天线的多天线技术实现空分多路接入。SA 具有抑制信号干扰、自动跟踪以及数字波束调节等智能功能,被认为是解决频率资源匮乏、有效提升系统容量、提高通信传输速率和确保通信品质的有效途径。

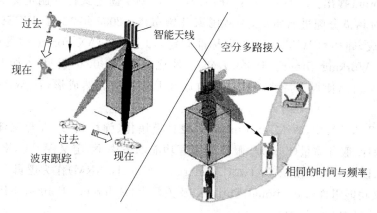

图 11-2　智能天线的功能

11.2.4　MIMO 技术

MIMO(Multiple Input Multiple Output,多输入多输出)技术采用在发射端和接收端分别设置多副发射天线和接收天线,通过多发送天线与多接收天线相结合来改善每个用户的通信质量或提高通信效率。利用 MIMO 信道成倍地提高无线信道容量,在不增加带宽和天线的情况下发送信号。

11.2.5　基于 IP 的核心网

4G 的核心网是一个基于全 IP 的网络,可以实现不同网络间的无缝互联。核心网独立于各种具体的无线接入方案,提供端到端的 IP 业务,能同已有的核心网和 PSTN 兼容。4G 的核心网具有开放结构,允许各种空中接口接入核心网;同时,核心网把业务、控制和传输等分开。采用 IP 后,所采用的无线接入方式和协议与核心网络协议、链路层分离、独立。IP 与多种无线接入协议相兼容,因此在设计核心网络时具有很大的灵活性,不需要考虑无线接入究竟采用何种方式和协议。由于 IPv4 地址几近枯竭,4G 将采用 128 位地址长度的 IPv6,地址空间增大了 296 倍,几乎可以不受限制地提供地址。IPv6 的另一个特性是支持自动控制,支持无状态和有状态两种地址自动配置方式。在无状态地址自动配置方式下,需要配置地址的节点,使用邻居发现机制获得局部链接地址,一旦得到地址,通过即插即用机制,在没有任何外界干预的情况下,获得全球唯一的路由地址。有状态配置机制需要一台额外的服务器对 DHCP 协议进行改进和扩展,使得网络的管理方便、快捷。此外,IPv6 技术还有服务质量优越、移动性能好、安全保密性好的特性。

11.3　4G 通信系统标准

11.3.1　移动 WiMAX(802.16e)

移动 WiMAX 全名为 Worldwide Interoperability for Microwave Access,于 2001 年 6 月由 WiMax Forum 提出。2004 年 6 月,IEEE 802.16-2004 固定式标准制定完成,并于世界各国开始针对频谱分配进行审核,一些国家开始布建。2005 年 12 月,IEEE802.16e-2005 标准制定完成,即移动 WiMAX。随着标准制定,加上 WiMAX Forum 中的网络工作群组(Network Working Group)于 2007 年 3 月底完成 1.0.0 版网络架构(Network Architecture)文件,使得支持移动性功能的宽带无线网络俨然成形,让 WiMAX 技术向移动式迈进。

在移动 WiMAX 中,WiMAX Forum 在兼具模块化、弹性、扩展性与延伸性,并满足安全性、移动性、服务质量(QoS)与服务应用等功能的考虑下,定义 WiMAX 端对端的网络系统架构,以网络关联模块(Network Reference Model,NRM)作为逻辑上的呈现。在 NRM 中定义功能组件(Functional Entities)及关联点(Reference Points,RP),功能组件借由关联点达成交互式的沟通。

功能组件包括客户端(SS/MS)、存取服务网络(Access Service Network,ASN)及连接服务网络(Connectivity Service Network,CSN),基准关联点 R1~R5 分别描述各组件间的通信协议与程序,客户端通过 ASN 或 CSN 享受无线宽带服务或与另一客户端通信。CSN 大多属于电信系统提供的 IP 网络,分别与使用者认证服务器(AAA Server)、网络管理系统(Network Management System,NMS)、Foreign Agent(FA)及 Home Agent(HA)等系统间接提供相关功能。内部实体组件不在 WiMAX 论坛的定义范围内。

ASN 内部包括 ASN-Gateway 以及基地台两种实体组件。基地台具备完整的802.16 标准 WiMAX MAC 与 PHY 的能力,通过单点对多点的模式与建构在企业和住家中的客户端通信,负责无线资源配置,与 ASN-Gateway 通信和传输数据的重要任务。ASN-Gateway 由多个控制功能组成,负责监控与命令所属基地台、ASN 内部封包的转送,以及与 CSN 和其他 ASN 之间的连接与沟通,也可能具有备用或平衡负载的能力。

另一方面,802.16e-2005 与 802.16-2004 相同,仍然提供 SC、SCa、OFDM 以及OFDMA 四种实体层的选择。不过 WiMAX Forum 选择的主要实体层技术不同于固定式 WiMAX 采用的 OFDM 技术,改采用 OFDMA 的实体层作为移动式 WiMAX 的主要方案。同时,为强化移动式 WiMAX 性能,将标准中的选择性功能增列为必要,并且规划于 Wave 2 的测试项目,例如 AAS(Adaptive Antenna System)、MIMO 及 HARQ 等。

目前 WiMAX 技术的标准化及商用化进程均出现重大突破,支持移动性功能的802.16e-2005 标准已逐步修改完善,并成为主导,配合正在制定中支持移动性功能的802.16j 无线中继站标准(Multi-hop Relay,MR),大大增强了移动式 WiMAX 网络的布建优势;位于产业链前端的芯片研发发展迅速,目前已有 Intel、意法半导体、Runcom、Beceem、Picochip 及 Sequans 等公司陆续提供支持 802.16e-2005 的 OFDMA 技术芯片组,且大部分芯片组都将支持 MIMO 及 AAS 技术。

值得注意的是,MIMO 及 OFDMA 是其重要发展趋势。MIMO 技术的核心概念主要是利用多根发射天线与多根接收天线提供的多重传输途径,提升传输速率与改善通信质量。与传统的 AAS 天线相比,不仅传输速度增加,成本也大幅下降。OFDMA 是指同时利用多个窄频传送数字信号之技术,可同时支持多个使用者传输数据,有利于多媒体数据传输,使无线传输流量更大、更快速。除此之外,OFDM 技术能有效抑制无线信号经 NLOS 路径传输时,因多径因素产生的干扰问题,因此对 WiMAX 来说,使用 MIMO-OFDMA 技术,将有助于 WiMAX 的通信质量达到未来 4G 要求的"优质、宽带、高速、高频谱效率"。

11.3.2 LTE

LTE 全名是 Long Term Evolution,是由 3GPP 组织制定的标准,是与 GSM、GPRS、EDGE、WCDMA、HSDPA、HSUPA、MBMS 一脉相承的技术体系,符合 3GPP Release 8 技术规范。LTE 的研究项目(study item)于 2004 年底在 3GPP 中提出,当时的目标和关键特性还不是很清楚,争论比较多,但在 2005 年 6 月的魁北克会议上最终确立了系统目标(requirement),LTE 的概念正式确立。

LTE 标准的发展过程分为研究项目(study item)和工作项目(work item)两个阶段。

- 研究项目(study item)阶段在 2006 年中结束,主要完成目标需求的定义,明确 LTE 的概念等;然后,征集候选技术提案,并对技术提案进行评估,确定其是否符合目标需求。对有可能融合的提案进行讨论,甚至还可能对某些技术的优越性进行辩论,最终选择出适合未来 LTE 的技术方案。
- LTE 在技术提案征集上有 6 个选项,按照双工方式,分为 FDD 和 TDD 两种;按照无线链路的调制方式或多址方式,分为 CDMA 及 OFDMA 两种。

随着 LTE 标准化工作不断推进,业界提出了 WCDMA、TD-SCDMA 等现有 3G 技术标准向 LTE 演进的明确路线。

1) WCDMA→LTE 演进路线

从 WCDMA 向 LTE 演进,首先是实现 HSDPA(P1),上行和下行速率分别达到 1.8Mb/s 和 3.6Mb/s。HSDPA(P1)技术在 2005 年开始商用,2006 年进入大规模商用部署阶段;其后,实现 HSDPA(P2)和 HSUPA,上行和下行速率分别达到 8Mb/s 和 14.4Mb/s,商用时间为 2007—2008 年。1tSPA+是 HSDPA(P2)和 HSUPA 技术向 LTE 的中间过渡方案,其上行和下行速率分别达到 10Mb/s 和 40Mb/s,并开始采用 OFDM 技术,其商用时间为 2008—2010 年。最后从 HSPA+演进到 LTE。

2) TD-SCDMA→LTE 演进路线

从 TD-SCDMA 向 LTE 演进,首先是在 TD-SCDMA 的基础上采用单载波 HSDPA 技术,速率达到 2.8Mb/s;其后,采用多载波的 HSDPA,速率达到 7.2Mb/s;到 HSPA+阶段,速率将超过 10Mb/s,并继续逐步提高其上行接入能力。最终在 2010 年之后,从 HSPA+演进到 LTE。

业界对于演进路线还存在争议,主要的争议点在于是否需要经历 HSPA+这样一个阶段来过渡到 LTE。有一部分厂商认为不必经历 HSPA＋，直接从 HSPA 升级到 LTE。

由此可知，LTE 的规划目标是下行传输速率达 100Mb/s 以上，上行传输速率 50Mb/s，足以与现在的 WiMAX 及 ADSL 相提并论，尤其在存取时间、频谱效率及数据传输量方面都有改善，网络投资成本因此降低。目前国际电信设备大厂与电信业者均积极布局LTE，其中 Ericsson、Nokia-Siemens、Nortel Networks 及 LG 电子都已公开展示，日本 NTT DoCoMo 与 NEC、Fujitsu、Panasonic 及 Motorola 合作开发 LTE 系统；由 Alcatel-Lucent、Ericsson、Nokia-Siemens、Nortel Networks、Orange、T-Mobile 及 Vodafone 联手发起的 LTE/SAE Initiative，是业界第一个推动 LTE 的正式组织。

11.3.3 UMB

UMB(Ultra Mobile Broadband) 是 CDMA 2000 系列标准的演进升级版本，可以在 1.25MHz 和 20MHz 间以约 150kHz 的频率增量灵活部署，支持频段包括 450MHz、700MHz、850MHz、1700MHz、1900MHz、1700/2100MHz、1900/2100MHz（IMT）和 2500MHz(3G 扩展频段)，主要由 CDMA 业界主导，可以与现有的 CDMA 2000 1X 和 1xEV-DO 系统兼容，但在数据传输速率、延迟性、覆盖度、移动能力及布建弹性等方面更具优势。

UMB 是 CDMA 2000 标准家族中的最新成员，属于 OFDMA 解决方案；该标准使用先进的控制与信令机制、无线电资源管理(RRM)、适应性反向链路(RL)干扰管理和先进的天线技术，如 MIMO、SDMA 和波束形成技术。UMB 解决方案提供先进的移动宽带服务，在频谱的一端提供经济、低潜伏时间的语音业务，在另一端提供潜伏时间敏感、宽带的数据通信。

为支持普遍存在和流行的接入，UMB 支持不同技术间的接入切换功能和与现有 CDMA 2000 1X 和 1xEV-DO 系统的无缝操作。

另外，UMB 能够带来更大的频宽、频段和波段选择范围，以及网络的可升级性和灵活性，并能使纯 IP 以及各类可变包长的数据传输速度达到比目前商用系统更高的数量级，从根本上提高用户体验和增强运营商的赢利能力。

UMB 主要由高通公司主导，CDMA 发展组织(CDG)3GPP2 计划公布 UMB 空中界面规范 3GPP2 C.S0084-0v2.0，预计 UMB 规范将被 3GPP2 组织伙伴迅速转化成官方的全球标准，其中包括日本的无线电工业及商业委员会（ARIB）、中国通信标准化协会（CCSA）、美国通信行业协会（TIA）、韩国电信技术协会（TTA）和日本电信技术委员会（TTC）。

11.4 4G 通信技术应用

4G 凭借其强大的技术优势，应用领域十分广泛，目前主要有以下几方面。

1. 实时移动视频

如今许多智能手机都配有高级摄像头，把视频应用引入移动网络已不足为奇。在初期，人们只是简单地用 Apple 的 iPhone 或者使用基于 Google Android 系统的设备上传视频。也有专业的应用提供者,如 QiK,提供支持手机到互联网的在线视频流服务,理论上可以把任何带着智能手机的人立刻变成现场新闻记者。

尽管这样的服务不会吸引所有的人,但专业的广播团队一定会在 4G 服务可用后转而用之。至少在理论上,正在建设的 4G 网络 WiMAX 和 LTE 比卫星的 Trunk(端口汇聚)处理广播级品质数据的成本更低且更快。开发者诺曼创新公司提供的基于 WiMAX 的调制解调器可以安装在专业的摄像机后部,这样就不需要现场有卫星连线了。

终端上自带前置摄像头的产品,如三星的新型 MID,Mondi 和即将推出的 HTC EVO 4G(这两款产品都支持 Clearwire 或 Sprint 的 WiMAX 网络)预示了使用 Skype 或 OoVoo 等服务的个人视频会议的蓬勃发展。由于 Verizon 近来在其终端上支持了 Skype,更多的人将有可能使用这个流行的 VoIP 工具中的视频功能。

2. 在线游戏

从长期来看,在线玩家有可能是 4G WiFi 路由器的最大用户群,如 Sprint 的 Overdrive 和 Clearwire 的 Clear Spot 就是通过使用小型 WiFi 网络快速接收 4G 信号,然后将其转到游戏终端。大部分的游戏平台都支持 WiFi 连接,可以很容易地使用便携式调制解调器与 5～8 个(视购买的调制解调器而定)不同的设备分享 4G 连接。

在一些服务,如使用微软的 Xbox Live 上使用便携式的"口袋站点"路由器可以"玩转"临时的游戏聚会,这是一个明显应用 4G 网络优势的方式。同时,4G 网络对潜伏期的改善也是专门为在线游戏定制的,因为对于在线游戏玩家来说,更快的网络响应速度意味着生死(虚拟的)差异。Sprint HTC EVO 4G WiMax 手机内装了 WiFi 路由器,它可以支持 8 个额外的设备,使得此款手机可以用做便携式宽带集线器来聚集游戏玩家。

3. 基于云计算的应用

使用扩容的 4G 网络使得云计算比今天更加吸引人,尤其是对企业里的专业人员来说,他们需要接入网上交易频繁的应用,如 Salesforce.com 的 CRM 平台和很多实时合作平台。如果从"云"到移动设备的宽带传输的管道变大 10 倍,云服务对于移动用户来说,其在可靠性、功能性和安全性方面都会有显著的改善。

目前,很多大学已经在探索更多的能把 4G 网络和便携电脑或平板电脑,如 Apple 的 iPad,进行融合的方法,以取代实物教科书。杂志和报纸出版社希望通过 4G 连接和新产品的设计(如 iPad),使得他们对提供更多元素如视频和图片的高级内容收费,这就要求比 3G 连接更快的宽带连接,以用于为电子书阅读器,如 Amazon 的 Kindle 上传数字书籍。

4. 应用增强现实技术导航

有了 4G 网络更好的带宽,导航应用的提供商们开始探索"现实技术"这个想法。使用这个技术设备,可以使用电话的实时摄像头提供实时的视频数据和它的位置或 GPS 信息。终端用户获益范围从适度到极强。例如,想象一个可以有 4G 功能的头盔放映一幢大楼建筑图到消防员的面罩上,帮助他们在充满烟雾的大楼里面找到通路。增强现实导航技术可能在车载系统中更加流行和得到广泛的应用,如福特的 Sync 和通用的 OnStar 中。在车载系统中,可以将增强现实技术应用和显示、天线、GPS 系统和车内供电系统更好的集成。

5. 4G 在公交系统中的应用

2013 年 5 月,苏州移动开启"4G 进公交"体验之旅,意味着苏州即将踏入 4G 时代。图 11-3 所示为公交车司机在车内贴提示公告,告诉乘客该公交车引入了 4G 服务。江苏移动已经完成 2 万个、覆盖全省 13 个地级市的(TD-LTE)4G 网络站点建设。苏州作为省内的经济发达城市,4G 网络的规划建设工作紧锣密鼓地展开。苏州移动新建两千余个基站,约 800 个室内覆盖系统,覆盖 637km² 的数据热点区域,已实现全面覆盖数据业务热点至县城。

图 11-3　4G 公交系统应用

6. 4G 手机 NFC 应用

NFC 作为中国移动近期推出的最新技术,已被三星、HTC、中兴、华为、小米等很多手机厂商应用,正逐步成为手机标配。中国移动将 NFC 手机钱包作为重点业务,加快在全国范围内的规模化推广,全年计划销售 NFC 终端超过千万台。手机 NFC 在今后的支付和验证领域有广阔的市场前景,将融入市民的日常起居。智慧门禁安全出入,自动售货机、超市购物、公交刷卡轻松简单,以前出门要拿的钥匙和零钱都集合在一部 NFC 手机内,如图 11-4 所示。

图 11-4　4G 手机 NFC 应用

7. 4G 移动远程医疗系统应用

在 FCC(联邦通信委员会)为它所提倡的独立 4G 网络破土动工第一批响应站之前,就可以看到当地警察局、消防局和医疗机构把大笔的投资用于 4G 系统建设,其旨在提供更快、更好且更廉价的医疗和紧急救援。

网络巨人 Cisco 和服务提供商 AT&T 已经在为卫生保健应用开发独特的工具和服务,使用 4G 网络的能力来迅速传输大文件(如 X 光片),为医生远程监督和指导提供互动视频。4G 部署的繁荣发展(相继会带来成本降低)也会使得农村社区更加容易建设远程医疗中心,医生可以通过视频会议为病患"看"病。

2014 年 8 月,深圳移动携手深圳市罗湖人民医院,创新利用 TD-LTE 技术提速诊疗服务三大阶段,让医护人员诊治更高效,患者足不出户也可求医问诊,有效缓解"看病难"问题,为全国医疗行业应用提速增效带来科技之光。护士通过 4G 终端设备扫描二维码,便可查看医生给病人开的处方信息,出院后的病人在家中也可以与专家进行高清视频问诊。

针对医院在诊疗服务的看病前、看病中、看病后三大阶段,深圳移动充分利用我国主导的国际 4G 标准 TD-LTE 技术的无线性、高速率、实时性等特点,让烦琐的环节变得简化,让远程的诊疗变成咫尺,为医护人员和患者提供便利。

在看病前,医护人员借助 4G 网络服务,通过 HIS 系统将病人的病历、病史以及监测的信息进行数字化存储,降低了数据录入成本。在看病中,医生采用 4G 终端上的专用 APN 产品即可查看患者信息,实现移动巡房服务,以便更快地进行诊断。医生诊断后,护士通过 4G 终端扫描二维码,查看处方信息、检验结果和检验图片,并直接通过 4G 终端为病人开药。在看病后,病人可在家中通过网络与专家进行高清视频问诊,并由医生即时更新病人信息,以减少医疗差错。

除了个人应用,信息化应用前景更加广阔。4G 时代可以彻底解决终端和云端之间数据交换问题,基于大数据和云计算的应用将得到解放。未来多种传感器能够快速地把各种各样的数据传到云端,并在云端完成数据运算,同步到所有的终端,对视频监控、电子商务、物流业产生深刻影响。4G 还可以广泛用于交通管理、公共安全等领域的 4G 直升机航拍,以及 4G 行政执法、远程救护、家庭安防、VGO 机器人等新应用。4G 可广泛用于交通管理、旅游景区宣传、公共安全等行业。此外,4G 对可传感性设备的支撑无与伦比,例如,未来的温度计贴在身上后,可以以秒为单位,记录全身体温的变化;同时,所有的数据,包括位置信息都能很好地传递到云端。这不仅对婴幼儿和孕妇会有非常大的帮助,对整个公共医疗系统也是巨大利好。

11.5　4G 通信主要问题

对于人们来说,未来的 4G 通信的确显得很神秘,不少人都认为第四代无线通信网络系统是人类有史以来发明的最复杂的技术系统。的确,第四代无线通信网络在具体实施的过程中出现了大量令人头痛的技术问题,且大多和互联网有关,需要花费好几年的时间才能解决。总的来说,要顺利、全面地实施 4G 通信,可能遇到下面一些困难。

1. 建站难,协同问题多

4G 网络建设初期,造成网速不理想,用户体验不佳的原因多种多样,包括网络建设速度、优化力度、产业链成熟度以及 4G 技术自身等。为被业内专家关注并提及最多的有两点,即建站难和与现网协同发展问题多。LTE 是个同频系统,对网络结构要求很高。原来 2G、3G 的站点不能完全用于 LTE 网络建设。

另外,用于 LTE 的频段损耗比较大,在大城市特别密集的区域,传播条件较恶劣,而对容量的需求很高,也是站址选择难度最大的地方。

与此同时,4G 的频谱特性决定了网络需要更多的站址资源,如何减少站址的数量,降低站址条件要求,是设备供应商面临的核心难题,其中包括室内深度覆盖、城市热点容量、交通线路覆盖甚至农村无线覆盖等。

另一方面，LTE 是一个以数据业务为主的技术，没有 CS 域，对语音的支持只能采用 VoLTE 方式，但网络建设和终端普及都需要一个过程，这中间涉及核心网如何改造升级等问题。数据业务本身也面临如何与现有网络实现均衡和切换等实际问题。

2. 标准难以统一

虽然从理论上讲，3G 手机用户在全球范围都可以实现移动通信，但是由于没有统一的国际标准，各种移动通信系统互不兼容，给手机用户带来诸多不便。因此，开发第四代移动通信系统，必须首先解决通信制式等需要全球统一的标准化问题，世界各大通信厂商对此一直争论不休。

3. 技术难以实现

据研究这项技术的开发人员而言，要实现 4G 通信的下载速度还面临一系列技术问题。例如，如何保证楼区、山区及其他有障碍物等易受影响地区的信号强度等问题。日本 DoCoMo 公司表示，为了解决这一问题，公司会测试不同编码技术和传输技术。另外，在移交方面存在的技术问题，使手机很容易在从一个基站的覆盖区域进入另一个基站的覆盖区域时和网络失去联系。由于第四代无线通信网络的架构相当复杂，这一问题格外突出。

4. 容量受到限制

人们对未来 4G 通信的印象，最深的莫过于其传输速度得到极大提升。从理论上说，所谓的每秒 100MB 的带宽速度，比 2009 年最新手机信息传输速度每秒 10KB 快 1 万多倍，但手机的速度受到通信系统容量的限制。若系统容量有限，手机用户越多，速度越慢。据有关专家分析，4G 手机很难达到其理论速度。

5. 市场难以消化

有专家预测，在 10 年以后，第三代移动通信的多媒体服务进入第三个发展阶段，此时覆盖全球的 3G 网络基本建成，全球 25% 以上人口使用第三代移动通信系统，第三代技术仍然缓慢地进入市场。到那时，整个行业正在消化、吸收第三代技术，对于第四代移动通信系统的接受还需要一个过渡的过程。另外，在过渡过程中，如果 4G 通信因为系统或终端的短缺而导致延迟的话，那么，号称 5G 的技术随时都有可能威胁到 4G 的赢利计划，此时 4G 漫长的投资回收和赢利计划会变得异常脆弱。

6. 设施难以更新

在部署 4G 系统之前，覆盖全球的大部分无线基础设施都是基于第三代移动通信系统建立的，如果要向第四代通信技术转移，许多无线基础设施都需要大量的变化和更新，势必减缓 4G 通信技术全面进入市场和占领市场的速度。而且到那时，必须要求 3G 通信终端升级到能进行更高速数据传输及支持 4G 通信各项数据业务的 4G 终端。也就是说，4G 通信终端要能在 4G 通信网络建成后及时提供，不能滞后于网络建设。但根据某些事实来看，在 4G 通信技术全面进入商用之日算起的两三年后，消费者才有望用上性能稳定的 4G 通信手机。

本 章 小 结

本章主要介绍了 4G 通信技术的概念、技术、标准、应用以及未来可能出现的问题,其中着重介绍了 4G 通信中的行业标准、规范以及相关核心技术,同时结合目前已有和未来可能的 4G 应用,对 4G 的发展进行了展望。

第12章

5G 技术初探

WiFi 现在存在热点太少、网络拥堵、经常掉线、信号太弱等不足。在候机大厅、繁华的商业中心等人流密集的公共场所，WiFi 简直形同虚设，问题重重。WiFi 联盟在 2011 年 9 月统计，联盟成员企业目前有 450 家，WiFi 全球用户超过 10 亿，具有 WiFi 认证的产品发货总量超 20 亿件，平均每年开发 200 万件产品。与此同时，上网需求发生变化，收发邮件、浏览网站只是最基本的，人们希望看电影、玩游戏、听音乐，以及处理各种数据。但目前全球最快的 WiFi 传输速度仅为 300Mb/s(少数可以达到 600Mb/s)，相当于每秒只能传输约 36MB 的内容。在人们只利用它来看网站、处理邮件的年代，这没什么问题。但到了今天，面对越来越复杂的使用需求，旧的技术标准捉襟见肘。因为这原本只是一条预计通行小轿车的公路，却忽然涌进了客车和大型货车，并且数量越来越多。本章针对这样的现状引入了 5G 系统，对 5G 系统进行概述，探讨其发展历程，分析其技术特点。

> **本章主要内容**
>
> - 高频段传输；
> - 新型多天线传输；
> - 同时同频全双工；
> - D2D 技术；
> - 密集网络；
> - 新型网络架构。

12.1 5G 系统概述

5G(5th-Generation)是第五代移动通信技术的简称，目前还没有具体标准。不过有消息报道，韩国成功研发第五代移动通信技术，手机在利用该技术后，无线下载速度达到每秒 3.6GB。这一新的通信技术名为 Nomadic Local Area Wireless Access，简称 NoLA。韩国电子通信研究院的专家称，NoLA 可作为铺设 5G 网络的基础技术。使用 NoLA 技术可实现每秒 1GB 下载速度，下载一部 DVD 格式标准电影只需要几秒时间。第四代技术标准确立后，NoLA 有望用于家庭网络及其他移动通信终端。

5G WiFi——第五代 WiFi 解决的就是这样的问题。它将传输速度提升到 1Gb/s，每秒传输约 125MB 的内容。以对传输带宽要求最高的高清电影为例，一部高清电影每秒的数据流通常在 30～45MB 之间，甚至更高。5G WiFi 不仅满足传输条件，多部高清电影的传输也不是问题,同时意味着它可以容纳更多用户,不至于因数量过多而产生拥堵。之所以被称为第五代标准,因为它是在美国 IEEE 无线互联局域网标准 802.11 中第五个推出的,被命名为 802.11ac。

就速度和覆盖面来讲,同现在的解决方案相比,5G 网络将提供更多。新标准预计将无线区域容量提升至 1000,并提供 10～100 倍的当前数据传输率。能量消耗也占据重要角色,将该区域的能耗降低 90%,是 5G 标准的目标之一。

在全球民用无线网络中,常用发射和接收信号的频段是 2.4GHz,其次是 5GHz。信号频段越高,WiFi 芯片的工作频段越高,制造工艺越复杂。1997 年,当第一代 WiFi 标准出现的时候,受到工艺和成本的限制,芯片的工作频率只能固定在 2.4GHz,最高传输速率只有 2Mb/s,相当于每秒只能传输约 0.016MB 的内容——在最开始的时候,WiFi 只是一条羊肠小道。但它很快变成了公路,随后出现的 802.11a、802.11b、802.11g、802.11n 等版本的标准,速度越来越快。比如,2004 年推出的 802.11n 比之前的 802.11g 快了 10 倍,比更早的 802.11b 快 50 倍,覆盖范围更广。尽管 WiFi 芯片的传输速度像坐着直升机一路增长,还是无法赶上人们的需求。

新的 5G WiFi,也就是 802.11ac,采用工作频率 5GHz 的芯片,能同时覆盖 5GHz 和 2.4GHz 两大频段。除了更快,它还能改善无线信号覆盖范围小的问题,虽然 5GHz 比 2.4GHz 更难直接绕过障碍物,但由于覆盖范围更大,考虑到信号会产生折射,新标准更容易使各个角落都能收到信号;新标准的另一大优点是节能,电力使用效率是前一代的 6 倍。由于同一时间传送的内容多了,设备能更快地进入低功率省电模式。更快速的通过能力、更全面的覆盖范围,让 5G WiFi 成为名副其实的信息高速公路。在移动互联网终端大行其道的今天,这意味着这张网络在未来有更多可能。

12.2　5G WiFi 的技术特点

1. 高频段传输

移动通信传统工作频段主要集中在 3GHz 以下,使得频谱资源十分拥挤。在高频段(如毫米波、厘米波频段),可用频谱资源丰富,能够有效缓解频谱资源紧张的现状,实现极高速短距离通信,支持 5G 容量和传输速率等方面的需求。

高频段在移动通信中的应用是未来的发展趋势,业界对此高度关注。足够量的可用带宽、小型化的天线和设备、较高的天线增益是高频段毫米波移动通信的主要优点,但存在传输距离短、穿透和绕射能力差、容易受气候环境影响等缺点。射频器件、系统设计等方面的问题有待进一步研究和解决。

监测中心目前正在积极开展高频段需求研究以及潜在候选频段的遴选工作。高频段资源虽然目前较为丰富,但是仍需要科学规划,统筹兼顾,使宝贵的频谱资源得到最优配置。

2. 新型多天线传输

多天线技术经历了从无源到有源,从二维(2D)到三维(3D),从高阶 MIMO 到大规模阵列的发展,将实现频谱效率提升数十倍,甚至更高,是目前 5G 技术重要的研究方向之一。

由于引入了有源天线阵列,基站侧可支持的协作天线数量将达到 128 根。此外,原来的 2D 天线阵列拓展为 3D 天线阵列,形成新颖的 3D-MIMO 技术,支持多用户波束智能型,减少用户间干扰,结合高频段毫米波技术,将进一步改善无线信号覆盖性能。

目前研究人员针对大规模天线信道测量与建模、阵列设计与校准、导频信道、码本及反馈机制等问题进行研究,未来将支持更多的用户空分多址(SDMA),显著降低发射功率,实现绿色节能,提升覆盖能力。

3. 同时同频全双工

最近几年,同时同频全双工技术吸引了业界的注意力。利用该技术,在相同的频谱上,通信的收发双方同时发射和接收信号,与传统的 TDD 和 FDD 双工方式相比,从理论上使空口频谱效率提高 1 倍。

全双工技术突破 FDD 和 TDD 方式的频谱资源使用限制,使得频谱资源的使用更加灵活。然而,全双工技术需要具备极高的干扰消除能力,这对干扰消除技术提出了极大的挑战;还存在相邻小区同频干扰问题。在多天线及组网场景下,全双工技术的应用难度更大。

4. D2D 技术

传统蜂窝通信系统的组网方式是以基站为中心实现小区覆盖,而基站及中继站无法移动,其网络结构在灵活度上有一定限制。随着无线多媒体业务不断增多,传统的以基站为中心的业务提供方式无法满足海量用户在不同环境下的业务需求。

D2D 技术无须借助基站的帮助就能实现通信终端之间的直接通信,拓展网络连接和接入方式。由于短距离直接通信,信道质量高,D2D 能够实现较高的数据速率、较低的延时和较低的功耗;通过广泛分布的终端,能够改善覆盖,实现频谱资源的高效利用;支持更灵活的网络架构和连接方法,提升链路灵活性和网络可靠性。目前,D2D 采用广播、组播和单播技术方案,未来将发展其增强技术,包括基于 D2D 的中继技术、多天线技术和联合编码技术等。

5. 密集网络

在未来的 5G 通信中,无线通信网络朝着网络多元化、宽带化、综合化、智能化的方向演进。随着各种智能终端的普及,数据流量将出现井喷式增长。未来数据业务将主要分布在室内和热点地区,使得超密集网络成为实现未来 5G 1000 倍流量需求的主要手段之一。超密集网络能够改善网络覆盖,大幅度提升系统容量,并且对业务分流,具有更灵活的网络部署和更高效的频率复用。未来,面向高频段大带宽,将采用更加密集的网络方案,部署小区/扇区高达 100 个以上。

与此同时,愈发密集的网络部署使得网络拓扑更加复杂,小区间干扰成为制约系统容量增长的主要因素,极大地降低了网络能效。干扰消除、小区快速发现、密集小区间协作、基于终端能力提升的移动性增强方案等,都是目前密集网络方面的研究热点。

6. 新型网络架构

目前,LTE 接入网采用网络扁平化架构,减小了系统延时,降低了建网成本和维护成本。未来 5G 可能采用 C-RAN 接入网架构。C-RAN 是基于集中化处理、协作式无线电和实时云计算构架的绿色无线接入网构架。C-RAN 的基本思想是通过充分利用低成本高速光传输网络,直接在远端天线和集中化的中心节点间传送无线信号,以构建覆盖上百个基站服务区域,甚至上百平方千米的无线接入系统。C-RAN 架构适于采用协同技术,能够减小干扰,降低功耗,提升频谱效率,同时便于实现动态使用的智能化组网,集中处理有利于降低成本,便于维护,减少运营支出。目前的研究内容包括 C-RAN 的架构和功能,如集中控制、基带池 RRU 接口定义、基于 C-RAN 的更紧密协作,如基站簇、虚拟小区等。

12.3　5G 核心技术

1. 非正交多址接入技术

3G 采用直接序列码分多址(Direct Sequence CDMA,DS-CDMA)技术,手机接收端使用 Rake 接收器,由于其非正交特性,就必须使用快速功率控制(Fast Transmission Power Control,TPC)来解决手机和小区之间的远近问题。

4G 网络采用正交频分多址(OFDM)技术,OFDM 不但可以克服多径干扰问题,而且和 MIMO 技术配合,极大地提高了数据传输速率。由于多用户正交,手机和小区之间就不存在远近问题,快速功率控制被舍弃,采用 AMC(自适应编码)的方法实现链路自适应。从 2G、3G 到 4G,多用户复用技术无非就是在时域、频域、码域上做文章,而非正交多址接入技术(Non-Orthogonal Multiple Access,NOMA)是在 OFDM 的基础上增加了一个维度——功率域。

新增这个功率域的目的是,利用每个用户不同的路径损耗实现多用户复用。

图 12-1 所示为不同技术下的复用方式。

	3G	3.9/4G	5G
多用户复用	Non-orthogonal (CDMA)	Orthogonal (OFDMA)	Non-orthogonal with SIC (NOMA)
信号波形	Single carrier	OFDM (或 DFT-s-OFDM)	OFDM (或 DFT-s-OFDM)
链路自适应	Fast TPC	AMC	AMC+Power allocation
图	非正交功率控制 	多用户功率控制	信号叠加与功率分配 

图 12-1　不同技术下的复用方式

实现多用户在功率域的复用,需要在接收端加装一个 SIC(Successive Interference Cancellation,持续干扰消除),通过这个干扰消除器,加上信道编码,如 Turbo code 或低密度奇偶校验码(LDPC)等,就可以在接收端区分不同用户的信号,如图 12-2 所示。

NOMA 可以利用不同的路径损耗差异对多路发射信号进行叠加,从而提高信号增益。它能够让同一小区覆盖范围的所有移动设备都获得最大的可接入带宽,解决由于大规模连接带来的网络挑战。NOMA 的应用如图 12-3 所示。

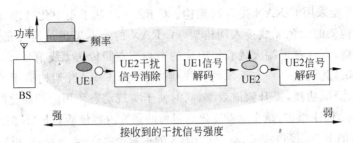

图 12-2　UE 接收端利用 SIC 的 NOMA 基本原理

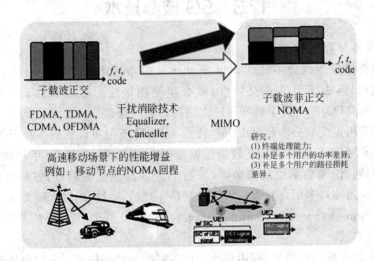

图 12-3　NOMA 在未来 5G 移动通信网络中的应用

NOMA 的另一优点是,无须知道每个信道的 CSI(Channel State Information,信道状态信息),从而有望在高速移动场景下获得更好的性能,并能组建更好的移动节点回程链路。

2. 滤波组多载波技术(FBMC)

在 OFDM 系统中,各个子载波在时域相互正交,它们的频谱相互重叠,因而具有较高的频谱利用率。OFDM 技术一般应用在无线系统的数据传输中。在 OFDM 系统中,由于无线信道的多径效应,从而使符号间产生干扰。为了消除符号间干扰(Inter Symbol Interference,ISI),在符号间插入保护间隔。插入保护间隔的一般方法是符号间置零,即发送第一个符号后停留一段时间(不发送任何信息),接下来再发送第二个符号。虽然这样减弱或消除了符号间干扰,由于破坏了子载波间的正交性,从而导致信道间干扰(Inter Channel Interference,ICI)。因此,这种方法在 OFDM 系统中不能采用。为了既可以消除 ISI,又可以消除 ICI,通常在 OFDM 系统中的保护间隔由循环前缀(Cycle Prefix,CP)充当。CP 是系统开销,不传输有效数据,从而降低了频谱效率。

FBMC 利用一组不交叠的带限子载波实现多载波传输,其对于频偏引起的载波间干扰非常小,不需要循环前缀,较大地提高了频谱效率。

OFDM 与 FBMC 的工作原理如图 12-4 所示,其功率谱线的比较如图 12-5 所示。

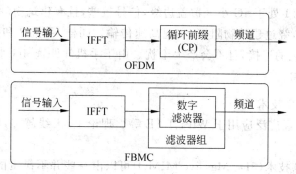

图 12-4　OFDM 与 FBMC 工作原理图

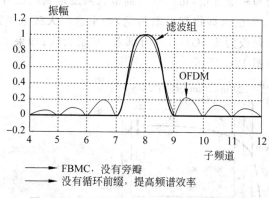

FBMC，没有旁瓣
没有循环前缀，提高频谱效率

图 12-5　OFDM 与 FBMC 功率谱线比较图

3. 毫米波（millimetre waves，mmWaves）

毫米波的频率为 30～300GHz，波长范围为 1～10mm。

由于足够量的可用带宽，较高的天线增益，毫米波技术可以支持超高速的传输率，且波束窄，灵活可控，可以连接大量设备，如图 12-6 所示。

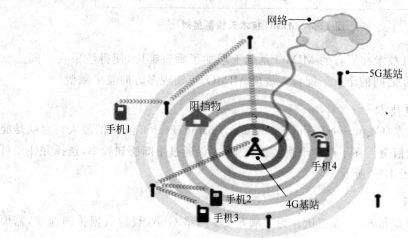

图 12-6　4G 与 5G 基站中的覆盖比较

图 12-6 中手机 1 处于 4G 小区覆盖边缘,信号较差,且有建筑物(房子)阻挡,此时,可以通过毫米波传输,绕过建筑物阻挡,实现高速传输。同样,手机 2 和手机 3 可以使用毫米波实现与 4G 小区的连接,且不会产生干扰。由于手机 4 距离 4G 小区较近,所以可以直接和 4G 小区连接。

4. 大规模 MIMO 技术

MIMO 技术已经广泛应用于 WiFi、LTE 等。理论上,天线越多,频谱效率和传输可靠性越高。

大规模 MIMO 技术(3D /Massive MIMO)可以由一些并不昂贵的、低功耗的天线组件实现,其为实现在高频段上进行移动通信提供了广阔的前景。它可以成倍提升无线频谱效率,增强网络覆盖和系统容量,帮助运营商最大限度地利用已有站址和频谱资源。

以一个 $20\text{cm} \times 20\text{cm}$ 的天线物理平面为例,如果这些天线以半波长的间距排列在一个个方格中,如果工作频段为 3.5GHz,则可部署 16 副天线;如果工作频段为 10GHz,则可部署 169 根天线,如图 12-7 所示。

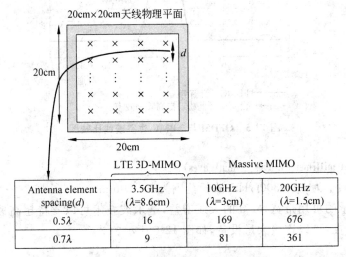

Antenna element spacing(d)	LTE 3D-MIMO	Massive MIMO	
	3.5GHz (λ=8.6cm)	10GHz (λ=3cm)	20GHz (λ=1.5cm)
0.5λ	16	169	676
0.7λ	9	81	361

图 12-7　MIMO 技术天线覆盖对比

大规模 MIMO 技术在原有的 MIMO 基础上增加了垂直维度,使得波束在空间上三维赋型,避免了相互之间的干扰。配合大规模 MIMO,可实现多方向波束赋型。

5. 认知无线电技术

认知无线电技术(Cognitive Radio Spectrum Sensing Techniques)的最大特点就是能够动态地选择无线信道。在不产生干扰的前提下,手机通过不断感知频率,选择并使用可用的无线频谱,如图 12-8 所示。

6. 超宽带频谱

信道容量与带宽和 SNR 成正比。为了满足 5G 网络 Gbps 级的数据传输速率,需要更大的带宽。

频率越高,带宽就越大,信道容量也越高。因此,高频段连续带宽成为 5G 的必然选择。

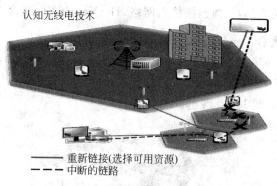

认知无线电技术

—————— 重新链接(选择可用资源)
- - - - - - 中断的链路

图 12-8　认知无线电技术组网图

得益于一些有效提升频谱效率的技术(如大规模 MIMO),即使是采用相对简单的调制技术(如 QPSK),也可以实现在 1GHz 的超带宽上实现 10Gbps 的传输速率。

7. 超密度异构网络（ultra-dense Hetnets）

为了应对未来持续增长的数据业务需求,采用更加密集的小区部署将成为 5G 提升网络总体性能的一种方法,通过在网络中引入更多的低功率点可以实现热点增强、消除盲点、改善网络覆盖、提高系统容量的目的。但是,随着小区密度的增加,整个网络的拓扑也会变得更为复杂,带来更加严重的干扰问题。因此,密集网络技术的一个主要难点就是要进行有效的干扰管理,提高网络抗干扰性能,特别是提高小区边缘用户的抗干扰性能。

密集小区技术也增强了网络的灵活性,可以针对用户的临时性需求和季节性需求快速部署新的小区。在这一技术背景下,未来网络架构将形成"宏蜂窝＋长期微蜂窝＋临时微蜂窝"的网络架构(见图 12-9)。这一结构将大大降低网络性能对于网络前期规划的依赖,为 5G 时代实现更加灵活自适应的网络提供保障。

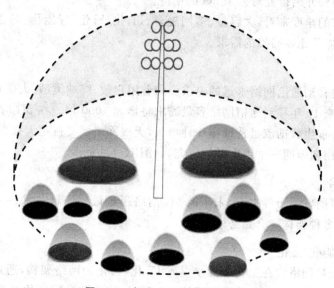

图 12-9　超密度异构网络结构图

到了 5G 时代,更多的物-物连接接入网络,HetNet 的密度将会大大增加。

8. 多技术载波聚合(multi-technology carrier aggregation)

未来的网络是一个融合的网络,载波聚合技术不但要实现 LTE 内载波间的聚合,还要扩展到与 3G、WiFi 等网络的融合。多技术载波聚合技术与 HetNet 一起,终将实现万物之间的无缝连接,如图 12-10 所示。

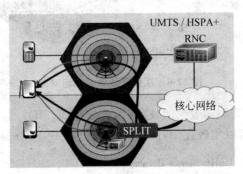

图 12-10　多技术载波聚合组网结构图

12.4　5G 技术展望

近 30 年来,移动通信行业发展迅猛,从第一代模拟通信发展到以频分为主的数字语音通信,再发展到以码分多址为主的多业务 3G,现在以 OFDM 核心技术为主的宽带 4G 已经到来。回首移动通信 1～4 代的技术跨越和业务变迁,结合现在用户对移动通信的期许,对 5G 需要解决的问题和市场需求进行了初步梳理,下面从网络架构、用户体验、业务发展三个方面简要介绍行业对未来 5G 的期待。

从网络需求的角度来看,大容量、多网融合、IT 化/云化/智能化、易于部署和运行维护,以及绿色节能是比较明确的需求。

1. 大容量

容量提升是移动通信网络永远的追求。随着用户数、终端类型、大带宽业务的迅猛发展,业界预测未来 10 年移动通信网络容量需求将增加 1000 倍。在 5G 时代,移动智能终端及云应用等将催生数据流量持续爆炸性增长,无线网络要支持超大数据流量,需要在无线链路、频谱使用和组网三个维度开展研究,如图 12-11 所示。

2. 多网融合

从移动网络的发展历程来看,未来的 5G 网络很难做到一种技术、一种架构全覆盖,多种技术融合、多种架构融合是必然趋势。

3. IT 化/智能化/云化

未来移动宽带网络将在架构上逐步引入 IT 化、云化的网络架构,通过软件可定义的方式实现同一网元自由适配成各种无线网络。另外,未来移动网络的多样性、复杂度越来越高,为了达到网络最优的性能和业务适配,网络的智能化必不可少。面对数字流量的巨

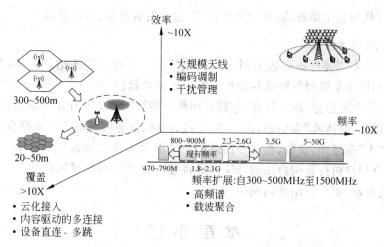

图 12-11　超大流量维度

大变化,5G 网络结构将向云化和智能化转变,要求人与人、人与物、物与物之间无缝联通。任何个人、企业甚至机器都有可能既是信息服务的消费者,又是信息服务的提供者。他们形成全新的关系型数字生态系统并引发数字流量的快速增长,云化和智能化的网络能够应对这样的挑战。

4. 易于部署和运行维护

未来的移动网络将最大限度地适应各种场景、各种业务应用,网络的多元化、网元的多元化是必然趋势,工程、维护的便捷性是不可或缺的关键要素。

5. 绿色节能

移动通信网络的能源消耗惊人,业界现在普遍的观点是未来 5G 的每比特能源消耗至少要比现在降低 10 倍,终端的电池待机时间比现在增加 10 倍。

6. 用户体验需求

用户需求是技术发展最直接的驱动力,随着移动宽带的业务发展,用户的业务需求也越来越高,具体体现在更高的速率、更低的延迟、无所不在的覆盖、移动性等。

7. 更高速率

单用户业务速率提升是最为明显的业务驱动要素。随着高清视频、虚拟办公、3D 虚拟现实、可佩戴移动多媒体设备的出现,单用户移动业务速率将达到 1Gb/s,甚至有些场景需要 10Gb/s 速率。

8. 低延迟

现在普通的业务时延大约在 10ms～50ms,未来随着可靠通信、V2V(Vehicle to Vehicle)等新兴业务的出现,普遍要求业务时延小于 5ms,对于车联网、智能电网等高要求的场景,甚至要求低于 1ms 的时延。

9. 无所不在的覆盖

未来移动通信网络覆盖应该遍布用户需要的任何地方,现阶段移动覆盖薄弱的一些场景在 5G 时代均会全面解决,例如室内覆盖、边远地区覆盖、远洋覆盖等。

10. 更好的移动性

未来 5G 技术需要解决高达 450km/h 的高速移动环境下的通信。另外,类似的移动自组织基站和快速车联网等特殊移动性需求也逐渐兴起。

5G 技术的发展趋势,除了计算、存储及网络等传统物理要素在不断演进和融合外,其发展方向将以"人的体验"为中心,在终端、无线、网络、业务等领域进一步融合及创新。同时,5G 将为"人"在感知、获取、参与和控制信息的能力上带来革命性的影响。5G 的服务对象将由公众用户向行业用户拓展,5G 网络将吸收蜂窝网和局域网的优秀特性,形成一个更智能、更友好、更广泛用途的网络。

本 章 小 结

本章主要介绍了 5G 技术的概念、关键技术、核心技术以及展望,力求通过这些介绍,为未来通信的发展提供借鉴。

附录

英文缩略词汇

3G、4G 和 5G，分别表示第三代、第四代和第五代移动通信技术

API：Application Programming Interface，应用程序编程接口

APP：Armor Piercing Proof，计算机应用程序

CDMA：Code Division Multiple Access，码分多址

DHCP：Dynamic Host Configuration Protocol，动态主机配置协议

EDGE：Enhanced Data Rate for GSM Evolution，增强型数据速率 GSM 演进技术

EV-DO：Evolution-Data Optimized，演进的数据优化

FDMA：Frequency Division Multiple Access/Address，频分多址

GPRS：General Packet Radio Service，通用分组无线服务技术

GPS：Global Positioning System，全球定位系统

GSM：Global System for Mobile Communication，全球移动通信系统

HDLC：High Level Data Link Control，高级数据链路控制

IaaS：Infrastructure as a Service，基础设施即服务

IOS：iPhone runs Operating System，iPhone 操作系统（IOS 常写成"iOS"）

MIMO：Multiple Input Multiple Output，多输入/输出

NDK：Native Development Kit，本机开发工具包

OEM：Original Equipment Manufacturer，原始设备制造商

OFDM：Orthogonal Frequency Division Multiplexing，正交频分复用技术

OMS：Open Mobile System，为中国移动"深度定制"的移动操作系统

OSI：Open System Interconnection，开放系统互连基本参考模型

PaaS：Platform-as-a-Service，平台即服务

RFID：Radio Frequency Identification，射频识别器（又称无线射频识别器）

SA：Smart Antenna，智能天线

SaaS：Software-as-a-Service，软件即服务

SDK：Software Development Kit，软件开发工具包

SDR：Software Defined Radio，软件无线电

SNS：Social Networking Services，社会性网络服务

SP：Service Provider，服务提供商

TDMA：Time Division Multiple Access，时分多址

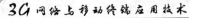
TD-SCDMA：Time Division- Synchronous Code Division Multiple Access，时分同步码分多址技术

UGC：User Generated Content，用户原创内容

UMB：Ultra Mobile Broadband，超移动宽带

URL：Uniform Resoure Locator，统一资源定位器

WCDMA：Wideband Code Division Multiple Access ，宽带码分多址

Web OS：Web-based Operating System，Web 操作系统

WLAN：Wireless Local Area Networks，无线局域网络

WP：Windows Phone，微软公司发布的一款手机操作系统

XML：Extensible Markup Language，可扩展标记语言

参 考 文 献

[1] 宋俊德,战晓苏. 移动终端与 3G 手机[M]. 北京:国防工业出版社,2007.

[2] 唐晓晟,黄朝明,付长冬. 3G 终端技术与应用[M]. 北京:人民邮电出版社,2007.

[3] 张智江. 3G 终端软件技术与开发[M]. 北京:人民邮电出版社, 2007.

[4] 邵长恒. Android 热门应用开发详解[M]. 北京:电子工业出版社,2013.

[5] 罗雷,韩建文,汪杰. Android 系统应用开发实战详解[M]. 北京:人民邮电出版社,2014.

[6] 张元亮. Android 开发应用实战详解[M]. 北京:中国铁道出版社,2011.

[7] 李刚. 疯狂 Android 讲义[M]. 2 版. 北京:电子工业出版社,2014.

[8] 明日科技. Android 从入门到精通[M]. 北京:清华大学出版社,2012.

[9] Cinar O. Android C++ 高级编程——使用 NDK[M]. 北京:清华大学出版社,2014.

[10] 王家林. 细说 Android 4.0 NDK 编程[M]. 北京:电子工业出版社,2012.

[11] 王家林. Android 高级开发实战——UI、NDK 与安全[M]. 北京:电子工业出版社,2013.

[12] 蔡康,李洪,等. 3G 网络建设与营运[M]. 北京:人民邮电出版社,2007.

[13] 李静林,孙其博,等. 下一代网络通信协议分析[M]. 北京:北京邮电大学出版社,2010.

[14] 李斯伟,贾璐. 移动通信组网技术[M]. 北京:清华大学出版社,2008.

[15] 林福宗. 多媒体技术教程[M]. 北京:清华大学出版社,2009.

[16] 易建勋. 计算机网络设计[M]. 2 版. 北京:人民邮电出版社,2011.

[17] 叶银洁. WCDMA 系统工程手册[M]. 北京:机械工业出版社,2006.

[18] 徐培文,王鹰,尹宁. 软交换及其管理技术[M]. 北京:机械工业出版社,2006.

[19] 李宁. Android 应用开发实战[M]. 北京:机械工业出版社,2012.

[20] 王石磊,吴峥. Android 多媒体应用开发实战详解:图像、音频、视频、2D 和 3D[M]. 北京:人民邮电出版社,2012.

[21] 熊斌. Android 多媒体开发技术实战详解[M]. 北京:电子工业出版社,2012.

[22] 苗忠良,宛斌. Android 多媒体编程从初学到精通[M]. 北京:电子工业出版社,2011.

[23] 张春红. 物联网技术与应用[M]. 北京:人民邮电出版社,2011.

[24] 沈苏彬,毛燕琴,范曲立,等. 物联网概念模型与体系结构[J]. 南京邮电大学学报(自然科学版),2010(4):1-8.

[25] 刘强,崔莉,陈海明. 物联网关键技术与应用[J]. 计算机科学,2010(6):1-4.

[26] 沈苏彬,范曲立,宗平,等. 物联网的体系结构与相关技术研究[J]. 南京邮电大学学报:自然科学版,2009(6):1-11.

[27] 胡格,史特山普卡. iOS 取证实战:调查、分析与移动安全[M]. 彭莉娟,等,译. 北京:机械工业出版社,2013.

[28] 罗什. iOS 增强现实应用开发实战[M]. 徐学磊,译. 北京:机械工业出版社,2013.

[29] 韩超. Android 核心原理与系统级应用高效开发[M]. 北京:电子工业出版社,2014.

[30] 邓凡平. 深入理解 Android:WiFi、NFC 和 GPS 卷[M]. 北京:机械工业出版社,2014.

[31] 陈文,郭依正. 深入理解 Android 网络编程[M]. 北京:机械工业出版社,2013.

[32] 杨青平. 深入理解 Android:Telephony 原理剖析与最佳实践[M]. 北京:机械工业出版社,2013.

[33] 宋俊德,战晓苏. 3G 原理、系统与应用[M]. 北京:国防工业出版社,2008.

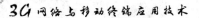

[34] 姜怡华. 3GPP 系统架构演进(SAE)原理与设计[M]. 2 版. 北京：人民邮电出版社,2013.

[35] 王映民,孙韶辉. TD-LTE 技术原理与系统设计[M]. 北京：人民邮电出版社,2010.

[36] 赛西亚,陶菲克,贝克. LTE/LTE-Advanced——UMTS 长期演进理论与实践[M]. 马霓,夏斌, 译. 北京：人民邮电出版社,2012.

[37] 张克平. LTE/LTE-Advanced—B3G/4G/B4G 移动通信系统无线技术[M]. 北京：电子工业出版社,2013.

[38] 李军. TD-SCDMA 无线网络创新技术与应用[M]. 北京：电子工业出版社,2013.

[39] 克莱依雅. 移动宽带多媒体网络——4G 技术、模型和工具[M]. 赵军辉,等,译. 北京：机械工业出版社,2011.

[40] Savo G. Glisic. 高级无线网络——4G 技术[M]. 陶小峰,等,译. 北京：人民邮电出版社,2013.

[41] 达尔曼,等. 4G 移动通信技术权威指南：LTE 与 LTE-Advanced[M]. 堵久辉,缪庆育,译. 北京：机械工业出版社,2012.

[42] 杨丰盛. Android 应用开发揭秘[M]. 北京：机械工业出版社,2010.

[43] 金泰延,宋亨周,朴知勋. Android 框架揭秘(带你探索 Android 内核框架的奥秘)[M]. 李白,林起永,译. 北京：人民邮电出版社,2012.

[44] DevDiv 移动开发社区. 移动开发全平台解决方案——Android/iOS/Windows Phone[M]. 北京：海洋出版社,2011.

[45] 莱文. 深入解析 Mac OS X & iOS 操作系统[M]. 郑恩遥,房佩慈,译. 北京：清华大学出版社,2014.

[46] 杨云. Windows PHONE 3G 手机软件开发[M]. 北京：机械工业出版社,2010.

[47] 周稚楠,等. Windows Phone 编程精要：iOS、Android 开发者必读[M]. 王仲远,译. 北京：电子工业出版社,2012.

[48] 程方. 移动通信系统演进及 3G 信令[M]. 北京：电子工业出版社,2009.

[49] 张敏,蒋招金. 3G 无线网络规划与优化[M]. 北京：人民邮电出版社,2014.